최신 전차선로

Contact Lines for Electric Railways

강인권 저

since1973 도서출판 +iT
성안당 .com

머리말

전기 철도는 도시 간 및 도시 내의 대량, 고속 운송 기관으로서 대단히 중요한 역할을 담당하고 있다. 최근, 우리 나라에서도 고속 전철의 건설, 기존 간선 철도의 단계적 전철화와 도시 철도 및 지하철의 단계적 건설 등이 진행되고 있어 전기 철도의 사명과 기능은 더욱 중대해지고 있다.

그리고 간선 철도 및 도시 철도로서 전기 철도에는 고속화, 고 효율화를 지향하면서 신기술 및 새로운 시스템이 적극적으로 개발, 도입되고 있으며, 더불어 전기 철도의 전차선로 기술 분야가 특히 부각되고 있다. 이러한 추세에 부응하여 전기 철도의 전차선로 전반에 대해서 체계적으로 서술된 저서가 필요하다고 판단되어 본 서를 저술하게 되었다.

본 서에는 전기 철도의 전차선로 전반에 걸쳐서 전차선, 급전선로, 귀선로, 전차선로 및 부속 설비에 대해 체계적으로 이론과 실무 사항을 병행하여 상세히 기술되어 있다. 그리고 본 서에는 최근 전차선 분야의 최신 기술의 개발에 의거하여 경량 전철에 적용되는 강체 전차선(conductor rail), 교류 및 직류 전기 철도의 지하 구간에 도입되고 있는 새로운 기술 방식의 R-bar 강체 전차선 시스템과 차량 기지, 철도 건널목 등에 적용되는 특수 전차선 시스템으로 회전형(slewing type) 및 수평 이동형(retractable type) 이동식 전차선 시스템(moveable catenary system)에 대하여 기술되어 있다. 그러므로 본 서는 대학 강의 교재, 기술 자격 시험의 참고서 및 실무 기술자의 기술 참고서로 유효하게 활용될 수 있을 것이다.

본 서의 내용에서 일부 미숙한 점이 있으면 양해를 구하는 바이며, 앞으로 수정·보완하여 좀더 나은 책으로 거듭날 수 있게 노력할 것을 약속드린다. 또한 발간에 도움을 주신 분들에게도 깊은 감사를 드린다.

편저자

차 례

제 3 장 전차선 부속 장치

제 4 장 급전선로

제 5 장 전차선로 설비

제 8 장 전차선로의 전압 강하

제 9 장 전차선로의 온도 관리

제10장 애자(insulators)

제11장 전차선로 지지물

제12장 　강체 전차선로

제13장 이동식 전차선 시스템(Moveable Catenary System)

Contact Lines for Electric Railways

제 1 장
전차선로 개요

1. 전차선로의 구성
2. 전차선로의 방식
3. 차량 한계와 건축 한계

 **전차선로의 구성**

(1) 전차선로의 기본 구성

철도의 운영 현대화 목적 자체는 안전을 기반으로 한 합리적인 것으로 보다 효율적인 철도 수송 방식의 확립을 추구하고 있다. 이 철도 수송 목적의 동력 방식 중에서 현재 철도의 현대화에 가장 적합한 것은 가공 전차선에 의한 전기 운전 방식이다.

이 방식은 선로 상에 일정한 높이로 트롤리선(trolley wire)을 가선하고 전기차 또는 전기 기관차(이하 '전기차'라 함)의 운행 중에 집전 장치인 팬터그래프(pantagraph)가 항상 이 전선에 기계적으로 접촉 집전하여 전기차의 전동기에 전력을 공급하는 방식이 일반적이다.

가공 전차선로의 기본 구성 개념은 다음의 [그림 1.1]과 같다.

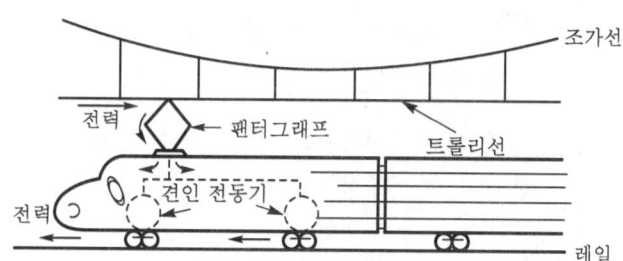

[그림 1.1] 가공 전차선로의 구성

전기 운전에 필요한 전력은 전기 철도 변전소에서 전기 운전에 적합한 전력으로 변환하고 트롤리선을 통하여 전기차에 공급된다.

전기차 운전을 위하여 궤도와 병행하여 시설되는 설비에는 전기차의 집전 장치와 직접 접촉하는 트롤리선, 트롤리선을 궤도면 상의 일정한 높이에 수평으로 조가하는 조가선, 변전소로부터 전력을 공급하는 급전선 및 급전선을 지지하는 빔(beam), 전주 등이 있다.

이 외에도, 전기차에 공급된 전력을 변전소로 반환하기 위한 귀선로가 있으며 레일과 레일의 이음매를 연결하는 레일 본드(rail bond) 등으로 구성된다.

가공 전차선로의 구성 설비를 요약하면 다음의 [표 1.1]과 같다.

[표 1.1] 가공 전차선로의 구성

```
전차선로 ─┬─ 급전선로 ─┬─ 급전선
          │            └─ 지지물 ─┬─ 철주, 콘크리트주
          │                       ├─ 완철, 애자
          │                       └─ 지선
          │
          ├─ 가공 전차선로 ─┬─ 가공 전차선 ─┬─ 전차선 ──┬─ 조가선(messenger wire)
          │                 │                ├─ 진동 방지 장치  ├─ 보조 조가선(auxiliary messenger wire)
          │                 │                ├─ 곡선 인류 장치  ├─ 트롤리선(trolley wire)
          │                 │                ├─ 건널선 장치    ├─ 행어(hanger)
          │                 │                ├─ 장력 조정 장치  └─ 드로퍼(dropper)
          │                 │                ├─ 구분 장치
          │                 │                └─ 급전 분기 장치
          │                 └─ 지지물 ─┬─ 철주, 콘크리트주
          │                            ├─ 빔(beam), 완철, 애자
          │                            └─ 지선
          │
          ├─ 귀선로 ─┬─ 귀선 ─┬─ 귀선 레일
          │          │         ├─ 부급전선
          │          │         ├─ 흡상선
          │          │         ├─ 중성선
          │          │         └─ 변전소 인입 귀선
          │          └─ 지지물 ─┬─ 철주, 콘크리트주
          │                      ├─ 완철, 애자
          │                      ├─ 지선
          │                      └─ 트러프(trough)
          │
          ├─ 선로 설비 ─┬─ 흡상 변압기, 직렬 콘덴서
          │             └─ 단권 변압기
          │
          └─ 보호 설비 ─┬─ 가공 지선
                        ├─ 보호선
                        ├─ 피뢰기, 보안기
                        └─ 보호망
```

(2) 전차선로의 특성

전차선로는 전기 철도의 열차 동력용 전력을 급전하는 전력 시설로 신뢰도가 높고 공공성이 강한 설비로 되어야 한다.

전차선로가 일반 전력용 전선로와 다른 주요 특성은 다음과 같다.

- 전기차의 운전에 의해 부하점이 이동하고 이 부하는 급격한 변동을 수반한다.
- 전기차의 집전 장치와 트롤리선은 전기적으로 불완전한 접촉 상태로 된다.
- 전차선로는 선로의 일부가 되므로 철도선로 구조물(터널, 교량, 정거장 등)에 의해서 설비 상의 제한을 받는다.
- 레일을 귀선으로 사용하므로 1선 접지의 전기 회로가 된다.
- 예비 설비의 보유가 곤란하다.

(3) 이상적인 전차선로

전차선로의 기능을 달성하기 위해서는 경제적이고 신뢰도가 높으며 유지 보수 작업이 거의 필요 없어야 한다.

이를 위해서는 다음 사항을 만족하여야 한다.

- 전기차의 운전 속도, 수송량 등 극히 가혹한 운전 조건에 적합한 충분한 전기적 강도를 가져야 한다.
- 예상되는 천재지변의 외력에 대해서 충분한 기계적 강도를 가져야 한다.
- 설비가 시스템으로서 기능적, 경제적으로 작용하도록 각 부재의 수명 협조, 강도 협조, 절연 협조가 수행되어야 한다.
- 사고가 다른 구간에 파급되지 않고 보수 작업이 용이하게 수행되도록 설비가 합리화되어야 한다.
- 여객, 공중 등에 위해를 주지 않아야 한다.
- 열차에서 전방 투시에 지장을 주지 않는 설비이어야 한다.

그리고 전기차는 집전 장치인 팬터그래프를 트롤리선에 접촉하여 전력을 집전하므로 접촉면은 고속 이동과 대전류 집전을 동시에 수행하게 되어 접촉면이 이격되어 아크를 발생하기 쉽다. 이 접촉면의 이격 현상을 이선이라고 한다.

이선 현상은 다음과 같은 장해를 유발한다.

- 트롤리선과 팬터그래프의 습동판을 마모시키고 유효 수명을 단축시킨다.
- 이선이 격심하면 전기차의 전동기에 악영향을 준다.
- 결국은 차량에 충분한 전력이 공급되지 않게 된다.
- 집전 전류의 차단에 의해 이상 전압의 발생과 잡음 전파의 발생이 동반된다.

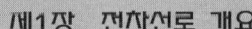
이선 현상을 예방하고 양호한 전기 운전을 수행하기 위하여 전차선의 가선 구조상 구비해야 할 조건은 다음과 같다.

- 트롤리선의 레일 면에서의 높이가 일정하여야 한다.(등고)
- 트롤리선의 장력이 항상 일정하여야 한다.(등장력)
- 트롤리선의 탄력성(유연성)이 일정하여야 한다.(등탄성)

물론, 이상의 것 이외에도 팬터그래프의 성능을 향상시키거나 궤도 정비를 수행하는 등 전차선로 설비와의 협조가 유지되어야 한다.

② 전차선로의 방식

(1) 전기 방식에 의한 분류

전기차에 공급하는 전력을 전기철도 변전소에서 급전 시에 직류 전력으로 공급하는 방식과 교류 전력을 공급하는 방식이 있으며, 이에 따라 직류 방식 전기 철도와 교류 방식 전기 철도로 분류된다.

1) 직류 방식 전기 철도

전기차의 전동기는 상당한 중량의 여객 열차나 화물 열차를 견인하여야 하므로 초기에는 기동 시에 큰 견인력을 낼 수 있는 직류 직권 전동기가 사용되었다. 초기의 직류 급전 전압은 600V이었으나 부하의 증대에 따라 전압을 높이고 전기차 내부의 전동기의 절연도 등을 고려하여 1,500V로 승압되어 지금에 이르고 있다. 현재는 직류 3,000V를 급전하는 직류 방식 전기 철도도 다수 운영되고 있다. 그리고 전기차의 견인 전동기는 인버터를 사용하는 유도 전동기를 주로 적용하고 있다.

직류 전기 철도의 변전소에서 급전된 직류 전력은 급전선을 거쳐서 트롤리선으로 분류되고 전기차의 집전 장치인 팬터그래프로 집전되어 전동기를 구동한 후에 레일로 흘러 변전소로 귀환하는 회로로 구성된다.

이와 같이, 일반적으로 트롤리선을 정극성 (+)측, 레일을 부극성 (−)측으로 하여 사용하며 전차선로 방식은 가공 단선 방식을 적용한다.

직류 방식과 교류 방식의 특성 비교는 [표 1.2]와 같다.

[표 1.2] 직류 방식과 교류 방식의 특성 비교

구 분		항 목	교류 방식(25 kV)	직류 방식(1,500 V)
지상 설비	전력 설비	변전소	• 지상 설비비가 적게 든다. • 변전소 간격이 약 30~50 km로 소요 개소가 적다. • 변압기만으로 직류 변성 기기가 필요 없으므로 소내 설비가 단순하다.	• 지상 설비비가 많이 든다. • 변전소 간격이 약 10~20 km로 소요 개소가 많다. • 직류 변성 기기를 필요로 하며 소내 설비가 복잡하다.
		전차선로	• 고전압을 사용하므로 전류 및 소요 동량이 적고, 구조가 경량이다.	• 전류가 커서 소요 동량이 많고 구조도 중하중이다.
		전압 강하	• 직렬 콘덴서에 의해서 간단하게 보상 가능하다.	• 급전선의 증설이나 급전 구분소, 변전소의 신설이 필요하다.
		보호 설비	• 운전 전류가 작아서 사고 전류의 판별이 용이하고 보호 설비가 간단하다.	• 운전 전류가 커서 사고 전류의 선택 차단이 곤란하고 복잡한 보호 설비가 필요하다.
	부대 설비	통신 유도 장해	• 유도 장해가 크고 부급전선, 흡상 변압기, 통신선의 케이블화 등이 필요하다.	• 유도 장해의 정도가 작고 변전소에 필터를 설치하는 외에 특별한 설비가 필요 없다.
		터널 과선교 높이	• 특별 고압이므로, 절연 이격 거리가 커서 터널 단면이 크게 된다. • 절연 이격 거리가 크므로 과선교도 높게 된다.	• 고압이므로 절연 이격 거리가 작다.
차상 설비		차량 비용	• 직류식에 비해서 다소 높다.	—
		급전 전압	• 전기차에 변압기를 사용하므로 고전압 이용이 가능하다.	• 절연 설계상 고전압 이용이 불가능하다.
		집전 장치	• 집전 장치가 소형 경량으로 되어 추종성이 좋다.	• 집전 전류가 크고 집전 장치도 대형으로 되어 추종성이 열등하다.
		기기 보호	• 교류 소전류 차단 및 사고 전류의 선택 차단이 용이하다.	• 직류 대전류 차단 및 사고 전류의 선택 차단이 곤란하다.
		속도 제어	• 변압기의 탭 전환에 의해서 속도 제어가 용이하게 수행된다.	• 속도 제어가 복잡하다.
		점착 특성	• 점착 성능이 우수하고, 소형으로 대형 하중을 견인 가능하다.	• 교류 전기차에 비해서 점착 성능이 열등하고 대형 출력을 필요로 한다.
		부속 기기	• 변압기를 사용하여 간단하게 형광등이나 냉·난방용 전원이 공급된다.	• 가선 전원으로 직류기를 운전하고 있어 형광등이나 냉·난방용 전원 설비도 복잡하다.
장 해			• 유도 작용에 의해서 잡음을 발생하고 전선로 부근의 무선 통신 설비에 장해를 야기한다.	• 귀선로에서의 누설 전류에 의해 지중 관로나 지중 전선로에 전식을 야기한다.

2) 교류 방식 전기 철도

전기 철도의 수송 단위가 대형화되어 대전력이 필요하고 전압 강하도 커지게 되었으므로 이에 대처하기 위해서 변전소 간격도 짧게 해야 하는 등 직류 방식의 비경제적인 면이 문제가 되어 교류 방식 전기 철도가 개발되었다. 교류 전기 철도는 직류 방식에 비해서 건설비, 유지 보수 경비 모두 약 20~30% 절감이 가능하다. 최근에는 상용 주파수 25 kV 교류 방식을 대부분 적용하고 있다. 그리고 전기차의 견인 전동기도 인버터를 사용하는 유도 전동기를 주로 적용하고 있다.

일반적으로, 교류 방식은 3상으로 수전한 교류 전력을 변전소의 스코트 결선(Scott connection) 변압기에서 단상으로 변환하고 트롤리선을 통해서 전기차에 급전하여 견인 전동기를 구동시키는 방식으로 구성된다.

그리고 전차선로 방식은 대부분 가공 단선식을 적용한다. 전기차의 주회로 계통은 다음의 [그림 1.2]와 같다.

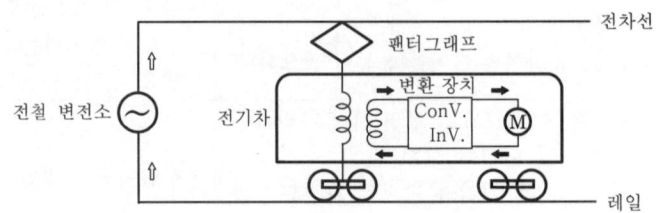

[그림 1.2] 전기차의 주회로 계통

(2) 급전 방식에 의한 분류

변전소로부터 전기차에 전력을 공급하는 방식을 급전 방식이라 하고 전기 방식, 변전소, 전차선로 등의 구성에 따라 구분된다.

1) 직류 급전 방식

① 병렬 급전 방식

일반적으로, 직류 급전 회로는 양단의 변전소에서 병렬로 급전한다.

병렬 급전 방식은 다음의 [그림 1.3]과 같다. 병렬 급전 방식에서 A변전소를 π(phi) 급전 방식, B변전소를 T(tee) 급전 방식이라고 한다.

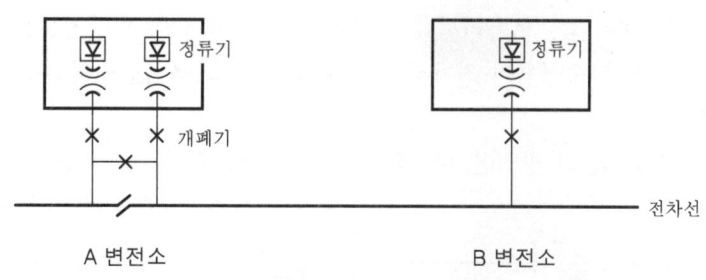

[그림 1.3] 병렬 급전 방식

② 정류 포스트(RP) 급전 방식

　직류 전기 방식에 있어서 변전소 설비를 간소화 한 방식의 변성 설비 시설을 정류 포스트 (RP ; Rectifying Post)라 한다. 정류 포스트에는 변성 기기와 외부 급전 회로의 단락 등의 감지 장치가 설치되지만 사고 전류의 차단은 불가능하며 이 경우에는 제어 변전소에서 수행한다.

　정류 포스트(RP)에는 정류용 변압기, 실리콘 정류기, 동력 조작 단로기 등이 있으며 원격 제어가 수행된다. 그러므로 이 방식은 전원 정전시의 영향이 크지만 경제적으로 유리하여 한산한 선로 구간에 일부 사용되고 있다.

　정류 포스트(RP) 급전 방식은 다음의 [그림 1.4]와 같다.

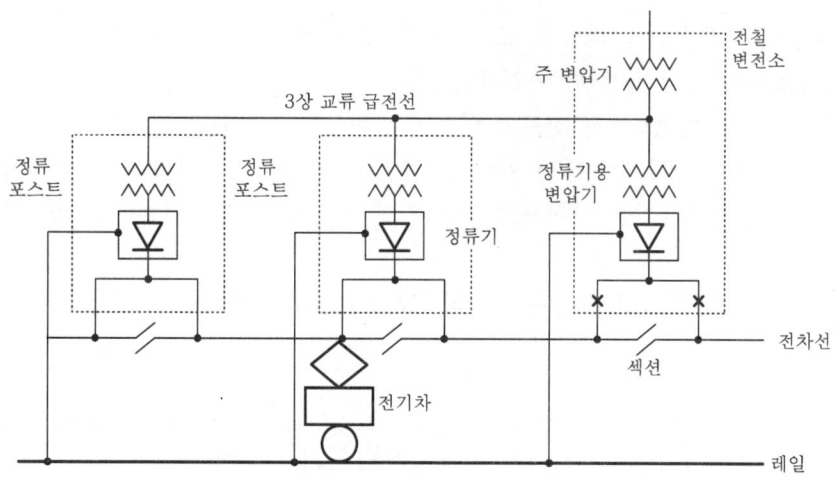

[그림 1.4] 정류 포스트(RP) 방식의 급전 계통도

2) 교류 급전 방식

① 흡상 변압기(BT) 급전 방식

　흡상 변압기(BT ; Booster Transformer)를 약 4 km 간격으로 설치하고 귀선 전류를 부

급전선으로 흡상한다. 즉, 트롤리선을 흐르는 전류와 반대 방향의 전류를 강제적으로 부급
전선에 흘리는 회로를 구성하여 전차선 전류에 의한 근접 통신선에의 유도 장해를 소멸시키
는 급전 방식이다.

흡상 변압기(BT) 급전 방식은 다음의 [그림 1.5]와 같다.

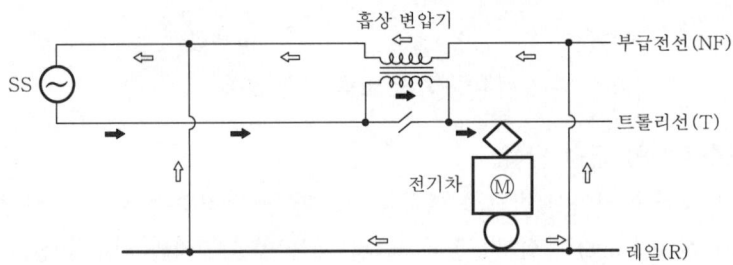

[그림 1.5] 흡상 변압기(BT) 급전 방식

② 단권 변압기(AT) 급전 방식

흡상 변압기(BT) 급전 방식은 귀선 전류를 강제적으로 부급전선에 흡상시키기 위해 흡상
변압기를 사용하며 흡상 변압기를 급전 회로에 직렬로 삽입하게 되므로 그 개소에 흡상 섹션
(booster section)을 설치해야 한다. 그러나 최근 부하가 대용량으로 되면서 이것이 운전상
및 보수상의 문제점으로 되었다. 그래서 이 흡상 변압기를 사용하지 않는 단권 변압기
(Auto-Transformer) 급전 방식이 개발되었다.

이 방식에서는 변전소에서 선로에 연하여 급전선을 가설하고 이 급전선과 트롤리선과의
사이에 약 10 km 간격으로 단권 변압기(AT)를 접속한다. 그리고 이 단권 변압기 권선의
중성점을 레일에 접속하는 방식으로 최근의 교류 전기 방식은 대부분 이 방식을 적용하고
있다.

단권 변압기(AT) 급전 방식은 다음의 [그림 1.6]과 같다.

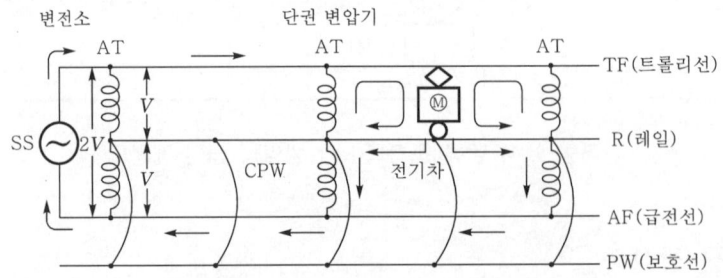

[그림 1.6] 단권 변압기(AT) 급전 방식

(3) 가선 방식에 의한 분류

전기 철도에 주로 적용되고 있는 가공 단선식 전차선로 방식에는 전차선의 가선 방식에 따라 각종 가선 방식이 있다. 이 가선 방식별 특성을 [표 1.3]에 보인다.

1) 직접 조가 방식

조가선을 사용하지 않고 스팬(span)선 등에 트롤리선을 직접 지지하는 단순한 가선 방식이다. 직접 조가 방식은 다음의 [그림 1.7]과 같다.

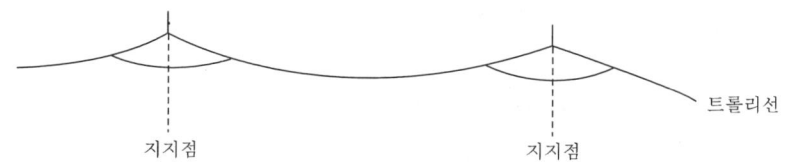

지지점   지지점   트롤리선

[그림 1.7] 직접 조가 방식

이 방식은 건설비는 저렴하지만 트롤리선의 장력을 일정 한도 이상 크게 하는 것이 기술상 곤란하므로 고속 운전 구간의 가선 방식으로는 부적합하다.

그러므로 정거장 구내 전기차 유치선 등 측선용 가선으로 시설되고 있으며 전기차의 허용 속도는 약 45 km/h 이하로 제한된다.

2) 커티너리(catenary) 조가 방식

이 방식은 조가선을 애자에 의해 지지물에 조가하여 일명 커티너리(catenary ; 현수 곡선) 상태로 가설되며 여기에 일정 간격으로 행어에 의해 트롤리선을 매달아 시설한다. 그리고 행어(hanger)의 길이를 적절하게 조정하여 트롤리선을 레일면 상 일정한 높이로 가설하는 방식이다. 이 방식은 고속 운전에 적합하다.

커티너리 조가 방식에는 조가선과 트롤리선이 동일 수직면 상에 있도록 가설되는 수직 커티너리 조가 방식(수직 조가식)과 조가선과 트롤리선이 경사지게 가설되는 경사 커티너리 조가 방식(경사 조가식)이 있다.

① 수직 조가식

수직 조가식은 기본형 가선 방식으로 현재 다음과 같은 방식이 적용되고 있다.

㉠ 심플 커티너리(simple catenary)식

수직 조가식의 가장 대표적인 방식으로 지지물에 설치된 애자에 1조의 조가선을 가선하

고 행어에 의해서 트롤리선을 조가하는 방식이다. 일반적으로, 집전 용량은 중용량이며 열차 속도는 최고 100 km/h 정도로 중속에 적용되고 있다. 그리고 전차선 재질과 장력을 강화시킨 고장력 심플 커티너리식은 고속 철도에 적용되고 있다.

심플 커티너리 가선 방식은 다음의 [그림 1.8]과 같다.

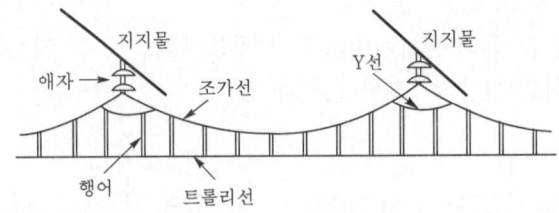

[그림 1.8] 심플 커티너리식 가선

ⓛ 변형 Y형 심플 커티너리식

심플 커티너리식의 지지점 부근에 Y선을 삽입한 것으로 지지점 하부의 압상량과 경간 중앙 부위 압상량과의 차이가 적고 압상량이 거의 균등화된 방식이다. 이 방식은 가선 특성이 우수하여 고속 운전에 적합하다. 그러나 반면에 Y선의 보수가 다소 어렵다.

변형 Y형 심플 커티너리 가선 방식은 다음의 [그림 1.9]와 같다.

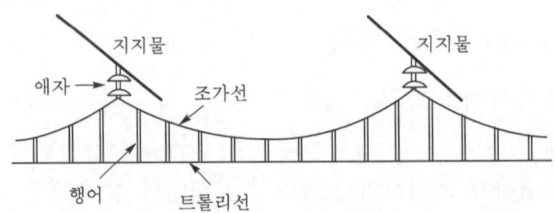

[그림 1.9] 변형 Y형 심플 커티너리식 가선

ⓒ 콤파운드 커티너리식(compound catenary)

심플 커티너리식의 조가선과 트롤리선의 사이에 보조 조가선을 가선하여 이것을 드로퍼로 조가선에 매어 달아 내리고 보조 조가선에서 행어로 트롤리선을 조가하는 구조이다.

콤파운드 커티너리 가선 방식은 다음의 [그림 1.10]과 같다.

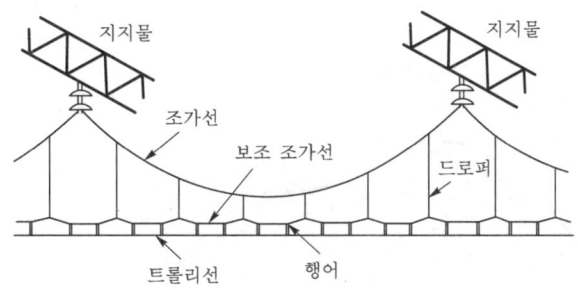

[그림 1.10] 콤파운드 커티너리식 가선

이 방식은 팬터그래프에 의한 트롤리선의 압상량이 매우 적고 전반적으로 균등화된다. 이 보조 조가선은 일반적으로 경동 연선을 사용하고 일부 급전선의 역할도 겸하게 되므로 전류 용량을 크게 하는 것이 가능하다. 그러므로 집전 전류의 용량이 크고 속도 성능이 우수하여 고속 운전 및 중부하 운전 선로 구간에 적합하다.

그러나 그 구조상 지지물의 높이가 증가하고 지지물을 강하게 해야 하므로 건설비가 높아지는 단점이 있다.

그리고 이 방식에 가선 장력을 증대시켜 가선 특성에 강성을 부가한 헤비 콤파운드 커티너리(heavy compound catenary) 가선 방식이 사용되고 있다.

ⓡ 더블 심플 커티너리식(double simple catenary)

이 방식은 심플 커티너리 가선을 일정 간격(약 100 mm)으로 2조 병렬로 가선한 방식이다. 심플 커티너리식에 비해서 건설 비용이 높고 보수성은 불리하지만 집전 전류 용량이 크고 속도 성능이 우수하여 고속 운전에 적합하다.

더블 심플 커티너리 가선 방식은 다음의 [그림 1.11]과 같다.

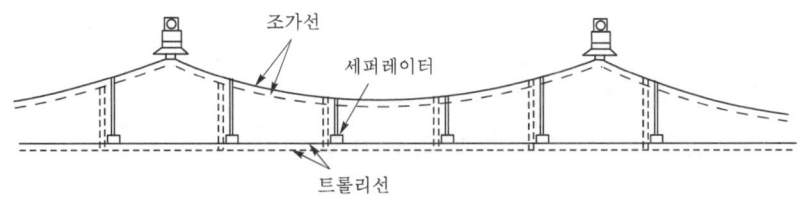

[그림 1.11] 더블 심플 커티너리식 가선

트롤리선의 압상 특성은 심플 커티너리식보다 대폭 개선되고 전류 용량도 크므로 운전 빈도가 높은 고속 선로 구간에 적합하다.

주요 가선 방식별 트롤리선의 압상 특성은 [그림 1.12]와 같다.

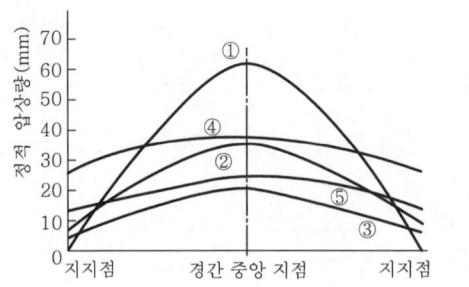

① 직접 조가식
② 심플 커티너리식
③ 더블 심플 커티너리식
④ 변형 Y형 심플 커티너리식
⑤ 콤파운드 커티너리식

[그림 1.12] 트롤리선의 압상 특성 비교

㉠ 더블 트롤리식(double trolley)

이 방식은 조가선 1조에 트롤리선 2조를 매어 단 것으로 부하 전류가 큰 구간에서 트롤리선의 전류 용량을 증대시키는 것을 목적으로 한 것이다.

더블 트롤리식 가선 방식은 다음의 [그림 1.13]과 같다.

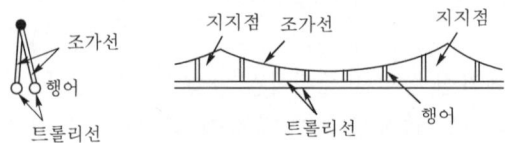

[그림 1.13] 더블 트롤리식 가선

㉡ 더블 메신저(double messenger)

이 방식은 2조의 조가선을 병행하여 가설하고 트롤리선을 행어로 조가하는 구조이다. 일명, V형 커티너리식이라고도 한다. 바람에 의한 트롤리선의 편위를 작게 하는 것을 목적으로 한 내풍 가선 방식으로, 강풍 개소의 선로에 사용된다.

더블 메신저식 가선 방식은 다음의 [그림 1.14]와 같다.

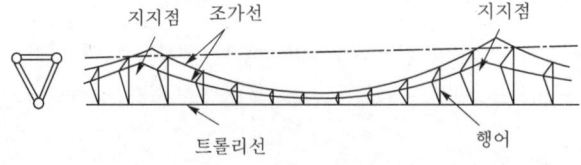

[그림 1.14] 더블 메신저식 가선

㉢ 합성 심플 커티너리식/합성 콤파운드 커티너리식

커티너리 조가식의 행어 또는 드로퍼에 코일 스프링과 댐퍼(공기 밸브)로 구성된 합성

소자를 장착하여 속도 성능의 향상을 도모한 것이다.

합성 소자의 구조는 다음의 [그림 1.15]와 같다.

이것은 합성 소자의 작용에 의해서 지지점하의 경성을 경감하고 압상 특성을 균등화하며 이선과 아크(arc)의 발생을 방지하여 고속 성능을 좋게 하고 트롤리선의 국부 마모를 경감하는 효과가 있다.

합성 심플식 및 합성 콤파운드식 가선 방식은 다음의 [그림 1.16]과 같다.

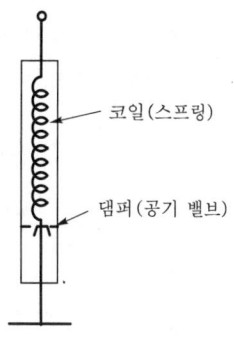

[그림 1.15] 합성 소자의 구조도

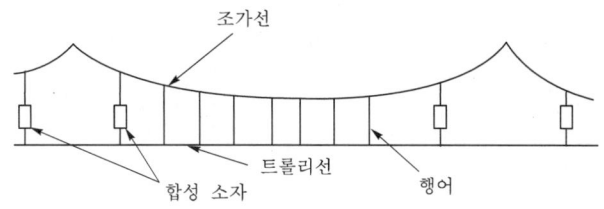

(a) 합성 심플식 가선

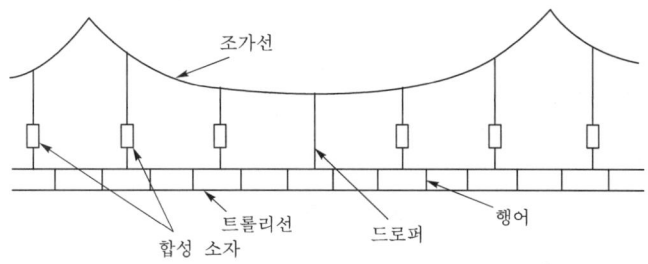

(b) 합성 콤파운드식 가선

[그림 1.16] 합성 심플식/합성 콤파운드식 가선

② 경사 조가식

이 방식은 특수한 행어에 의해 트롤리선을 조가선으로부터 경사지게 매어 다는 것으로 일반적으로 심플 커터너리를 경사시킨 것과 같은 구조를 가지고 있다. 가선 방식상, 곡선 인류 장치가 필요 없으며 내풍 가선 구조에도 가능한 장점도 있으나 특수한 행어 이어를 필요로 하고 가선 조정이 곤란한 단점이 있다.

3) 강체 가선 방식(강체 조가 방식)

이 방식은 조가선 대신에 알루미늄 합금 등의 도전성 형재인 R형(R-bar) 또는 T형(T-bar)을 가선하고 여기에 트롤리선을 직접 조가하는 방식이다. 이 방식은 트롤리선의 압상이 없고 전차선과 집전 장치의 공진이 발생하지 않는 가선 구조이다. 강체 가선 방식에는 지하철 등에 사용되는 강체 단선식과 모노레일(mono-rail) 등에 사용되는 강체 복선식이 있다.

강체 조가 방식은 다음의 [그림 1.17]과 같다.

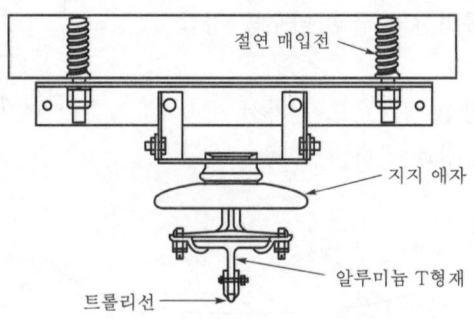

[그림 1.17] 강체 조가 방식

4) 강성 가선 방식

이것은 강체 가선 방식의 도전성 형재 대신에 큰 단면의 급전 조가선(예 : $1,050\,mm^2$)을 사용하고 특수 행어로 트롤리선을 지지하며 스프링 작용을 억제한 가선 구조이다. 이 방식은 일부 터널 내 가선 방식으로 도입되고 있다.

강성 심플 가선 방식은 다음의 [그림 1.18]과 같다.

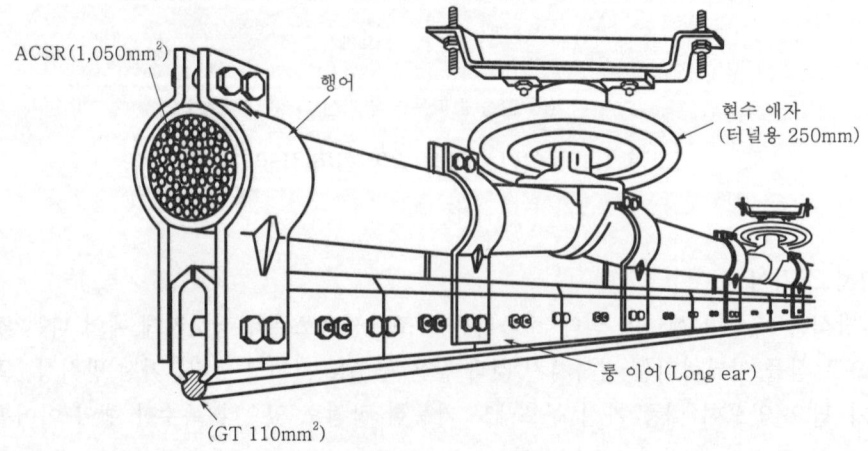

[그림 1.18] 강성 심플 가선

[표 1.3] 가선 방식별 특성

가선 방식	구조 개요도	표준 전선 종류 및 규격(mm²)			가선 정력 (t)	적용 최대 속도 (km/h)	적용 부하	비 고
		조가선	보조 조가선	트롤리선				
• 직접 조가 방식	(개요도)	-	-	GT 110	1	45	경(輕)부하용	보안도가 낮음. 공사비 저렴.
• 강체 조가 방식 (강체 전차선)	(개요도)	알루미늄 합금 R형,T형	-	GT 110	-	70	-	협소 터널에 적용. 가선 정밀도를 높여야 함. 궤도가 전고해야 함.
• 심플 방식 (심플 커티너리 방식)	(개요도)	St 90	-	GT 110	2	100	중(中)부하용	심플 가선의 기본형.
• 더블 트롤리 심플 방식	(개요도)	St 90	-	GT 110	3	110	중(重)부하용	암상량 적음.
• 더블 메신저 심플 방식	(개요도)	St 90	-	GT 110	3	100	중부하용	장경간용. 내풍 가선.
• 더블 심플 커티너리 방식	(개요도)	St 90	-	GT 110	4	140	중부하용	암상량 적음. 마모 특성 양호.
• 변형 Y형 심플 커티너리 방식	(개요도)	St 90	-	GT 110	2	130	중부하용	심플 커티너리 방식에 비해서 암상량 다소 많음. 내풍 성능 다소 열등함.
• 합성 심플 커티너리 방식	(개요도)	St 90	-	GT 110	2	120	중부하용	심플 커티너리 방식에 비해서 암상량 다소 많음. 내풍 성능 다소 열등함.
• 콤파운드 방식 (콤파운드 커티너리 방식)	(개요도)	St 135	Cu 100	GT 110	3	160	중부하용	콤파운드 가선. 가선의 기본형.
• 합성 콤파운드 커티너리 방식	(개요도)	St 135	Cu 100	GT 110	3	210	중부하용	콤파운드 커티너리 방식에 비해서 암상량 다소 많음.
• 더블 콤파운드 커티너리 방식	(개요도)	St 135	Cu 100	GT 110	6	250	초중 부하용	암상량 적음. 마모 특성 양호.
• 경사 조가 방식 (반경사 방식)	(개요도)	St 90	-	GT 110	2	60	중간 부하용	곡선 부분에서 지지 간격을 크게 취함.
• 강성 심플 커티너리 방식 (단경간식)	(개요도)	Al 피복, ACSR 1050	-	GT 110	2	100	중부하용	협소 터널에 적합함. 고속용. 급전 조가식으로 사용 가능.
• 헤비 심플 커티너리 방식	(개요도)	St 135	-	GT 110	3	140	중간 부하용	암상량 적음. 고속용. 내풍 가선.
• 헤비 콤파운드 커티너리 방식	(개요도)	St 180	Cu 150	GT 170	5.5	250	중부하용	초고속 가선 방식. 암상량, 가선 진동 모두 적음.

③ 차량 한계와 건축 한계

(1) 차량 한계(vehicle gauge)

차량을 안전하게 운전하기 위해서는 선로에 부속되는 건조물이나 시설물과 차량과의 사이에 적절한 여유 간격이 있어야 한다. 따라서 운전되는 차량 단면의 크기에 일정한 제한을 가하고 그 범위로부터 차량의 어느 부분도 돌출되지 않는 차량의 최대 크기를 규정한 것이 차량 한계이다. 차량 한계(예)는 다음의 [그림 1.19]와 같다.

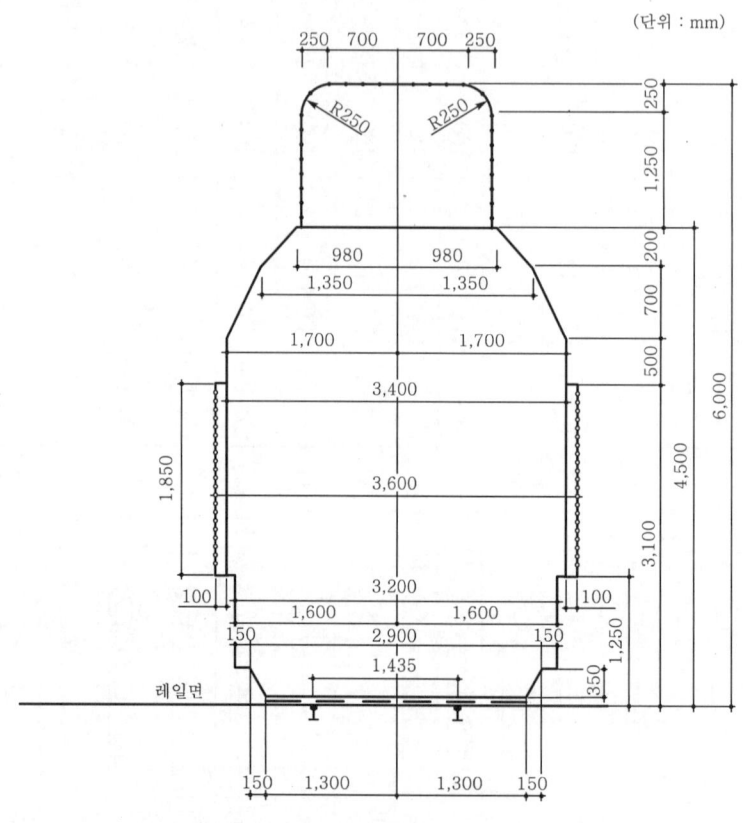

[범 례]

──────── : 일반 차량에 대한 한계

─○─○─○─ : 열차 표지에 대한 한계

─·─·─·─ : 스프링 작용에 의한 상하 운동을 하지 않는 부분에 대한 한계

─ ─ ─ ─ : 제륜자 및 살사관에 대한 한계

─●─●─●─ : 전기차의 집전 장치를 편 경우에 있어서 차상 장치에 대한 한계

[그림 1.19] 차량 한계(예)

(2) 건축 한계(construction gauge)

선로에 근접하는 건물이나 신호기, 전선로 설비 등의 건조물은 차량 한계에 근접 또는 접촉하여 설치되면 차량의 운전 시에 동요에 의해 차량이 건조물에 접촉하거나 충돌할 우려가 있으므로 건조물은 차량 한계에 대해서 일정한 간격을 두고 시설할 필요가 있다.

즉, 건조물의 설치에 있어서 차량 운전의 안전을 확보하기 위하여 차량 한계 이외에 유지가 필요한 최소 공간을 설정하며 이것이 건축 한계이다.

건축 한계(예)는 다음의 [그림 1.20]과 같다.

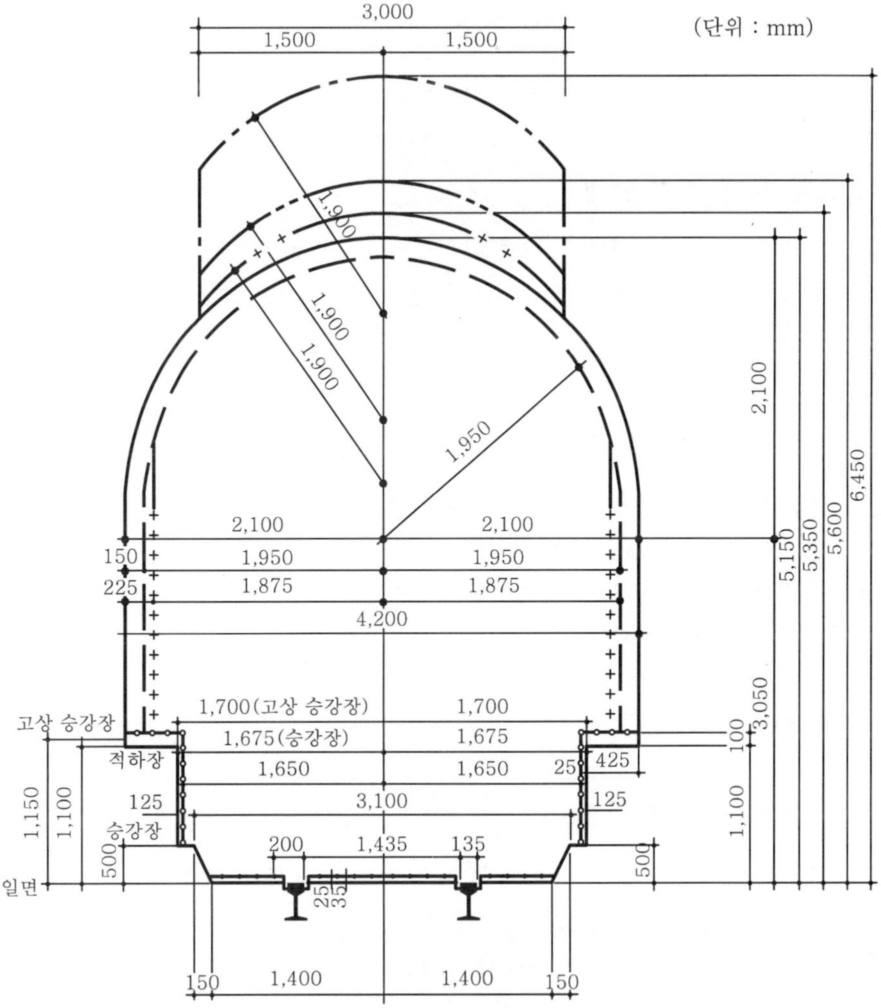

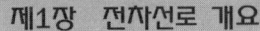

[범 례]

───────── : 일반의 경우에 대한 건축 한계

---------- : 가공 전차선 및 그 현수 장치를 제외한 상부에 대한 한계

— — — — : 측선에서 급수, 급탄, 전차, 계중, 세차 등의 설비, 신호주,
전차선로 지지주, 차고의 문 및 내부 장치 또는 일부 본선에
있어서 기설된 교량, 터널, 구름다리 및 그 앞뒤에 있어서 부득
이한 경우에는 전차선로 지지물에 대한 건축 한계를 축소할 수
있는 한계

+++++++ : 선로 전환기 표지 등에 대하여 건축 한계를 줄일 수 있는 한계

━●━●━●━ : 승강장 및 적하장에 대하여 건축 한계를 줄일 수 있는 한계

━◦━◦━◦━ : 타넘기 부분에 대하여 건축 한계를 줄일 수 있는 한계

[그림 1.20] 건축 한계(예)

1) 직선로에 대한 건축 한계

직선 선로에 대한 건축 한계에는 '비전철화 구간' 및 '직류 전철화 구간'과 '교류 전철화 구간'
이 있다. 이 외에 강설 지구에서 '제설차 지장 한계' 및 '공사 시행 시의 일시 축소 한계'에 대해
서도 건축 한계가 설정된다.

2) 곡선로에 대한 건축 한계

차량은 곡선로 주행 시에 양단부는 곡선의 외측으로, 중앙부는 곡선의 내측으로 편기된다.
따라서 곡선로 부근의 건조물과 차량과의 간격을 직선로와 동일하게 하기 위하여 차량의 편기
만큼 곡선로의 건축 한계의 폭을 확대하여야 한다.

이것은 다음 식으로 표현된다.

$$W = \frac{50,000}{R} \ [\text{mm}]$$

여기서, R : 곡선 반경(m)

또한 곡선에서는 궤도에 캔트(cant)를 주고 있으므로 곡선의 내측에 대해서는 캔트에 의한
차량의 경사때문에 확대 치수를 고려하여야 한다.

그리고 곡선의 외측에 있어서는 내측과 반대로 건축 한계를 축소하는 것이 가능하다.

일반적으로, 곡선 반경 R[m]의 곡선 내측에서의 건축 한계 E는 다음 식과 같다.

$$E = 2,100 + \frac{50,000}{R} + \frac{3,600A}{(1,435+S)} + S \ [\text{mm}]$$

그리고 곡선의 외측에서의 건축 한계 F는 다음 식으로 된다.

$$F = 2,100 + \frac{50,000}{R} - \frac{1,250A}{(1,435 + S)} \ [\text{mm}]$$

여기서, A : 캔트(cant)

S : 슬랙(slack)

memo

제2장

전차선

1. 조가선(messenger wire)
2. 트롤리선(trolley wire)
3. 가선의 주요 특성

 조가선(messenger wire)

(1) 조가선 및 보조 조가선

조가선은 트롤리선을 행어(hanger)를 개재하여 조가하는 전선이다.

콤파운드 커티너리(compound catenary)식 가선의 경우는 트롤리선과 조가선의 사이에 보조 조가선을 가선하고 여기에 트롤리선을 행어로 조가하며 보조 조가선은 드로퍼(dropper)로 조가선에 지지된다.

일반적으로, 조가선에는 연선이 주로 사용된다. 이 연선은 이완이 용이하고 소선을 연선한 구조로 구성된다. 연선에는 동계 재료의 경동연선, PHC 연선, 알루미늄계 재질의 경 알루미늄 연선과 강심 알루미늄 연선, 철계의 아연도금 강연선 등이 있다.

조가선 및 급전선용 연선의 특성은 다음의 [표 2.1]과 같다.

[표 2.1] 연선의 종류와 특성

명 칭	기 호	재 질	공칭 단면적 (mm²)	연선 구성 소선 수/소선 직경(mm)	최소 인장 하중 (kN)	계산 단면적 (mm²)	외경 (mm)	질량 (kg/km)	전기 저항 (Ω/km)
경동 연선 (1종)	H	Cu(순동)	200 325	37/2.6 61/2.6	76.7 126.0	196.4 323.8	18.2 23.4	1,776 2,937	0.0920 0.0560
경동 연선 (2종)	PH	Cu(순동)	100 150	7/4.3 19/3.2	38.0 58.7	101.6 152.8	12.9 16.0	914.5 1,375	0.1770 0.1180
PHC 연선	PHC	Cu 합금 (Cr-Zr계 동합금)	100	7/4.3	61.0	101.6	12.9	915.0	0.234
경 알루미늄 연선	HAl	Al (순 알루미늄)	300 510	37/3.2 37/4.2	43.4 73.3	297.6 512.5	22.4 29.4	820.1 1,413	0.0969 0.0563
강심 알루미늄 연선	ACSR	Al+Fe계 (HAl+St)	330	Al 26/4.0 St 7/3.1	107.2	379.64	25.3	1,320	0.0888
아연도금 강연선(2종)	St	Fe계 (아연도금 강선)	90 180	7/4.0 19/3.5	71.4 145.0	88.0 183.0	12.0 17.5	696.0 1,450	2.15 1.03
아연도금 강연선(3종)	St	Fe계 (아연도금 강선)	90 180	7/4.0 19/3.5	55.6 113.0	88.0 183.0	12.0 17.5	696.0 1,450	2.15 1.03

1) 연선의 종류

① 경동 연선

경동 연선은 기존에 전기를 흘리기 위하여 사용되어 온 전선으로 내식성이 양호하다. 소선의 재질은 전기용 경동선 즉, 순동을 사용한다.

② PHC 조가선

PHC 조가선의 재질은 Cr-Zr계 동합금이다. 아연도금 강연선에 비해서 내식성이 우수하고 강도도 이에 근접한 특성을 가지고 있다. 더욱 경동 연선과 같이 전기를 흘리도록 사용하는 것이 가능하다.

③ 경 알루미늄 연선

경 알루미늄 연선의 소선 재질은 전기용 알루미늄선 즉, 순알루미늄이다. 이 연선의 도전율은 61% 이상이며 경량이므로 강동을 그렇게 필요로 하지 않는 동연선 대용으로 사용한다. 알루미늄 연선은 경량인 특성을 가지지만 부식이 발생하기 쉬우며 특히 터널의 알칼리 누수에 주의하여야 한다.

④ 아연도금 강연선

아연도금 강연선의 소선 재질은 경 강선재로 다수의 철계 재질이 필요한 강도에 일치하여 사용되고 있다. 이 연선의 최대 특징은 고강도를 얻을 수 있으며 비용이 저렴한 것이다. 그러나 염해 지역 또는 터널 내 누수 장소에서는 부식의 발생이 문제가 된다.

⑤ 강심 알루미늄 연선

강심 알루미늄 연선은 중심부를 아연도금 강선으로 하고 그 주변에 경 알루미늄선을 연선시킨 구조이다. 이 구조에서는 아연도금 강연선으로 강도를 유지하고 알루미늄 연선으로 전류를 분담한다.

2) 연선의 강도

재료의 강도로는 파괴 하중이 일반적으로 적용된다. 파괴 하중은 인장 시험을 수행하는 경우에 최대 하중이 된다. 일반적으로 사용되는 파괴 하중, 최대 하중, 인장 하중 등의 용어는 동일한 의미로 적용되고 있다. 규격상의 연선의 파괴 하중의 수치는 일반적으로, 소선의 수의 합계가 아닌 안전율이 적용되어 있는 것이므로 주의하여야 한다.

연선의 파괴 하중의 계산식은 다음과 같다.

$$(\text{연선의 파괴 하중}) = (\text{소선의 파괴 하중의 합계}) \times 0.9\,\text{kN}$$

그리고 규격상, 최소 인장 하중은 연선으로 최소한 얻을 수 있는 하중이다. 통상의 신품은 최소 인장 하중보다 높은 값을 가진다.

(2) 조가선의 절연 및 보호 장치

과선교, 승강장 상부 등에 시설되는 조가선은 건조물에 근접하여 일정한 이격 거리가 확보 되지 않는 경우에는 조가선 지지 애자의 열화 또는 조가선의 구조체 접촉 등이 발생할 수 있 다. 이 경우, 누전에 의해 인축에 피해를 주거나 건조물의 관리자가 점검시에 가압 부분에 접 촉되어 감전되는 위험을 방지하도록 조가선에 애자를 삽입하여 무가압으로 한다.

그러므로 무가압 구간 내에 있는 행어에도 애자를 삽입하거나 절연 행어를 삽입한다. 또한 조가선을 무가압으로 한 경우에는 그 양단에 조가선, 보조 조가선의 교차 개소 및 행어 개소 등에서 소선이 손상될 우려가 있는 경우는 보호 커버(cover)를 설치하여 보호한다.

(3) 보수 유의 사항

조가선의 가선 시에는 안전율(파괴 강도/허용 하중)을 2.5 이상으로 한다. 그러나 전선의 부식 등에 의해서 안전율은 감소한다. 그러므로 전선의 부식, 손상에 충분한 주의를 해야 한 다. 또한 전선을 지지하고 있는 지지부에서는 특히 소선 절단이나 손상이 크다.

전선의 접속은 전선 접속 금구, 압축 접속관에 의해서 접속되므로 접속부의 이상 현상에 주 의하여야 한다. 그리고 조가선은 가압되어 있으므로 보수 점검시에 접지체의 접근에 주의를 기하고 규정된 이격 거리를 확보하여야 한다.

② 트롤리선(trolley wire)

(1) 트롤리선의 기능

트롤리선은 궤조면 상에 일정 높이로 가선되어 전기차에 전력을 공급하는 전선이다.

트롤리선의 설치 구조는 다음의 [그림 2.1]과 같다.

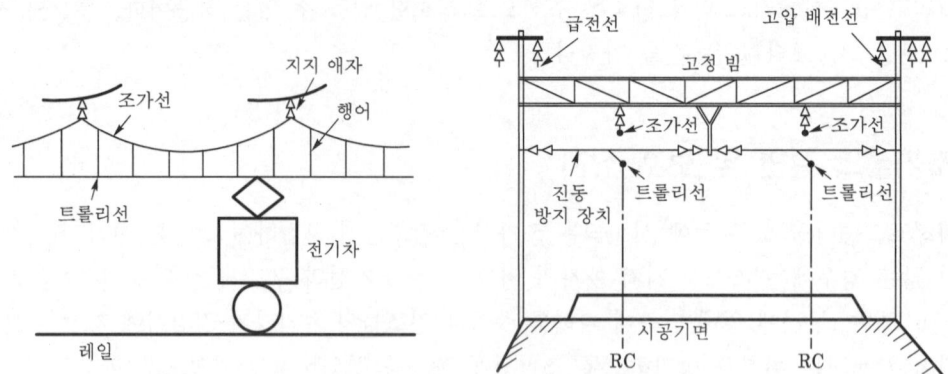

[그림 2.1] 트롤리선의 설치 구조도

트롤리선의 구비 조건은 다음과 같다.
• 전기 저항이 작아야 한다.
• 트롤리선은 전류가 흐르므로 전압 강하 손실을 적게 하여야 한다.
• 인장 강도, 굴곡 강도, 마모에 대한 강도가 커야 한다.
• 트롤리선은 일정 장력으로 가선하여야 하고 동시에 취급이 용이하도록 인장, 굴곡에 대한 강도가 필요하다. 또한 팬터그래프 습동판과의 접촉에 의한 마모가 적어야 한다.
• 내열성이 커야 한다.
• 팬터그래프가 트롤리선을 습동하는 경우에 차량 동요 등에 기인한 이선 현상에 의해서 불꽃, 아크를 발생하므로 이 열에 충분히 견뎌야 한다.
• 비용이 저렴하고 구입이 용이하여야 한다.

(2) 트롤리선의 종류

트롤리선의 구비 조건에 가장 적합한 것으로 현재 경동선이 주로 사용되고 있다. 그리고 특수 용도에는 G합금선 등의 합금 동선이 사용되고 있다.
트롤리선을 단면 형태에 따라 분류하면 다음과 같다.
• 원형
• 홈부 원형
• 홈부 제형
• 홈부 이형

일반적으로, 홈부 원형이 주로 사용되고 있다.

트롤리선의 단면 형태는 다음의 [그림 2.2]와 같다.

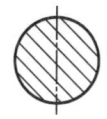 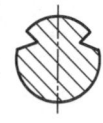  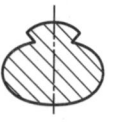 

원형   홈부 원형   홈부 제형   홈부 이형

[그림 2.2] 트롤리선의 단면 형태

홈부 원형 경동 트롤리선은 단면의 크기에 따라 $170\,mm^2$, $150\,mm^2$, $110\,mm^2$, $107\,mm^2$의 4종류가 있다. 일반적으로, 트롤리선은 전기차의 부하 특성 및 운전 조건에 따라 선정하여 적용하며 $110\,mm^2$ 및 $107\,mm^2$는 측선용으로 사용된다.

트롤리선의 규격별 각 부 치수도는 다음의 [그림 2.3]과 같다.

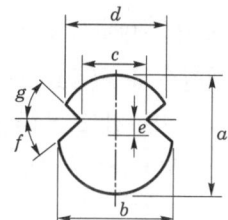

공칭 단면적 (mm^2)	a (mm)	b (mm)	c (mm)	d (mm)	e (mm)	f (mm)	g (mm)
170	15.49	15.49	7.74	11.45	2.4	270	510
110	12.34	12.34	7.25	9.75	1.7	270	510

[그림 2.3] 트롤리선의 치수도

G합금 트롤리선은 0.2% 전후의 은(Ag)을 함유하는 동선으로 일반 경동선에 비해서 내열성, 내마모성이 우수하고 증기 배연 등에 의해 부식 소손될 우려가 있는 장소에 사용되고 있다. 일반적으로, 트롤리선은 재질별 및 기능별로 분류된다.

각종 트롤리선의 특성은 다음의 [표 2.2]와 같다.

[표 2.2] 트롤리선의 종류와 특성

분 류	트롤리선의 종류	계산 단면적 (mm^2)	직경 (종) (mm)	직경 (횡) (mm)	중량 (g/m)	파괴 하중 (kN)	비강도 (kN/kg/m)	전기 저항 (Ω/km)	도전율 (%)
동 계	GT(경동) $110\,mm^2$	11.1	12.34	12.34	988	38.2	38.7	0.159	97.5
	GT(경동) $170\,mm^2$	170.0	15.49	15.49	1,511	57.8	38.3	0.104	97.5
	GT−Ag $110\,mm^2$	111.1	12.34	12.34	988	40.2	40.7	0.160	97.0
	GT−Ag $170\,mm^2$	170.0	15.49	15.49	1,511	58.8	38.9	0.105	97.0
	GT−Sn $110\,mm^2$	110.5	12.34	12.34	982	40.2	40.9	0.223	70.0
	GT−Sn $170\,mm^2$	169.4	15.49	15.49	1,506	58.8	39.0	0.145	70.0
	GT−PHC $110\,mm^2$	111.1	12.34	12.34	991	61.1	61.7	0.194	80.0
	GT−PHC $170\,mm^2$	170.0	15.49	15.49	1,516	78.5	51.8	0.127	80.0

분류	트롤리선의 종류	계산 단면적 (mm²)	직경 (종) (mm)	직경 (횡) (mm)	중량 (g/m)	파괴 하중 (kN)	비강도 (kN/kg/m)	전기 저항 (Ω/km)	도전율 (%)
복합 재료계	TA 200 mm²(1.5 t)	196.3	17.00	14.00	758	53.9	71.1	0.193	45.6
	TA 200 mm²(2.0 t)	196.3	17.00	14.00	758	68.6	90.5	0.193	45.6
	GT−CS 110 mm²	111.1	12.34	12.34	935	65.1	69.6	0.261	60.0
	GT−M−CS 170 mm²	170.2	15.30	15.30	1,435	93.2	64.9	0.169	60.0
	GT−CSD 110 mm²	111.1	12.34	12.34	962	49.0	50.9	0.196	80.0
	GT−CSD 170 mm²	170.0	15.49	15.49	1,473	67.7	46.0	0.127	80.0

[주] : 1. 파괴 하중과 도전율은 최소치

1) 재질별 트롤리선의 분류

① 경동 트롤리선

기존에 사용되어 오고 있는 일반적인 트롤리선으로 형태는 홈부 원형이 많다. 정식 명칭은 홈부 경동 트롤리선(hard-drawn Grooved Trolley wire)이다. 재질은 순동(Cu : 전기용 동재)으로 도전율은 97.5%이다. 일반적으로, 공칭 단면적 170 mm²가 고속철도, 110 mm²가 일반 철도, 85 mm²가 일반 철도의 측선에 사용되고 150 mm² 또는 70 mm²도 일부 사용되고 있다.

② 은입 동 트롤리선

은입 동 트롤리선은 홈부 트롤리선(G합금)이라고 하며 특히, 내열성과 내마모성이 필요한 장소에 사용된다. 재질은 Cu-Ag 합금(Ag 0.12% 이상, Cu 99.6% 이상, 기타 성분 0.1% 이하)이다. 공칭 단면적은 170 mm², 110 mm² 및 85 mm²가 있다.

③ 주석입 동 트롤리선

주석입 동 트롤리선은 홈부 트롤리선(Sn합금)이다. 특히, 내열성과 내마모성이 필요한 장소에 사용된다. 재질은 Cu-Sn 합금(Sn 0.3±0.05%, Cu 99.55% 이상, 기타 성분 0.1% 이하)이다. 형태는 홈부 원형으로 소 원호면에 주석입 동 트롤리선을 표시하는 R(작은 홈)이 부가되어 있어 재질의 식별이 가능하다. 공칭 단면적은 170 mm², 110 mm² 및 85 mm²가 있다. 이 외에, 주석입 트롤리선의 강도와 내마모성을 향상시킨 고강도 주석입 트롤리선 GT-Sn-W가 있으며 공칭 단면적은 110 mm², 150 mm² 및 170 mm²가 있다.

④ PHC 트롤리선

PHC 트롤리선은 석출 강화형 동합금(Precipitation Hardened Copper alloy) 트롤리선이다. 재질은 석출 강화형 Cr-Zr계 동합금(Cr 0.25~0.45%, Zr 0.05~0.15%, Si 0.01~

0.05%, Cu 99.20% 이상)이다. 개발 초기에는 HC 트롤리선(고강도 고도전성 동합금 ; high strength High Conductivity copper alloy)으로 불려졌으나 이후, Heavy Compound 의 HC와 혼동을 피하기 위하여 PHC로 개명하였다.

고속 구간을 대상으로 개발되었으며 전류 용량이 큰 선로 구간에서 내마모성의 향상에 기여하고 있다. 공칭 단면적은 170 mm², 110 mm² 및 85 mm²가 있다.([그림 2.4] 참조)

⑤ TA 트롤리선

강심 알루미늄 트롤리선 또는 철 알루미늄(Tetsu-Aluminium) 트롤리선으로 불린다. 강심재를 사용하여 항장력과 내마모성을 유지하고 주변에 경량의 도전성 알루미늄을 사용하는 복합 구조이다. 강심에 장력을 부담시키고 경량이므로 파동 전파 속도를 높일 수 있다.

특수한 단면 형태로 공칭 단면적은 200 mm²이다. 재질은 알루미늄 2종을 사용하고 강심으로는 강도의 차이에 따라 연강선재, 경강선재 등이 사용된다. 특별히, 고장력의 TA 트롤리선은 ETA 트롤리선으로 불린다.([그림 2.4] 참조)

⑥ CS 트롤리선

강심 동 트롤리선 또는 동복 강선(Copper clad Steel contact wire)이라고 한다. 강심재를 사용하여 항장력과 내마모성을 유지시키고 주변에 내식성과 도전성이 있는 동을 사용하는 복합 구조이다. 강을 사용하므로 고장력 포설이 가능하고 파동 전파 속도를 높일 수 있다. 최근, CS 트롤리선은 특수 제조 공법에 의해 트롤리선 습동면의 동과 강의 경계 부분의 분리 또는 부식의 발생을 억제하는 특성을 가진다.

CS 트롤리선 중에서 동의 체적을 넓혀서 도전율을 향상시킨 것이 CSD 트롤리선이다. 재질은 동 부분이 경동 트롤리선과 동일한 순동이다. 강 부분은 냉간 압연 탄소강 선재 또는 동등 성능의 경강 선재(0.59~0.66%C) 등을 사용한다. 단면적은 170 mm² 및 110 mm²가 있으며 강의 단면적에 대해서 60% 도전율 및 80% 도전율의 것이 있다.([그림 2.4] 참조)

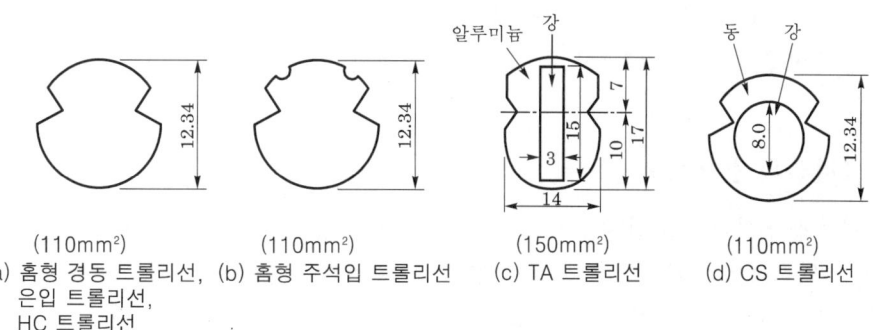

(a) 홈형 경동 트롤리선, (b) 홈형 주석입 트롤리선 (c) TA 트롤리선   (d) CS 트롤리선
    은입 트롤리선,
    HC 트롤리선

[그림 2.4] 특수 재질 트롤리선의 단면 형태

2) 기능별 트롤리선의 분류

① 이종 형태의 트롤리선

통상의 홈부 형태 이외에 $170 \, mm^2$ 단면적의 트롤리선을 $110 \, mm^2$용의 이어에 설치하는 구조의 이형 트롤리선이 있다. 홈부 이형 경동 트롤리선은 GT-M $170 \, mm^2$로 표기된다.

이 외에, 단면적이 정방형에 근접한 형태의 제형 트롤리선이 있다. 제형 홈부 경동 트롤리선은 TGT $110 \, mm^2$로 표기된다.

그리고 트롤리선 습동면의 폭이 마모 한계 부근에서 급격히 크게 하여 레이저 검측을 용이하게 한 MF(Measurement-Free)형 주석입 트롤리선 $170 \, mm^2$도 있다.

② 특수 기능의 트롤리선

트롤리선에 급전 이외의 기능을 가지는 것이다. 예를 들면, 경동 트롤리선의 소원호 면에 전선(절연물로 피복된 주석도금 경동선)을 조합하여 동절기의 착빙설을 방지하는 히터(heater) 트롤리선이 있다.

이 외에, 경동 트롤리선의 양 측면에 전선을 매입하고 마모 한계에 도달하는 경우에 자동적으로 감지가 가능한 구조인 마모 감지형 경동 트롤리선도 있다. 마모 감지형 트롤리선에는 감지 선입 CS 트롤리선 $170 \, mm^2$가 있고 고속철도에 사용되고 있다.

(3) 트롤리선의 강도

트롤리선에 사용되는 경동선 및 합금 동선은 마모 한도에서 안전율을 2.2 이상 확보 가능하도록 사용 장력이 지정되어 있으며 일반적으로 단면적 $107 \, mm^2$ 이상을 사용하고 있다.

(4) 트롤리선의 높이, 편위 및 구배

트롤리선은 고전압으로 사용되므로 인축에 대한 위험을 방지하기 위하여 궤조 상 높이를 지정하고 있다. 그리고 트롤리선의 궤조 중심에 대한 편위 및 궤조면과의 구배에 대해서도 팬터그래프의 양호한 습동을 유지하도록 그 값이 지정되어 있다.

1) 트롤리선의 높이(height)

트롤리선에 인가되는 고전압에 의해 인축이 피해를 입을 수 있으므로 트롤리선의 궤조면 상의 높이는 원칙적으로 최저 $5,000 \, mm$, 최고 $5,400 \, mm$로 규정되어 있으며 온도 변화에 의한 이도 변화를 고려하여 $5,200 \, mm$가 표준으로 되어 있다.

그러나 교량, 터널, 대설 구간, 과선교, 승강장 상부 차양 부분 등에서는 $4,850 \, mm$까지

낮추는 것이 가능하다. 또한 차량 기지의 검수고에서는 팬터그래프 압상력 검사, 화물 적치선에서는 화물 적치를 위하여 5,400 mm로 하고 있다. 그리고 강체 가선 구간의 전차선 높이는 레일면 상 4,750 mm 이상으로 하고 있다.

2) 트롤리선의 편위(deviation)

트롤리선의 궤조 중심에 대한 편향이 편위이다. 곡선에 트롤리선을 가선하는 경우에 곡선대로 가선하는 것은 곤란하다. 따라서 곡선에서는 다각 형태로 가선되고 지지점 A 및 B에 있어서는 곡선 외측, C점에 있어서는 곡선 내측으로 가선된다.

트롤리선의 곡선로에서의 가선도는 다음의 [그림 2.5]와 같다.

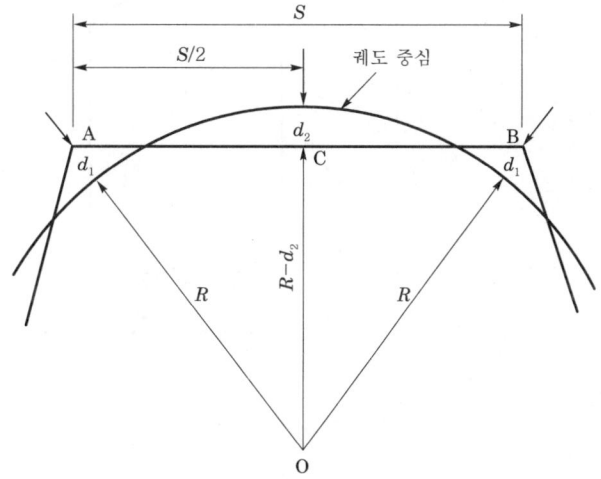

[그림 2.5] 곡선로의 가선도

곡선 반경 R[m], 경간 S[m], 지지점 A, B에서의 편위 d_1[m], 경간 중앙에서의 편위 d_2[m]로 하면 삼각형, $\triangle OAC$에서 다음 식이 성립한다.

$$\overline{(OA)}^2 = \overline{(OC)}^2 + \overline{(AC)}^2$$

$$(R + d_1)^2 = (R - d_2)^2 + \left(\frac{S}{2}\right)^2$$

$$d_1 + d_2 = S^2/8R$$

상기 식에서 $d_1 = d_2$인 경우, 다음 식으로 된다.

$$d = S^2/16R$$

상기 식에서 d가 일정하면 곡선 반경 R이 작은 만큼 S는 작게 된다.

편위 d_1, d_2는 레일면에 수직인 궤도 중심선으로부터 최대 250 mm, 표준 200 mm로 하고 있다. 그리고 강풍 구간 및 승강장에서는 편위 100 mm 이하로 가선된다.

또한 곡선 반경 1,600 m 이상의 곡선로에서는 편위를 좌우 각각 200 mm, 곡선 반경 1,600 m 미만의 곡선로에서는 선로 외측으로 편위 200 mm를 설정하고 있다. 차량에는 궤조면에서 585 mm 수평 이격 지점에서 궤조 중심으로부터 상부 610 mm의 지점에 32 mm의 유간이 인정되고 있다.

차량의 경사도는 다음의 [그림 2.6]과 같다.

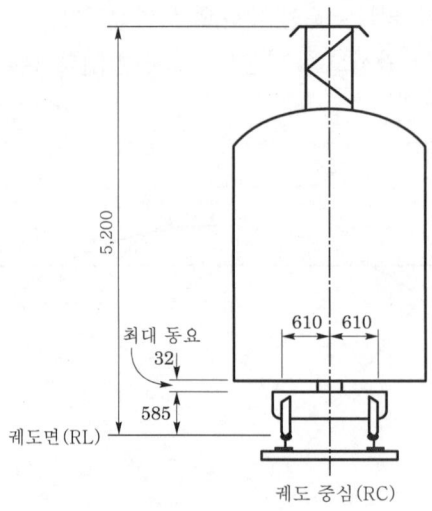

[그림 2.6] 차량의 경사도

이 유간에 의한 팬터그래프 습동판부의 동요 폭은 다음과 같이 된다.

$$(5,200 - 585) \times \left(\frac{32}{610} \right) = 240 \, \text{mm}$$

다음으로, 팬터그래프 습동판면의 폭을 1,000 mm로 하면(실제 폭 : 1,110 mm) 다음 식과 같이 산출되고 트롤리선의 최대 편위가 된다.

$$\left(1,000 \times \frac{1}{2} \right) - 240 = 260 \, \text{mm} \, (\text{선정} : 250 \, \text{mm})$$

직선로 및 곡선 반경 1,600 m 이상의 곡선로에 트롤리선을 가선하는 경우에 팬터그래프 습동판을 가능한 한 균등하게 마모되도록 지그재그(zig-zag) 형태로 가선한다.

지그재그 가선도는 다음의 [그림 2.7]과 같다.

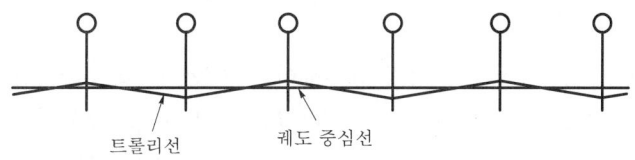

[그림 2.7] 지그재그(zig-zag) 가선도

이것은 트롤리선을 일정 간격마다 진동 방지 장치에 의해 좌우 교대로 편위를 주는 방법으로 현재는 2경간 1사이클(cycle)의 형태가 많이 적용되고 있다.

3) 트롤리선의 구배(gradient)

트롤리선은 항상 궤조면 상 동일한 높이로 가선되는 것이 이상적이나 과선교, 터널 등의 조건때문에 트롤리선의 높이를 변화시킬 필요가 있는 경우에는 트롤리선에 구배가 발생한다. 이러한 구배가 크게 되면 팬터그래프의 이선 현상을 야기하게 되고 열차 속도가 높은 만큼 크게 되므로 트롤리선의 구배를 일정 한도 이하로 억제하고 있다.

즉, 본선로에 있어서는 3/1,000‰(터널, 구름다리 등과 건널목이 인접한 장소에서는 4/1,000‰) 이하, 측선로에 있어서는 15/1,000‰ 이하로 지정되어 있다. 이 한도는 행어간의 트롤리선 이도에 의한 구배에도 적용된다. 그리고 트롤리선의 궤조면에 대한 경사를 10° 이하로 하도록 지정되어 있다. 이것은 지나치게 경사지면 트롤리선이 좌우 균등하게 마모되지 않으며 마모 한도에 도달하지 않고 행어 이어 등에 접촉하는 사태를 방지하기 위해서이다.

트롤리선의 경사도는 다음의 [그림 2.8]과 같다.

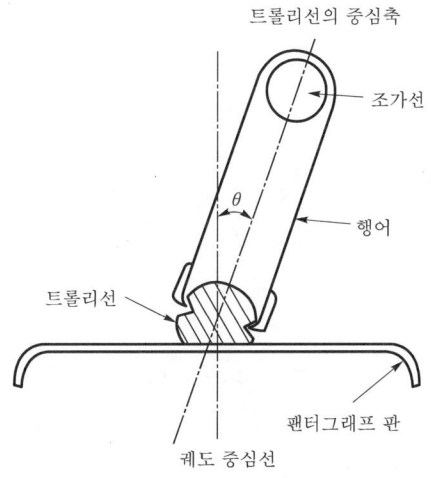

[그림 2.8] 트롤리선의 경사도

(5) 트롤리선의 마모

1) 트롤리선 마모의 원인

트롤리선은 팬터그래프 습동판과 직접 접촉하여 전력을 공급하는 기능을 수행하므로 필연적으로 마모된다. 트롤리선의 마모 형태에는 전체적인 마모와 국부적인 마모가 있으며 특히, 후자는 트롤리선의 경제적 보수에 영향이 크므로 그 원인을 조사하여 대책을 강구하여야 한다.

트롤리선의 마모 원인에는 다음과 같이 전기적 마모와 기계적 마모가 있다.

① 전기적 마모

전기적 마모는 열차 운전 중에 팬터그래프의 트롤리선에 대한 불완전 접촉, 이선 등에 기인한 불꽃 또는 아크에 의해 트롤리선이 소모되는 현상을 말한다. 또한 불꽃 또는 아크에 의한 열 및 팬터그래프 습동판 접촉 부분의 통전 전류에 의한 열때문에 트롤리선의 재질이 변화(소손, 경화 등)되고 마모가 촉진되므로 이것도 전기적 마모의 일종이 된다.

전기적 마모는 주로 이선 현상이 있는 장소에서 발생되고 열차의 고속화, 대용량화에 의해 현저하게 증대되는 특성이 있다.

팬터그래프의 이선 현상이 야기되기 쉬운 장소는 다음과 같다.

- 가선 장치 설치 장소 등 트롤리선의 경점
- 트롤리선의 구배 변화 지점
- 조가선, 트롤리선의 장력이 부적정한 장소
- 트롤리선에 습동 자국(습동면의 요철)이 있는 장소

② 기계적 마모

기계적 마모는 팬터그래프 습동판이 트롤리선을 습동하는 경우에 양자간의 마찰 및 충격에 의해 야기되는 것으로 다음과 같은 특성이 있다.

- 팬터그래프의 접촉 압력에 비례한다.
- 열차 속도에 반비례한다.
- 마찰 계수에 비례한다.
- 마찰 계수를 작게 하기 위하여 팬터그래프 습동판에 급유 장치도 일부 사용되고 있다.
- 팬터그래프 습동판의 재질에 의한 영향을 받는다.
- 습동판의 경도가 트롤리선의 경도에 비해서 작은 경우, 그 정도에 따라서 마모량은 감소한다.
- 트롤리선 자체의 경도에 의한 영향을 받는다.
- 트롤리선의 경도가 큰 만큼 마모량은 적다. G합금 트롤리선은 내열성과 더불어 내마모성이 보통의 경동 트롤리선에 비해서 양호하다.
- 팬터그래프의 도약 현상에 기인한 충격에 의해 마모량은 국부적으로 증가한다.

2) 트롤리선의 마모 한도

트롤리선이 마모되면 단면적의 감소에 의해 기계적으로는 항장력이 감소하고, 이것이 트롤리선의 허용 장력(파괴 강도/안전율)보다 작아지면 단선의 위험이 발생한다. 더욱, 전기적으로 대전류를 집전하는 경우, 트롤리선이 소손될 위험이 있다. 이와 같은 위험의 방지를 위해 트롤리선의 마모 한도를 지정하고 신품으로 교체하는 등의 조치를 수행하여야 한다.

마모 한도는 트롤리선의 기계적 강도(주로 인장력), 전류 용량 및 트롤리선의 가선 장력을 고려하여 다음의 [표 2.3]과 같이 지정되어 있다.

[표 2.3] 트롤리선의 마모 한도

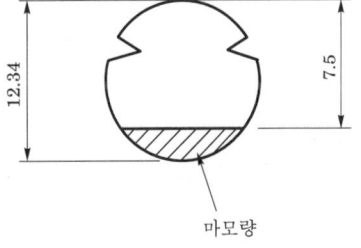

트롤리선의 종류	신품의 직경	마모 직경 (잔존 직경)
170 mm^2	15.49 mm	8.5 mm
110 mm^2	12.34 mm	7.5 mm

트롤리선 110 mm^{2}의 마모량과 단면적 및 항장력의 관계는 [그림 2.9]와 같다.

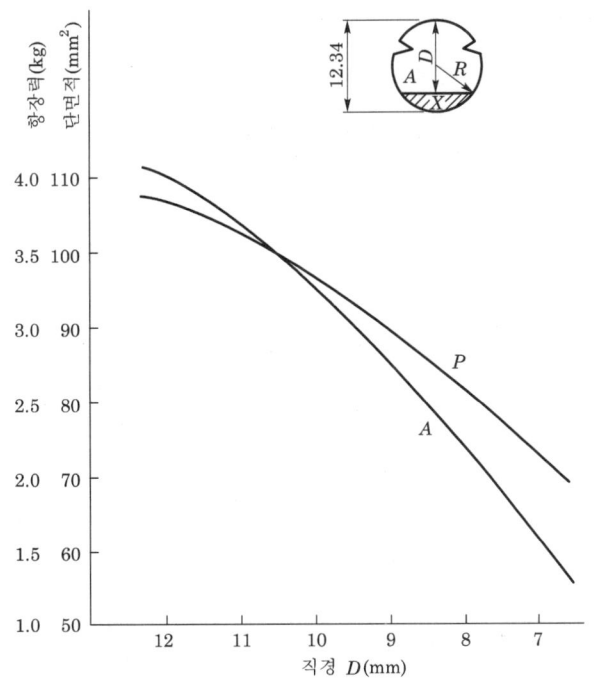

[그림 2.9] 트롤리선(110mm^2)의 직경, 잔존 단면적 및 항장력

트롤리선 110 mm² 의 장력은 항상 1,000 kg 이하로 유지되어야 하므로 마모 한도의 항장력은 2.2 이상의 안전율을 가진다. 트롤리선의 마모 상태는 수시로 조사하여 항상 확실하게 파악하여야 하며, 특히 마모가 발생하기 쉬운 장소에 대해서는 유념하여 조사하여야 한다.

일반적으로, 마모 조사는 연 1회 아니면 2회 지지점 및 경간 중앙부를 측정하고 국부적 마모 장소에 대해서는 수시 실측해야 한다.

종래에는 측정을 인력에 의해 마이크로미터(micro-meter)를 사용하여 수행하였으나 최근에는 전기 검측차가 개발되어 기계 측정이 용이하다.

3) 트롤리선의 마모 방지 대책

① 마모 방지 대책

트롤리선의 마모는 기계적 마모와 전기적 마모가 중첩되어 발생하고 마모량이 많으면 교체 횟수가 늘어나서 보수비가 증가한다.

특히, 국부적 마모는 나머지 부분을 포함한 전부를 교체해야 하므로 대단히 비경제적으로 된다.

따라서 마모 방지 대책으로서는 우선적으로 국부적 마모를 감소시키고 트롤리선이 균등하게 마모되도록 하며 두 번째로는 트롤리선 전반에 걸쳐서 마모 경감 조치를 취해야 한다.

② 국부 마모 방지 대책

기계적 및 전기적 마모 양자에서 국부적 마모의 주된 원인은 팬터그래프의 도약 현상이다. 그러므로 국부적 마모의 방지 대책으로 트롤리선 가선 상태 및 궤도 설치 상태의 정비 개선과 팬터그래프의 성능 개선 등에 의해 도약 현상 방지를 도모하여야 한다.

국부 마모 방지 대책에는 다음과 같은 방법이 있다.

- 트롤리선의 구배 완화를 도모한다.
- 트롤리선의 부속 장치를 개선한다.
- 트롤리선의 경점 제거를 위하여 행어, 곡선 인류 장치, 진동 방지 장치, 더블 이어, 커넥터 등의 설치 수량 경감과 경량화를 도모한다.
- 장력 자동 조정 장치를 설치한다.
- 트롤리선의 장력이 감소하면 이도가 커지게 되고 고속 시에 팬터그래프의 도약 현상이 발생하므로 장력 자동 조정 장치에 의해 트롤리선의 장력을 항상 일정하게 유지한다.
- 트롤리선의 압상력을 균일하게 한다.

일반적으로, 트롤리선은 지지점 부근보다도 경간 중앙부 지점이 팬터그래프에 의한 압상력이 크므로 고속 운전시에 팬터그래프에 일정 주기의 동요를 주게 되어 이선 현상을 야기하는 원인이 된다.

이것을 개선하기 위하여 변형 Y형 심플 커티너리 방식이나 합성 가선 방식 등이 사용되고 있다.

이 외에, 국부 마모가 발생된 장소에는 첨선을 가설하여 마모를 방지하고 있으나 경점으로 되어 팬터그래프의 이선이 증가될 수 있다.

③ **전반적 마모 방지 대책**

이것은 전반에 걸쳐서 기계적 마모의 경감을 도모하는 방법으로 다음과 같이 시행한다.
- 팬터그래프 습동판을 개량한다.
- 초기에는 탄소 습동판이 적용되어 트롤리선 마모는 적었으나 습동판 자체의 마모가 크게 되어 이를 개량한 퍼로스 매트(ferrous mat) 습동판이 개발되어 사용되고 있다. 최근에는 다이아몬드 매트(diamond mat) 습동판도 개발되어 일부 사용되고 있다.
- 트롤리선에 고경도의 것을 사용한다.
- 경동선보다 경도가 높아 내마모성이 높은 G합금선이 일부 사용되고 있다.

4) 트롤리선의 보안도 향상 대책

트롤리선은 전기차에 전력을 공급하는 중요한 설비이다. 트롤리선이 단선이 되면 열차 운행이 정지되고 복구에 상당한 시간과 노력이 소요되므로 단선 방지 확률을 높여야 하며 이것이 트롤리선의 보안도 향상에 해당된다.

트롤리선의 단선은 트롤리선이 마모에 의해 가늘게 되고 인장력에 견디지 못하여 발생한다. 그러므로 단선을 방지하기 위해서는 정기적인 마모 측정 및 마모 상태를 관리하고 트롤리선이 마모 한계까지 되는 것을 감지하여 경보를 발보하는 설비 등을 설치하여 보안도를 향상시키는 것이 매우 중요하다.

여기서는 트롤리선의 종류별 특성, 마모 한계 및 마모 한계 감지 방식 등을 기술한다.

① **트롤리선의 특성**

트롤리선에는 순금속 트롤리선으로 Cu(경동) 트롤리선, 동합금계 트롤리선으로 Sn(주석), Ag(은) 및 PHC(석출 강화) 트롤리선, 복합 트롤리선으로 CS(동피복 강) 및 TA(철 알루미늄) 트롤리선이 사용되고 있다.

일반적으로, 안정 집전이 가능한 속도는 트롤리선 파동 전파 속도의 70~80% 이하로 설정된다.

고속화를 위해서는 트롤리선의 파동 전파 속도를 향상시켜야 하며 경동 트롤리선 보다는 선밀도가 작고 파괴 하중이 큰 합금계 트롤리선 또는 복합 트롤리선 등이 사용된다.

② 트롤리선의 마모 한계 및 교체

트롤리선의 단선 방지에는 마모 한도의 관리가 필요하다. 일반적으로, 다음 식이 성립하도록 마모 한도를 잔존 직경으로 관리하고 있다.

$$T \cdot \gamma < S_r \cdot \sigma_t$$

여기서, T : 트롤리선의 장력(kN)

　　　　γ : 안전율(동 및 동합금 트롤리선 : 2.2, 이 외의 트롤리선 : 2.5)

　　　　S_r : 트롤리선의 잔존 단면적(mm^2)

　　　　σ_t : 트롤리선 재질의 인장 강도(kN/mm^2)

경동 트롤리선의 장력과 마모 한도의 관계는 다음의 [표 2.4]와 같으며, 실제의 유지 보수에서는 다소의 여유를 감안하여 미리 교체를 시행하고 있다.

[표 2.4] 경동 트롤리선의 장력과 마모 한도(잔존 직경)의 관계

종 류	단면적 (mm^2)	신품의 직경 (mm)	고속 철도		일반 철도	
			장력(kN)	마모 한도(mm)	장력(kN)	마모 한도(mm)
Cu 110 mm^2	111	12.34	14.7	10.0	9.8	7.5
Cu 170 mm^2	170	15.49	19.6	11.5	14.7	10.0

③ 트롤리선의 마모 한계 감지 방식

마모 측정 장치 등에 의해 정기적으로 트롤리선의 마모 측정을 시행하여도 재해 등의 원인으로 트롤리선이 손상을 받아 급격하게 마모가 진행되는 경우가 있다. 마모 진행 속도가 빠른 경우에는 고속철도에서 짧은 기간 간격으로 시험차 운행을 하여도 마모 진행 상태를 파악하지 못하고 단선에 이르는 위험성이 있다.

이 마모 측정과 관리가 불가능한 이상 마모를 확실하게 감지하는 방식으로 다음의 방식이 실용화되어 있다.

㉠ 경보 트롤리선

경보 트롤리선은 트롤리선이 마모 한도에 도달하기 전에 이것을 감지하고 경보를 발보하여 트롤리선의 단선을 방지하는 방식으로 고속철도 일부 구간(일본 신칸센)에 사용되고 있다.

경보 트롤리선의 단면 형태는 다음의 [그림 2.10]과 같다.

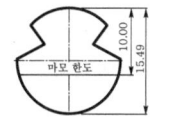
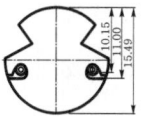

일반 트롤리선 (170mm²)   경보 트롤리선 (170mm²)

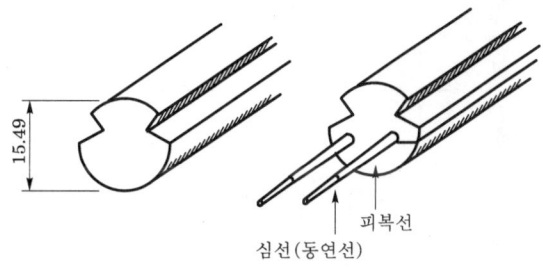

[그림 2.10] 일반 트롤리선과 경보 트롤리선

경보 트롤리선의 2본의 감지선은 동연선을 불소수지계 절연물로 피복된 것으로 장기간 옥외에 두어도 내후성이 양호하고 절연 성능의 열화도 작다. 경보 트롤리선의 외형 치수는 기존의 홈부 경동 트롤리선 GT $170\,mm^2$와 동일하다.

일반적으로, 고속철도에서는 마모 관리 한계를 본선에서 $10.0\,mm$로 설정하고 있으므로 감지선 삽입 위치도 동일 단면적에서 감지되도록 잔존 직경 $10.15\,mm$에 감지선이 노출되는 위치에 삽입하고 있다.

경보 트롤리선의 마모 검출 원리는 다음의 [그림 2.11]과 같다.

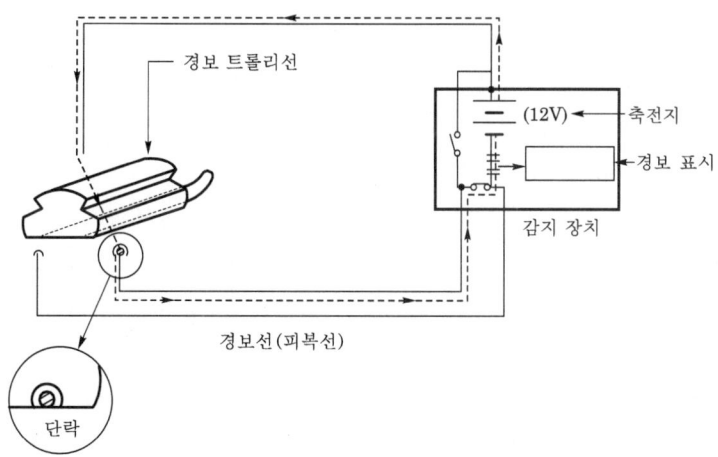

[그림 2.11] 마모 검출 원리

트롤리선이 마모되고 경보선의 심선이 노출되어 트롤리선 본체와 단락되면 전류가 흘러서 검출기가 동작한다. 경보선은 수평으로 2본을 삽입하여 트롤리선이 편마모되어도 검출이 가능하도록 되어 있다.

경보 트롤리선의 감지 장치별 감시 구간은 다음의 [그림 2.12]와 같다.

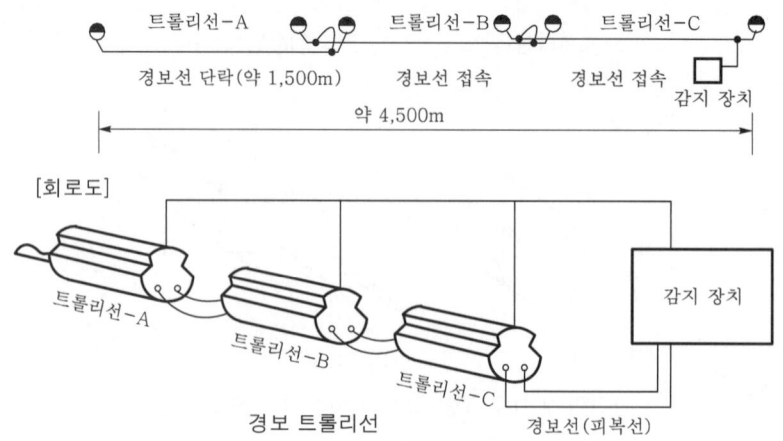

[그림 2.12] 감지 장치별 감시 구간

이 감지선은 최장 4~5 km에 걸쳐서 연속하여 접속된다. 경보 표시는 해당 구간의 한 측단에 설치되는 전철주(가동 브래킷의 가압 부분)에 설치된 마모 감지 장치에 황색의 형광색으로 표시된다. 표시의 확인은 전차선 설비의 열차 탑승 순회시에 수행한다.

ⓛ MF 트롤리선

MF(Measure Free) 트롤리선은 트롤리선의 마모 한도에 돌기부를 설치하고 마모 각 부의 돌기부에 도달한 경우에 습동면 폭이 급격하게 커지는 것을 감지하여 트롤리선의 단선을 방지하는 방식이다. 이 방식은 고속철도 일부 구간(일본 신칸센)에 사용되고 있다.

MF 트롤리선의 단면 형태는 다음의 [그림 2.13]과 같다.

돌기부 검출로부터 1년 정도 사용 가능한 마모량은 높이로 약 0.7 mm이므로 돌기부의 위치를 마모 한도(10.5 mm)에 0.7 mm를 더한 11.2 mm의 위치로 하고 있다.

이 방식의 특성을 보면, 돌기부까지는 통상의 트롤리선과 동일하게 습동면 폭이 연속적으로 크게 되지만 돌기부가 습동되기 시작하면 습동면이 불연속으로 약 3 mm 크게 되는 것이다. 이 때문에, 돌기부에 도달하기까지는 돌기부로부터의 반사를 경감하고 돌기부가 검출되지 않도록 할 필요가 있다.

표면이 무처리된 상태 그대로는 트롤리선이 신품인 경우, 돌기부로부터의 반사광때문에 습동면 폭의 검측이 불가능하다. 설치 후, 6개월 정도 경과한 트롤리선의 표면이 산화에 의해 흑화되면 돌기부로부터의 반사광이 감소하므로 측정이 가능하다.

그래서 트롤리선의 신품시부터 습동면 폭의 검측이 가능하도록 돌기부에 표면 처리를 시행하고 있다.

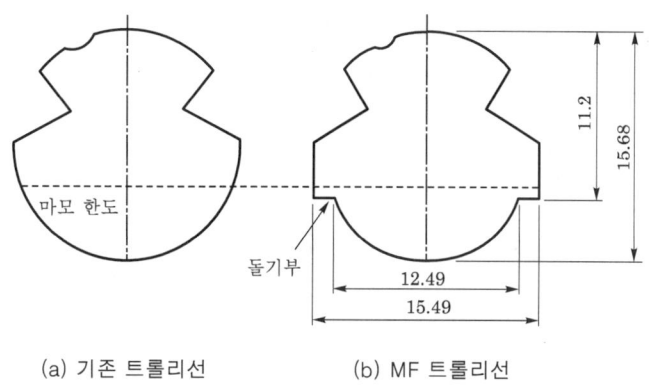

(a) 기존 트롤리선   (b) MF 트롤리선

[그림 2.13] MF 트롤리선의 단면 형태

표면 처리 방법으로는 초산은 용액에 의한 흑화 처리 방법 및 알루미나에 의한 쇼트 플러스트 처리 방법이 있으며, 흑화 처리보다 쇼트 플러스트(short plaster) 처리가 저렴하여 많이 적용되고 있다.

(6) 트롤리선의 접속

트롤리선의 접속 방법에는 포금제의 더블 이어(double ear)를 사용하는 방법과 상온 압축 접속 방법이 있다. 더블 이어 접속 방법은 더블 이어 3개를 사용하여 접속하며 팬터그래프 습동판에 대해서 경점으로 되어 이선의 원인이 되고 있다.

더블 이어에 의한 접속은 다음의 [그림 2.14]와 같다.

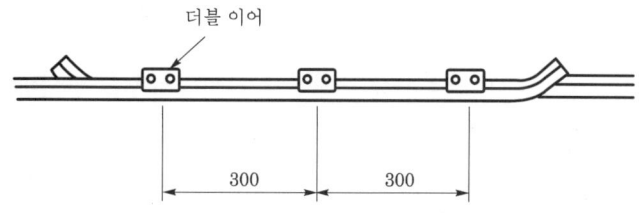

[그림 2.14] 더블 이어에 의한 접속도

또한 접속부의 녹, 오손에 의해 전기 저항이 높아져서 과열될 우려가 있으므로 설치시에는 잘 연마하고 마모 점검시에는 저항 측정을 시행한다. 상온 압축 접속은 더블 이어 접속의 단점인 경점 형성을 방지하기 위해 개발된 것으로 금속면을 잘 연마하고 강한 압력으로 압축시켜 접속면의 산화막을 제거하며 접속하는 방법이다.

(7) 온도 상승

트롤리선의 온도 상승 원인에는 주변 기온에 의한 것, 일사에 의한 것, 전기의 흐름에 의한 줄(Joule) 열에 의한 것의 3종류가 있으며, 일반적으로 다음과 같이 규정되고 있다.

- 트롤리선의 최고 사용 온도 : 90℃
- 트롤리선의 최고 주위 온도 : 35℃
- 일사에 의한 트롤리선의 최고 온도 : 15℃

그러므로 전류에 의한 온도 상승분은 다음 식과 같이 된다.

$$90℃ - 35℃ - 15℃ = 40℃$$

즉, 전류에 의한 트롤리선의 온도 상승분을 40℃로 하여 트롤리선의 허용 전류가 결정되어 있다. 전차선의 허용 전류는 다음의 [표 2.5]와 같다.

[표 2.5] 전차선의 허용 전류

전차선의 종류		허용 전류(마모 후) (A)	트롤리선 단면적(마모 후) (mm²)
조가선(mm²)	트롤리선(mm²)		
CdCu 60	Cu 110	610	67.6
St 90	Cu 110	350	67.6

전류에 의한 트롤리선의 온도 상승 원인에는 다음과 같은 것이 있다.

- 피더(feeder), 브랜치(branch) 사이를 전기차가 통과하는 경우에 발생한다.
- 변전소간을 전기차가 통과하는 경우, 급전선과 트롤리선을 전류가 분류하는 경우에 발생한다.
- 에어 섹션(air section) 내에 전기차가 정차하면 팬터그래프 습동판에 의해 에어 섹션의 양 트롤리선이 단락되고 그 전류에 의해서 습동판이 가열된다. 이 때문에, 트롤리선 온도도 상승하여 경우에 따라서는 단선에 이르기도 한다. 이것을 방지하기 위하여 섹션 표지를 설치하고 전기차가 정차하지 않도록 한다.
- 트롤리선에 매연 등이 부착되어 있는 경우에 팬터그래프가 집전하면 트롤리선과 팬터그래프의 사이에서 매연 등이 고열을 발생하고 트롤리선 온도가 상승하여 단선된다.

전철화 공사의 경우 등에서는 매연 부착을 방지하기 위하여 트롤리선 하부에 매연 방지 테이프를 부착한 것을 가선하고 사용 개시 전에 제거한다.

보통 전기차가 사용하는 전류는 3,000~4,000A이며 대부분은 급전선을 통해 전기차가 주행하고 있는 부근의 급전 분기 장치(피더 브랜치 ; feeder branch)를 통하여 트롤리선으로 흘러

전기차에 급전된다. 이 전류가 트롤리선을 흐르는 시간은 짧다. 급전 분기 장치간 트롤리선의 온도 상승은 전기차가 일정 운전 간격으로 운전되고 있으므로 간헐 부하 전류에 의한 온도 상승으로 되고 냉각 시간이 있으므로 트롤리선이 최고 사용 온도에 도달하는 것은 희박하다. 트롤리선의 온도 상승 상태는 보수상 매우 중요하므로 온도 표시 테이프, 온도계, 열전대형 측정기 등을 사용하여 측정하고 있다.

간헐 부하 전류 곡선은 다음의 [그림 2.15]와 같다.

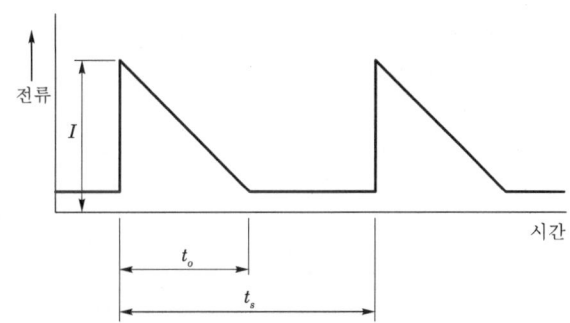

여기서, t_o : 급전 분기 사이를 열차가 통과하는 시간
t_s : 열차의 운전 간격

[그림 2.15] 간헐 부하 전류 곡선

온도 변화에 따른 트롤리선의 장력은 다음 식으로 구해진다.

$$T = T_0 + A \cdot E \cdot \alpha \cdot (t_0 - t)$$

여기서, T : 최초 가선 시의 장력(kg)

T_0 : 온도 $t_0 \, ℃$에서의 트롤리선 장력(kg)

A : 트롤리선의 단면적(mm^2)

E : 트롤리선의 탄성 계수

α : 트롤리선의 열팽창 계수

t : 최초 가선 시의 온도(℃)

t_0 : 상승 시의 온도(℃)

(8) 트롤리선의 유지 보수

트롤리선의 높이, 편위, 구배, 경사는 가선 시에 결정되며 이후의 변화는 그리 크지 않으므로 장력 조정이 확실하게 시행되면 일반적으로 거의 문제가 없다.

전차선의 보수상 주의 사항은 다음과 같다.

1) 높이, 편위에 대한 주의 사항

전기 검측차, 가선 시험차 등에 의해 측정된 데이터가 불량한 경우, 또는 조가선, 트롤리선의 교체, 곡선 인류 장치, 진동 방지 장치의 교체 등의 작업 후에 인력에 의해 측정한다.

2) 마모에 대한 주의 사항

마모에서는 특히, 국부 마모를 파악하여야 하며 급전 분기 장치 설치 장소, 구배 급변 지점, 에어 섹션 지점, 역행 구간 등이 주요 대상이 된다. 측정은 측정 지점을 결정하고 마이크로 미터(micro-meter)에 의해 일반 장소는 연 1회 정도, 국부 마모 장소는 수시로 측정하며 상황에 따라 첨선, 압상, 교체 등의 조치를 시행한다.

첨선의 설치도는 다음의 [그림 2.16]과 같다.

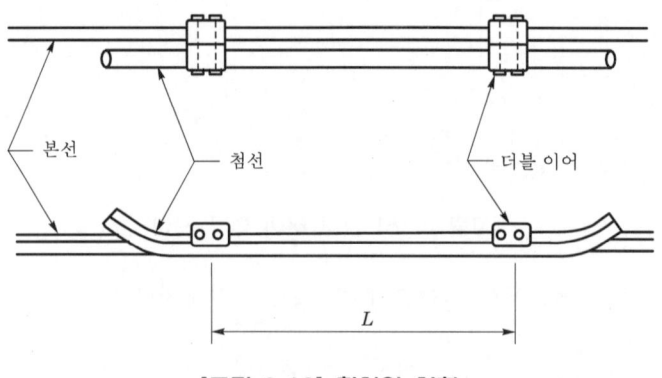

[그림 2.16] 첨선의 설치

마이크로 미터에 의한 측정은 1/100 mm까지 가능하며 전회 측정시의 잔존 직경에서 당회 측정치를 빼면 기간중의 마모량이 구해진다. 이에 의거하여 1만 팬터그래프당의 마모량(마모율)을 산출하여 향후의 마모량을 예측하고 교체 등의 자료로 활용한다.

일반적 마모율은 0.01~0.02(mm/10,000 pantagraph), 이상 마모 장소에서는 0.1~0.5 (mm/10,000 pantagraph)의 값을 나타내는 경우도 있다.

전기 검측차에 의한 측정이 실시될 때는 전반적인 마모는 물론 국부 마모도 상당 범위까지 파악 가능하며 어느 정도 이하는 인력에 의한 방법으로는 파악할 수 없다.

3) 온도 상승에 대한 주의 사항

일반적으로, 트롤리선의 온도 상승은 역행 구간의 급전 분기 설치 장소, 에어 조인트 균압 장치 설치 장소, 커넥터 설치 장소, 트롤리선 접속 장소 등 통전용 부속 장치를 설치한 장소와 증기차, 디젤차 등의 정차 지점에 발생한다.

다음 사항을 시행하여 이상 온도 상승에 의한 트롤리선의 소손과 이에 의한 사고를 방지하도록 한다.

- 부속 장치 설치 장소의 트롤리선 연마 및 설치 방법의 불량 점검
- 온도 표시 테이프 부착
- 전기 저항계에 의한 전기 저항 측정
- 온도계에 의한 측정

증기차에 의한 과열 장소는 경우에 따라 400℃로 되는 경우도 있으므로 G합금 트롤리선을 사용하는 등의 대책이 필요하다.

4) 매연 등의 부착에 대한 주의 사항

상시 전기차가 통과하지 않는 선로의 트롤리선은 매연, 진애 등에 의해 표면이 오손되고 전기차가 진입하면 부착된 매연 등이 발열체로 되어 과열에 의한 단선 사고를 야기할 위험이 있다. 그러므로 상시 사용하지 않는 선로에 전기차를 진입시킬 때에는 반드시 트롤리선의 청소를 시행한다. 청소는 망이 성긴 금줄을 죽봉의 선단에 설치하거나 또는 팬터그래프와 같은 것의 상부면에 금줄을 설치하여 트롤리선에 연하여 습동시켜 시행한다.

③ 가선의 주요 특성

(1) 가선의 기계적 특성

1) 스프링 정수

트롤리선의 한 점을 하부 방향에서 일정한 압력으로 정적으로 압상하는 경우의 압상량은 다음의 [그림 2.17]과 같다.

압상량이 적은 경우에는 압상력에 비례하여 압상량이 증가한다. 이 현상을 스프링에 비유하여 단위 압상량당 필요한 압상력의 크기를 취하여 그 점의 스프링 정수라고 하고 단위는 N/m를 사용한다.

가선의 1경간에서 1본의 현수 곡선(catenary)을 고려하면 경간 중앙점의 스프링 정수 K는 다음 식으로 표현된다.

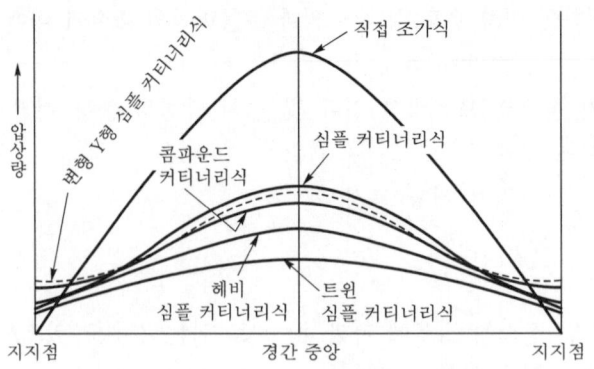

[그림 2.17] 가선 방식별 정적 압상량

$$K = 4(T/S)$$

여기서, T : 가선의 총 장력(N)
S : 경간의 길이(m)

　트롤리선의 레일면에서의 높이가 선로 방향으로 일정한 경우, 스프링 정수가 경간 내의 어느 지점에서도 동일하면 팬터그래프의 통과 궤적은 거의 변동이 없게 된다. 그러나 일반적으로, 경간 중앙에 비해서 가선 지지점 부근의 스프링 정수가 크게 된다.
　위치에 따른 스프링 정수의 변화 예는 다음의 [그림 2.18]과 같다.

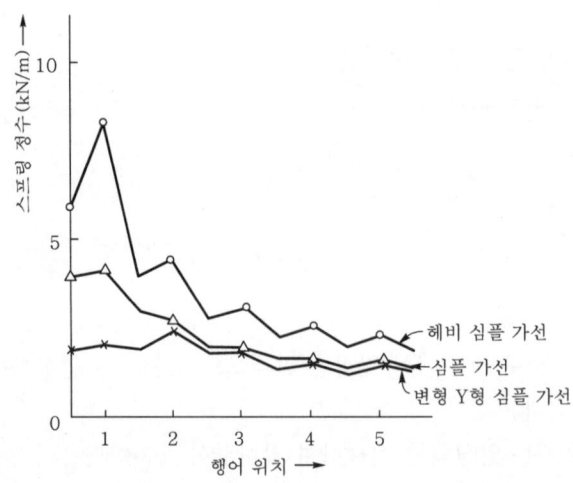

[그림 2.18] 가선의 위치에 따른 스프링 정수의 변화 예(경간장 50m 기준)

　심플 커티너리 가선에 비해서 콤파운드 가선의 경우에 스프링 정수의 변화율이 작다. 압상량은 지지점에 비해서 경간의 중앙에서 크게 되므로 팬터그래프의 궤적이 완전하게 수평으로

되도록 경간의 중앙을 미리 일정 간격 처지게 하는 경우가 있다. 이것이 프리 새그(pre-sag)이며 과도하게 되지 않도록 주의하여야 한다.

2) 기계 임피던스

기계계의 한 지점에 작용하는 힘, F와 속도, v의 비를 기계 임피던스, Z라고 하며 다음 식으로 표현된다.

$$Z = F/v$$

트롤리선의 한 지점을 상하방향으로 진동을 가하는 경우, Z는 가진력에 대한 저항분을 표시한다. 기계 임피던스가 작은 경우에 상·하 방향으로 진동이 쉽고 팬터그래프의 추수성이 높아진다. 장력이 동일하면 힘을 가한 지점의 전선 또는 장치가 가벼운 만큼 기계 임피던스는 작아지게 된다.

3) 파동 전파 속도

트롤리선의 한 지점을 압상하여 누른 후에 복귀시키면 이의 상·하 변위가 선로 방향으로 전파된다. 이 전파 속도 C_t는 다음 식으로 표현된다.

$$C_t = \sqrt{(T_t/\rho_t)}\ [\text{m/s}]$$

여기서, T_t : 트롤리선의 장력(N)
ρ_t : 전선의 밀도(kg/m)

경량의 전선에 고장력을 가하는 만큼 파동 전파 속도는 높아지고 팬터그래프의 고속 주행이 가능하다.

4) 고유 진동수

가선의 경간 중앙을 상·하 방향으로 진동을 가하여 방치하여 두면 잠시 동안은 일정 주기로 진동을 계속한다. 가선 전체의 파동 전파 속도 C는 다음 식으로 표현된다.

$$C = \sqrt{(T/\rho)}\ [\text{m/s}]$$

여기서, T : 가선 장력의 합
ρ : 전선의 밀도의 합

그러면 경간장 S[m]의 가선에서 고유 진동의 주기 t는 다음 식으로 표현된다.

$$t = 2(S/C)[\text{s}]$$

그리고 고유 진동수는 $1/t$[Hz]가 된다. 일반적인 가선의 고유 진동수는 1Hz 전후이다. 실제적으로 가선에 진동을 가하면 인접한 경간은 역위상으로 진동하는 경우가 많으며 이 때의 진동 주기는 상기 식의 값보다 10% 정도 길게 된다. 그리고 인접 경간이 동위상으로 진동하는 경우에는 상기 식의 값보다 짧게 된다. 이것은 지지점에서도 상·하 진동을 하기 때문이다.

5) 가선의 장력 변동

가선의 가가 전선은 기온의 변화 등에 의해 신축한다. 이 신축량을 Δl이라 하고 장력이 일정하면 다음 식으로 표현된다.

$$\Delta l = l\alpha\Delta t$$

여기서, l : 전선의 길이(m)

α : 선팽창 계수

Δ : 온도 변화량(℃)

동과 철의 α는 각각 1.7×10^{-5}, 1.2×10^{-5}이다. 그러므로 길이 800 m의 전선의 온도가 10℃ 상승하면 0.14 m, 0.1 m 신장된다. 이 차이는 요크(yoke) 정도로 장력 조정이 가능하다.

이 신축량을 흡수하여 장력을 일정하게 유지하기 위하여 장력 조정 장치(balancer)가 사용된다. 일반적으로, 활차식 장력 조정 장치가 사용되고 있으며 이는 다음의 [그림 2.19]와 같다.

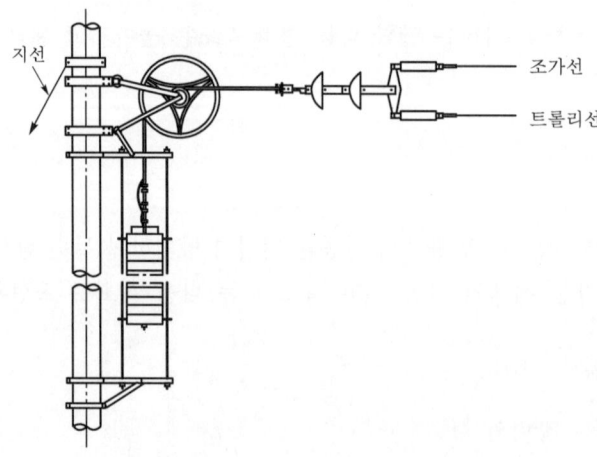

지선

조가선

트롤리선

[그림 2.19] 활차식 장력 조정 장치의 구성

일반적으로, 가선 전장 800 m 미만의 경우에는 편단 장력 조정을 시행하고 전장 800 m 이상의 경우에는 양단 장력 조정을 시행한다. 이 경우, 가선의 흐름 즉, 선로 방향의 전체적인 이동을 방지하기 위하여 장력 조정 장치로부터 가선을 인출하는 만큼 장력이 강하게 되도록 설계된다.

(2) 가선의 전기적 특성

1) 주행 부하의 전류 용량

① 직류 구간의 전압 강하

전기차의 주행에 따른 부하 전류를 제한하는 요인으로 직류 구간에서는 팬터그래프 점의 전차선 전압 강하가 있다. 전압 강하는 급전선 및 가선의 병렬 저항과 부하 전류의 곱으로 표현된다. 귀선로의 레일 저항에 의한 전압 강하도 있으며 가선에 비해서 작다.

② 전선의 온도 상승

교류 구간 또는 직류 구간에서 전압 강하 대책이 실시되어 있는 경우에는 전선의 온도 상승이 전류 용량을 제한한다. 특히, 경동 트롤리선은 허용 온도가 90℃로 설정되어 있다. 기온 또는 일사가 있으므로 허용되는 온도 상승은 50℃ 미만이 되며 은 또는 주석 동 합금 트롤리선 등은 특성상 100℃에서도 충분히 사용 가능하다.

2) 정차시의 전류 용량

정차중에도 팬터그래프는 보기 전류를 집전한다. 이 경우, 트롤리선은 팬터그래프 습동판과의 접촉 저항에 의해서 온도가 상승한다. 특히, 카본계 습동판은 습동판의 종류 또는 배치에 주의하여야 한다.

3) 가선 내의 전류 경로

변전소에서 보면 전차선은 장거리 전기 회로의 일부이며 팬터그래프에 공급되기까지의 전류 경로는 다음과 같다.

① 직류 구간

직류 구간의 급전 회로는 다음의 [그림 2.20]과 같다.

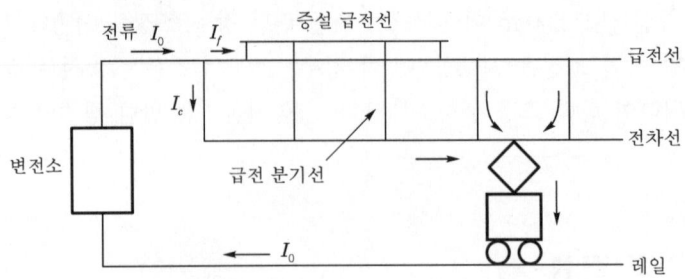

[그림 2.20] 직류 구간의 전류 경로

　　직류 구간에서는 전차선과 병렬로 급전선이 설치되고 급전선과 트롤리선과는 급전 분기선으로 약 250 m 간격으로 접속된다. 변전소 부근의 급전 분기선에서는 전선마다 분류되고 전기차 부근의 급전 분기선에서는 트롤리선으로 전류가 집합된다. 그 중간의 급전 분기선에는 전류가 흐르지 않는다. 더욱, 급전선을 증설하는 경우에는 증설 급전선의 양단을 기존 급전선과 충분한 용량으로 직접 접속하여야 한다.

　　직류 구간에서 심플 커티너리 가선의 전류 분포는 다음의 [그림 2.21]과 같다.

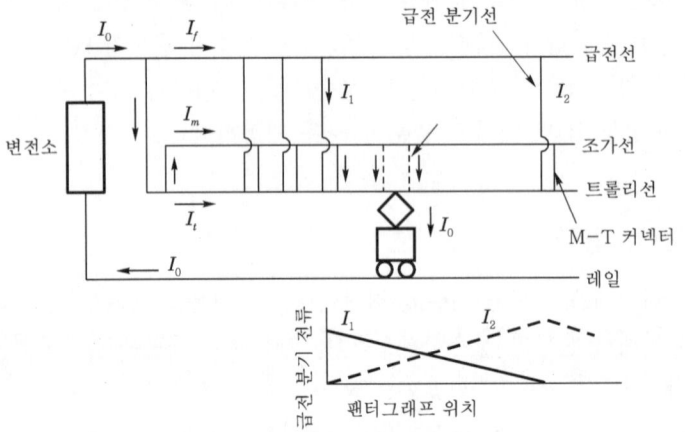

[그림 2.21] 전차선 내의 전류 경로

　　급전 분기선의 부근에는 조가선과 트롤리선을 접속하는 M−T 커넥터가 설치된다. 급전 분기선과 급전 분기선의 중간에도 M−T 커넥터를 설치하는 구간도 있다.

　　변전소에서 송출된 전류는 각 전선의 전기 저항에 반비례하여 분류한다. 급전선(F : 경알루미늄 연선 510 mm^2×2조), 조가선(M : 아연도금 강연선 90 mm^2×1조), 트롤리선(T : 경동선 110 mm^2×1조)의 경우, 각 전선의 분류 비율은 다음과 같다.

$$I_f : I_m : I_t = 83.7 : 1.5 : 14.8[\%]$$

전차선에는 부하 전류의 약 16%가 흐르고 이 중에서 약 10%가 조가선으로 흐른다. 약 84%는 변전소로부터 급전선을 흐르지만 중간의 급전 분기선에는 전류가 흐르지 않고 팬터그래프가 존재하는 양측의 급전 분기선으로부터 트롤리선으로 유입한다. 팬터그래프의 위치에 따라서 급전 분기선을 흐르는 전류의 크기가 변한다. 조가선을 통하는 전류는 팬터그래프 직근의 커넥터 또는 행어 등을 개재하여 다시 트롤리선으로 흘러 들어가서 팬터그래프에 도달한다.

② 교류 구간

교류 구간에서 전차선 내의 전류 경로는 직류 구간의 전차선 내의 경우와 동일하다. 교류 구간에서 각 전선의 분류비는 전기 저항 이외에 자지 임피던스 또는 전선간의 상호 임피던스 등을 포함한 임피던스에 따라서 결정된다.

조가선(M : 아연도금 강연선 180 mm^2), 보조 조가선(A : 경동연선 150 mm^2), 트롤리선(T : 경동선 170 mm^2)의 경우, 각 전선의 분류 비율은 다음과 같다.

$$I_m : I_a : I_t = 17 : 41 : 42\,[\%]$$

③ 전류 분류에 의한 손상 방지 대책

팬터그래프의 부하 전류가 전차선의 각 전선 또는 지지물, 부속 장치를 통하여 흐르는 경우에 수반되는 현상이 있다. 이의 대표적인 것이 전식이다. 팬터그래프의 통과에 따른 행어의 진동에 의해서 조가선과 행어 간에 미소한 아크가 발생하고 서서히 조가선 또는 행어를 손상시키게 된다. 이것이 일종의 전식 현상이다. 이 전식 현상을 예방하기 위해서는 조가선 보호 커버 또는 행어 커버를 설치하면 유효하다.

그리고 전차선의 지지점에서는 곡선 인류 장치에 전류의 바이 패스(by-pass) 선을 설치하기도 한다. 전선의 교차 장소에서는 접근하는 전선 상호간에 균압선을 설치하거나 접촉하지 않도록 하는 것이 적합한 대책이 된다.

memo

Contact Lines for Electric Railways

제 3 장

전차선 부속 장치

1. 행어 및 드로퍼(hanger & dropper)
2. 커넥터(connector)
3. 곡선 인류 장치
4. 진동 방지 장치
5. 구분 장치(sectioning device)
6. 인류 장치
7. 장력 조정 장치(tension balancer)
8. 건널선 장치
9. 표지와 표시

 행어 및 드로퍼(hanger & dropper)

(1) 행어 및 드로퍼의 기능 및 구조

행어는 트롤리선을 조가선 또는 보조 조가선에 매어 달아 내리기 위해 사용하는 장치로 행어 바(hanger bar) 또는 봉(rod)과 행어 이어(hanger ear)로 구성된다.

종래에는 행어 바에 동판을 사용하고 이어의 재질은 가단 주철제로 하며 볼트 체결에 의해서 트롤리선에 설치하였다. 그러나 볼트 체결 설치는 점검, 검사에 많은 수작업이 필요하고 주철강 재료는 부식이 발생한다.

그래서 최근에는 내식성 합금동 재료의 볼트 없는 이어(쐐기 방식 등), 스테인리스 스틸(stainless steel)제의 내식성 봉(rod) 등을 사용하고 트롤리선의 교체 시기와 협조를 도모한 행어 이어의 압축화를 수행하는 등 설치의 합리화가 진행되고 있다.

행어의 구조는 다음의 [그림 3.1]과 같다.

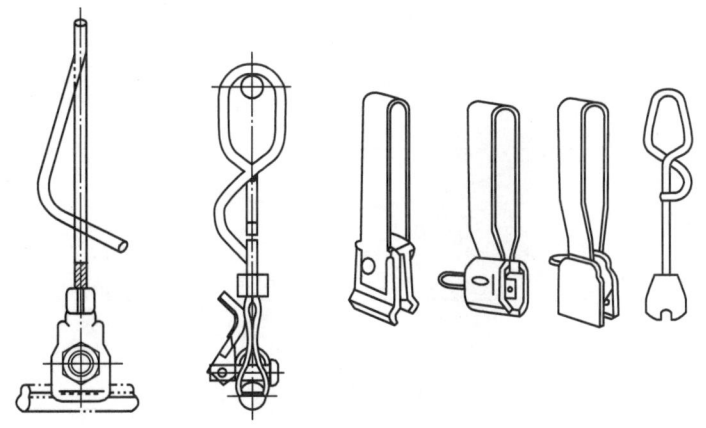

[그림 3.1] 행어의 구조

드로퍼는 트롤리선의 무효 부분(팬터그래프가 접촉하지 않는 부분)이나 보조 조가선을 조가선에 매어 다는 장치로 드로퍼선과 클립(clip)으로 구성된다. 그리고 보조 조가선에 자동 장력 조정 장치를 설치한 구간은 보조 조가선 지지점에 활차를 설치하고 있다.

(2) 행어 및 드로퍼의 간격

일반적으로, 행어의 간격은 5 m, 드로퍼의 간격은 10 m를 표준으로 하고 있다.

(3) 행어 길이 및 가고

전차선로에서 조가선의 형태를 근사적인 포물선으로 보면 양단의 가고가 동일한 트롤리선이 수평인 경간에서 행어 길이는 다음 식에 의해서 계산된다.

$$L = H - D + R = H - \frac{WS^2}{8T} + \frac{W(2x)^2}{8T}$$

여기서, L : 행어의 길이(m)

　　　　 H : 지지점 하부에서 조가선과 트롤리선과의 이격 거리(가고)(m)

　　　　 D : 경간 중앙부의 이도(m)

　　　　 R : x 지점의 이도(m)

　　　　 T : 표준 온도에서 조가선의 가선 장력(kg)

　　　　 W : 전차선(조가선, 트롤리선, 행어 포함) 단위 길이의 중량(kg)

　　　　 S : 경간(m)

　　　　 x : 경간 중심으로부터 행어 위치까지의 거리(m)

행어 길이 계산도는 다음의 [그림 3.2]와 같다.

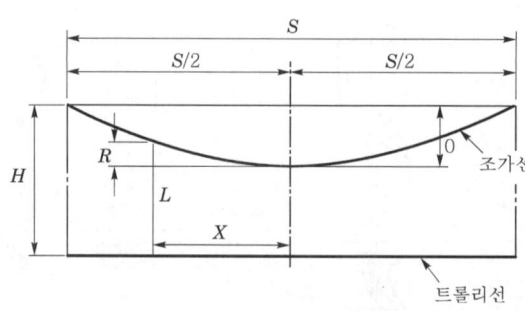

[그림 3.2] 행어 길이의 계산도

표준 경간에서의 행어 길이는 [그림 3.3]과 같다.

행어의 최소 길이는 150 mm를 표준으로 한다. 그리고 콤파운드 커티너리 방식에서는 일률적으로 150 mm의 것을 사용한다.

심플 커티너리 방식의 가고는 다음과 같다.

- 정차장 사이 : 960 mm
- 정차장 구내 : 710 mm

그리고 변형 Y형 심플 커티너리 방식의 가고는 1,070 mm로 설정하고 있다.

(1) 심플 커티너리식(등가고):st 90mm², GT 110mm², 장력 1,000kgf, 표준 온도, 무빙 무풍

　[가고 960mm의 경우]

· 경간 60m

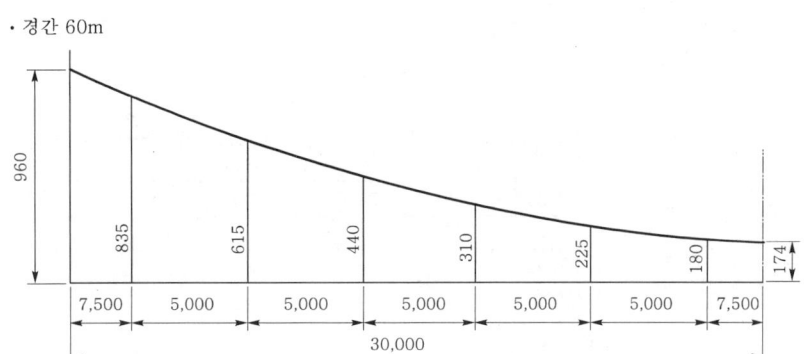

· 경간 50m

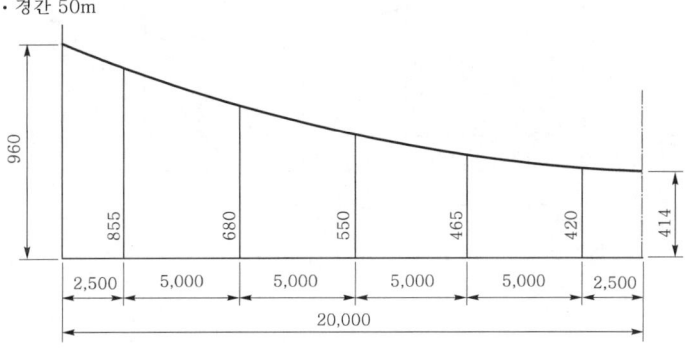

· 경간 40m

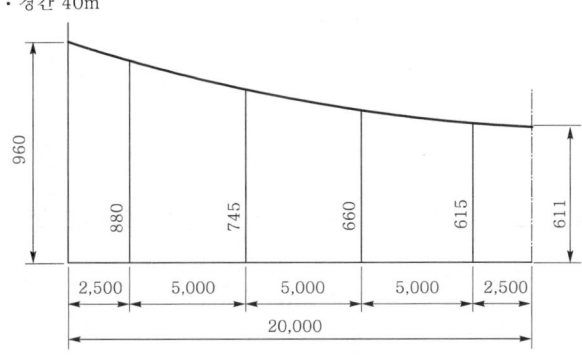

· 경간 30m

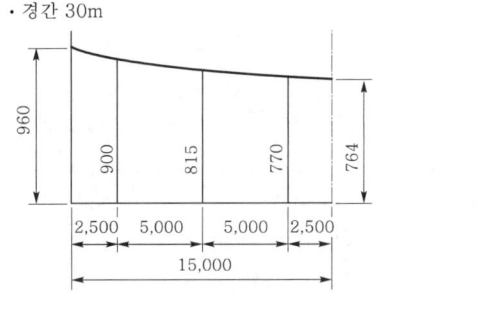

[가고 710mm의 경우]

• 경간 50m

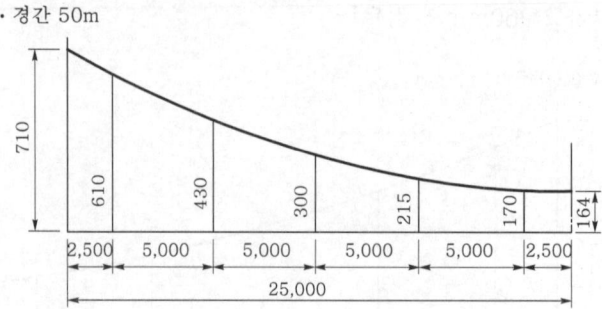

• 경간 40m

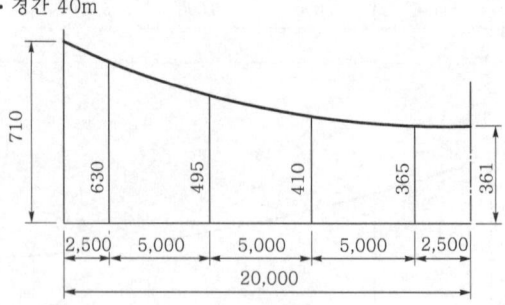

• 경간 30m

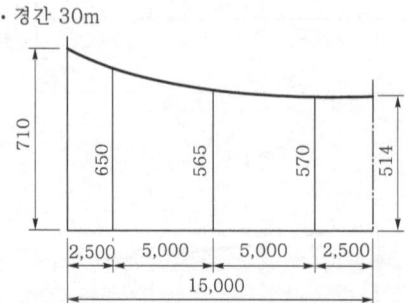

(2) 심플 커티너리식(등가고):st 90mm², GT 85mm², 장력 900kgf, 표준 온도, 무빙 무풍

[가고 710mm의 경우]

• 경간 50m

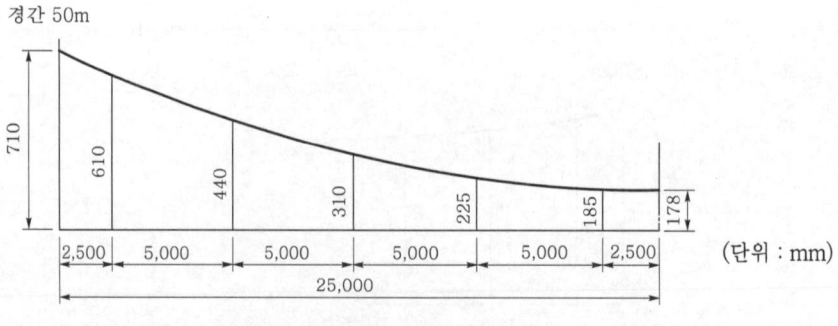

(단위 : mm)

[그림 3.3] 행어의 표준 길이

2 커넥터(connector)

(1) 커넥터의 기능과 구조

커넥터는 2본의 전선 사이에 전류를 통하게 하거나 또는 전압을 등전위화(균압)하는 장치이다. 커넥터는 용도에 따라 [표 3.1]과 같이 분류된다.

[표 3.1] 커넥터의 종류

종류		사용 구분(장력 조정의 유무)		
		유-무	유-무	유-무
평행 부분	T-T용(Cu 100 mm^2)	1,200 mm	1,000 mm	800 mm
	M-T용(Fe 100 mm^2)			
	M-M용(Fe 100 mm^2)			
교차 개소	T-T용(Cu 100 mm^2)	800 mm	600 mm	600 mm
	M-M용(Fe 100 mm^2)			
균압 개소	M-T용(Fe 100 mm^2)	–	800 mm	–
	M-M용(Fe 100 mm^2)	1,200 mm	1,200 mm	1,200 mm

[주] : 1. 커넥터의 표기는 다음과 같다.
- 트롤리선과 트롤리선 : T-T 커넥터
- 조가선과 트롤리선 : M-T 커넥터
- 조가선과 조가선 : M-M 커넥터
- 보조 조가선과 트롤리선 : A-T 커넥터

커넥터는 리드(lead)선과 이어(압축식 및 볼트식)로 구성되며 리드선의 길이는 사용 개소나 밸런서(balancer)의 유무에 따라서 가선의 이동량에 차이가 있으므로 그 여유 길이를 취한다.

T-T 및 M-M 커넥터는 평행 구간(주로 에어 조인트) 및 건널선의 교차 장소 등에 설치되며 밸런서의 유무에 따라서 사용이 구분된다.

T-T 커넥터의 설치 구성도는 다음의 [그림 3.4]와 같다.

T-T 커넥터는 리드선에 여유를 취하고 수직으로 내려서 팬터그래프에 지장을 주지 않도록 하며 진동에 의한 리드선의 소선 절단 방지를 위해 스프링으로 조가선에 매어 달아 올린다.

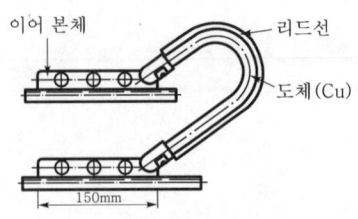

[그림 3.4] T-T 커넥터의 설치 구성도

스프링 걸림 장치의 설치 구성도는 다음의 [그림 3.5]와 같다.

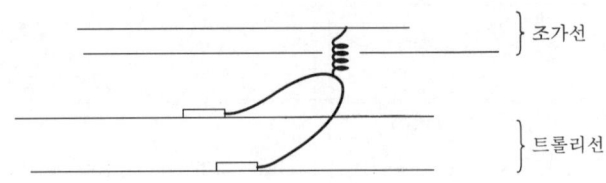

[그림 3.5] 스프링 걸림 장치의 설치 구성도

M-T 커넥터는 행어의 전식 방지 또는 순환 전류의 경감을 위하여 구분 장치의 전후 또는 M, T의 균압을 위하여 설치된다.

A-T 커넥터는 콤파운드 커티너리 가선 구간에 설치된다.

(2) 커넥터의 유지 보수

1) 가선 구성

충분한 전류 용량 확보를 위해서는 이어와 트롤리선과의 설치가 완전하여야 한다. 그러므로 이어와 홈의 결합 상태를 확인하고 미끄러짐 여부를 조사하여 이어와 트롤리선의 접촉 불량에 의한 온도 상승을 방지한다.

2) 소선 절단의 점검

커넥터는 설치 장소가 기계적 진동을 격심하게 받는 장소가 많으므로 가선의 이동이나 진동에 의해서 이어와 리드선과의 압착 장소 또는 스프링 설치 장소에 소선 절단이 빈발한다. 이것이 단선되면 낙하하여 팬터그래프의 충격, 파손을 야기하므로 주의를 요한다.

3) 리드선의 이완

가선의 흐름 등으로 리드선의 여유보다 가선이 이동한 경우 이 현상이 발생한다. 즉, 커넥터 가 신장, 절단되고 트롤리선을 인상시켜 버린다. 팬터그래프는 이 개소에서 이선되고 아크를 발생하거나 도약하여 트롤리선에 국부 마모를 발생시킨다.

4) 온도 관리

온도 관리는 설치 장소의 온도 상승을 방지하기 위한 것이다. 특히, 온도 관리가 필요한 것 은 T−T 커넥터로 에어 조인트 또는 건널선 설치 장소는 부하 전류의 접속점으로 되므로 주요 대상이 된다. 그러므로 온도 표시재(thermo-label, 70℃)를 부착하여 온도 상승의 유무를 관 리한다.

③ 곡선 인류 장치

(1) 곡선 인류 장치의 기능

곡선 인류 장치는 트롤리선의 위치를 팬터그래프가 안전하게 습동할 수 있도록 일정 범위로 들어가게 하고 트롤리선 또는 조가선을 횡장력에 대응하여 인장시키는 장치이다. 일반적으로, 곡선 인류 장치는 선로의 곡선 반경 $R \leq 1,600\,\text{m}$ 이하의 장소에 적용되고 진동 방지 장치는 $R > 1,600\,\text{m}$의 직선로에 적용된다.

곡선 인류 장치는 다음과 같이 구분된다.

① 가동 브래킷 구간
  • 궁(활)형, 900 mm(일반형)
  • 특수 궁형, 1.0~1.2 m(교량용)
  • 특수 직형(교량용)

② 고정 브래킷 구간
  • 일반용(궁형과 직형)
  • 활차식 장치부

곡선 인류 장치의 구조는 다음의 [그림 3.6]과 같다.

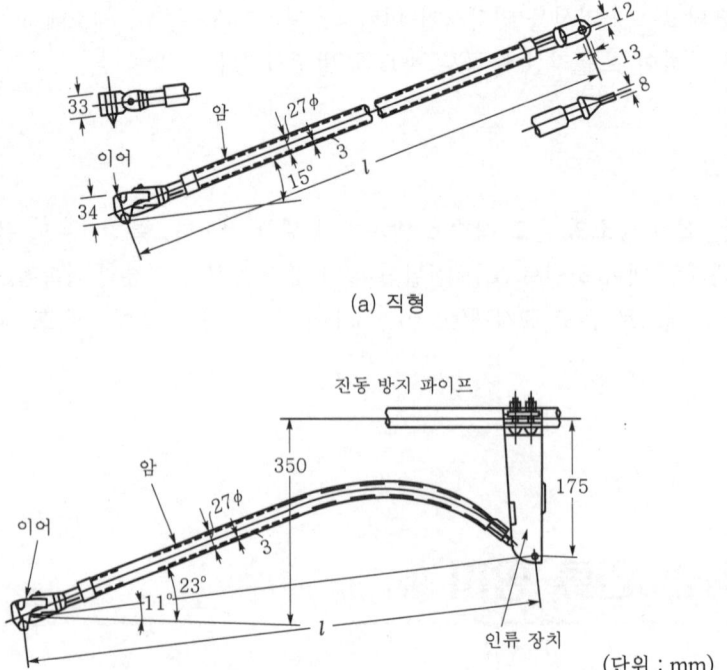

(a) 직형

(b) 궁형

(단위 : mm)

[그림 3.6] 곡선 인류 장치의 구조

트롤리선과의 설치 각도를 지나치게 크게 하면 트롤리선을 횡으로 인상하게 되므로 편마모나 이선의 원인으로 된다. 그러므로 레일면에 대해서 직형은 15°, 궁형은 11°(궁 형태의 각도는 23°)가 표준으로 되어 있다.

곡선 인류 장치의 설치 각도는 다음의 [그림 3.7]과 같다.

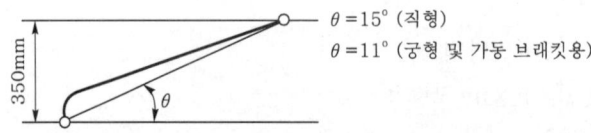

$\theta = 15°$ (직형)
$\theta = 11°$ (궁형 및 가동 브래킷용)

[그림 3.7] 곡선 인류 장치의 설치 각도

따라서 가동 브래킷의 수평 파이프와의 이격은 350 mm가 된다. 또한 지지물의 설치 조건에 따라서 상기의 특수 장치를 설치해야 하는 장소도 있다.

굴수선형 곡선 인류 장치의 설치 구조는 다음의 [그림 3.8]과 같다.

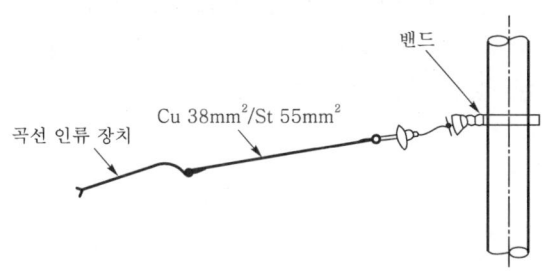

밴드

Cu 38mm^2/St 55mm^2

곡선 인류 장치

[그림 3.8] 굴수선형 곡선 인류 장치의 설치 구조

활차식 곡선 인류 장치의 설치 구조는 다음의 [그림 3.9]와 같다.

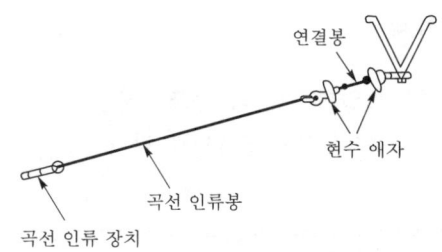

연결봉

현수 애자

곡선 인류봉

곡선 인류 장치

[그림 3.9] 활차식 곡선 인류 장치의 설치 구조

굴수선에는 경동 연선 38 mm^2 이상을 사용한다. 또한 궁형 장치의 접속 장치는 궤도 중심에서 1 m 이격하며 적절한 방법으로 팬터그래프의 통과에 지장이 없도록 설치한다.

조가선용 곡선 인류 장치의 설치 방법은 다음의 [그림 3.10]과 같다.

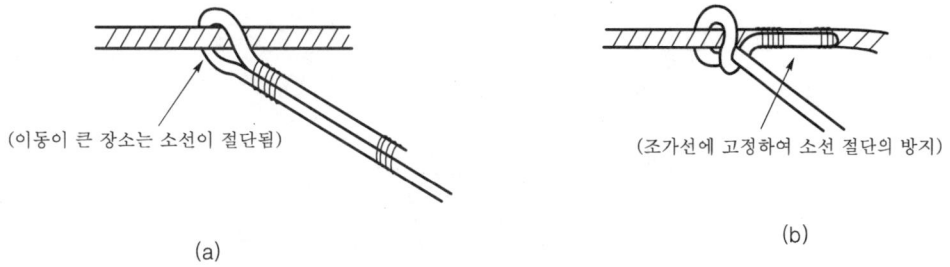

(이동이 큰 장소는 소선이 절단됨)

(조가선에 고정하여 소선 절단의 방지)

(a)

(b)

[그림 3.10] 조가선용 곡선 인류 장치의 설치 방법

(2) 곡선 인류 장치의 유지 보수

복잡한 구내에서는 순환 전류에 특히 주의해야 한다. 굴수선의 인류 방향, 각도에 의해 팬터 그래프가 압상되어 평상시는 이격이 있어도 접촉하는 경우가 있다. 따라서 불완전 접속 장소,

이격이 작은 장소(100 mm 이하) 등의 점검과 보수가 필요하다.

곡선 인류 설치 금구의 압상에 의한 코터 핀(cotter pin)부의 전식, 마모, 균열을 점검하며, 트롤리선의 국부 마모의 유무를 점검한다. 가선 이동이 큰 장소의 조가선용 곡선 인류 장치는 가선의 흐름에 추종하게 하거나 활차식으로 한다.

4 진동 방지 장치

(1) 진동 방지 장치의 기능

곡선 인류 장치와 전적으로 동일한 기능과 구조이지만 그 목적이 다소 다르다.

진동 방지 장치의 구조는 다음의 [그림 3.11]과 같다.

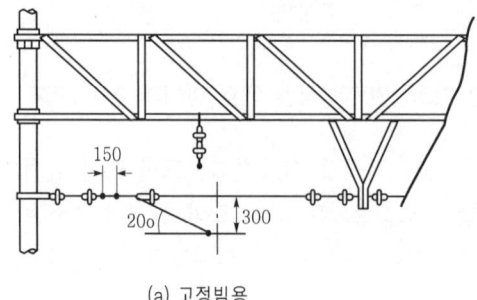

(a) 고정빔용

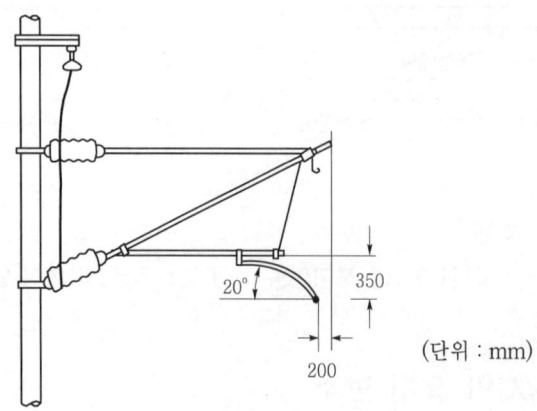

(단위 : mm)

(b) 가동 브래킷용

[그림 3.11] 진동 방지 장치의 구조도

바람에 의한 트롤리선의 횡진동을 방지하고 직선로를 지그재그로 끌어당겨서 팬터그래프의 국부 마모(오목형 마모)를 방지한다. 일반적으로, 진동 방지 장치는 $R > 1,600$ m의 직선로에 설치한다.

지그재그 편위도는 다음의 [그림 3.12]와 같다.

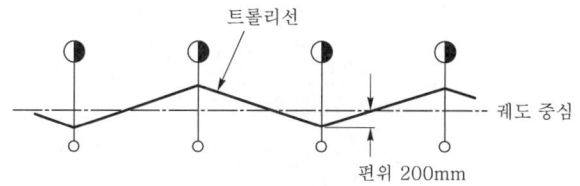

[그림 3.12] 지그재그(zig-zag) 편위도

① 진동 방지 장치의 설치 기준
  • 본선로 : 각 지지점
  • 가동 브래킷 및 강풍 구간 : 각 지지점(단, 고정 빔 구간의 측선은 4경간마다 설치로 충분함.)

② 진동 방지 장치의 종류
  • 가동 브래킷 : 궁형
  • 기타 : 직형

③ 진동 방지 장치의 표준 설치 각도
  • 궁형 : 11°(곡선 인류 장치와 동일)
  • 직형 : 20°(곡선 인류 장치는 15°)

진동 방지 장치를 자동 장력 조정 구간에 설치하는 경우에는 가능한 한 억제 저항이 작도록 접속 장치를 가동식으로 한다.

(2) 진동 방지 장치의 유지 보수

스팬선식 진동 방지 장치에서는 이종 금속 접촉 등에 의한 부식, 소선 절단에 특히 주의한다. 곡선 인류 장치와 전적으로 동일하나 횡장력이 작아서 진동은 곡선 인류 장치보다 많으므로 이어(ear)부의 이완, 설치 금구의 코터 핀(cotter pin) 등의 점검이 필요하다. 설치 각도는 팬터그래프의 동요 경사나 압상, 풍압에 의한 흐름 등의 정적인 것과 동적인 것에서는 큰 차이가 있으므로 주의하여야 한다.

온도 변화에 의해 트롤리선에 신축이 발생한다. 그리고 좌우로 이동하므로 가선의 중심점에서의 설치 위치에 따라서 적절한 온도 변화의 유무를 점검하고 트롤리선의 편위에 변화가 있으므로 주의하여야 한다.

가선 장치의 가능 범위는 다음의 [표 3.2]와 같다.

[표 3.2] 가선 장치의 가능 범위

종 류	이동 한계	비 고
진동 방지 장치	좌우 400 mm	−
곡선 인류 장치	좌우 450 mm	편위 250 mm 이내로 하는 범위
커넥터	좌우 480 mm	실장, $L = 1,200$ mm

건널선 장치에서 진동 방지 장치는 팬터그래프의 할입 방지를 위해 트롤리선의 외측에서 끌어당기도록 설치한다.

건널선 부근의 진동 방지 장치 설치 구조는 다음의 [그림 3.13]과 같다.

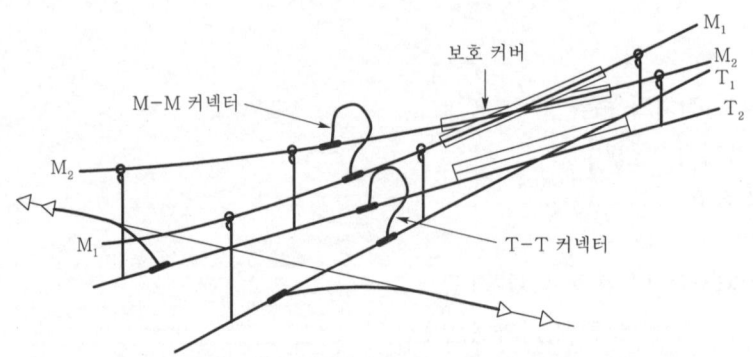

[그림 3.13] 건널선 부근의 진동 방지 장치 설치 구조

⑤ 구분 장치(sectioning device)

(1) 구분 장치의 기능 및 구조

전차선로 사고 시의 복구 작업 또는 일상의 보수를 안전하게 수행하기 위하여 일부 급전 구간만을 급전 정지해야 할 필요가 있다. 이 때문에 전차선로를 적절한 위치에서 구분하는 장치

가 구분 장치이다.

구분 장치의 설치 계통도의 예(급전 계통도)는 다음의 [그림 3.14]와 같다.

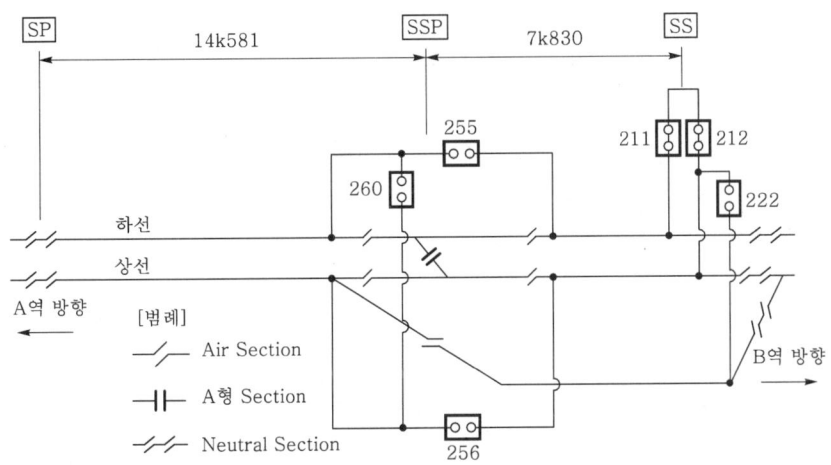

[그림 3.14] 구분 장치의 설치 계통도의 예(급전 계통도)

1) 구분 장치의 종류 및 사용 구분

구분 장치는 전기적 및 기계적 구분 장치로 분류된다.

전기적 구분 장치의 종류 및 사용 구분은 [표 3.3]과 같다.

[표 3.3] 구분 장치의 종류 및 사용 구분

구 분	종 류		사용 구분		속도 (km/h)
			직 류	교 류	
전기적 구분 장치	에어 섹션(air section)		본선 구분용	동상의 본선 구분용, 흡상 변압기용	120
	애자형 섹션 (section insulator)	현수 애자형	–	동상의 상·하선 및 측선 구분용	45
		장간 애자형	–	동상의 상·하선 및 측선 구분용	85
		수지제 (FRP)	상하선 및 측선 구분용	동상의 상·하선 및 측선 구분용	85
	절연 섹션 (neutral section)	수지제 (FRP)	–	이상 구분용, 교직류 구분용	120
기계적 구분 장치	에어 조인트(air joint)		본선 전차선의 기계적 구분용 (전기적으로는 접속)		120

2) 전기적 구분 장치의 설치 위치

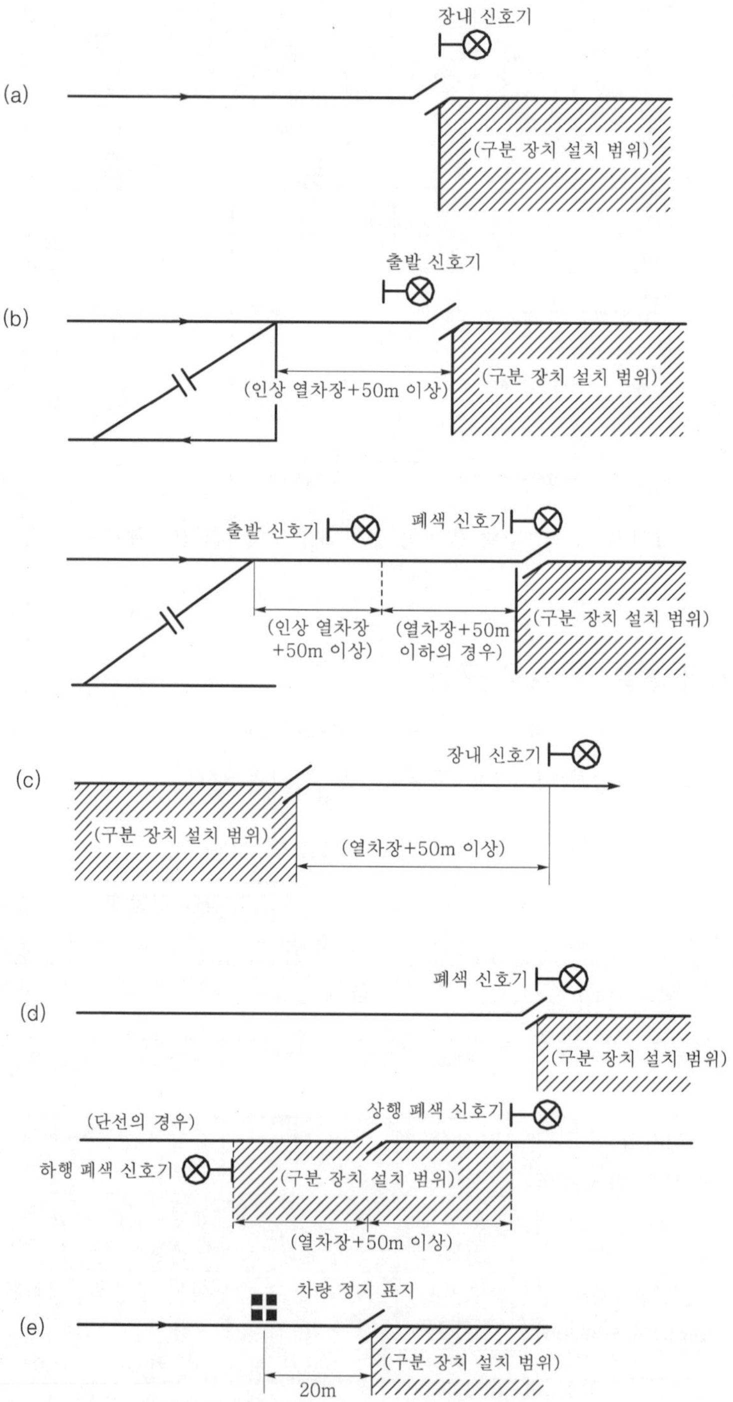

(a)

장내 신호기

(구분 장치 설치 범위)

(b)

출발 신호기

(인상 열차장+50m 이상)

(구분 장치 설치 범위)

출발 신호기   폐색 신호기

(인상 열차장 +50m 이상)   (열차장+50m 이하의 경우)   (구분 장치 설치 범위)

(c)

장내 신호기

(구분 장치 설치 범위)   (열차장+50m 이상)

(d)

폐색 신호기

(구분 장치 설치 범위)

(단선의 경우)   상행 폐색 신호기

하행 폐색 신호기   (구분 장치 설치 범위)

(열차장+50m 이상)

(e)

차량 정지 표지

(구분 장치 설치 범위)

20m

[그림 3.15] 구분 장치의 설치 위치도

구분 장치(sectioning device) 위치에서 전기차가 정지한 경우, 양측의 트롤리선을 팬터그 래프가 단락한 상태로 어느 한 측으로부터 집전하는 경우에 팬터그래프를 개재하여 아크 전류 가 흐르고 종국에는 트롤리선의 단선이나 조가선의 소선 절단을 야기할 수 있다. 그러므로 구 분 장치는 전기차가 정지할 가능성이 없는 위치에 설치하도록 지정되어 있으며 신호기와 구분 장치의 위치 관계 제한이 반드시 필요하다.

구분 장치의 설치 위치도는 [그림 3.15]와 같다.

구분 장치의 설치 기준은 다음과 같다.

- 복선 구간에서 장내 신호기 부근에 설치하는 구분 장치는 장내 신호기 위치와 일치 또는 그 내방으로 한다.
- 복선 구간에 있어서 출발 신호기 부근에 설치하는 경우에는 진로 변경을 수행하는 역의 최단 분기기로부터 인상 열차장에 50 m를 더한 길이 이상을 이격한 위치에 설치한다. 그 리고 구분 장치 전방의 폐색 신호기까지의 거리가 해당 구간을 운전하는 전기차 열차장에 50 m를 더한 길이 이하의 경우에는 전방의 폐색 신호기의 내방으로 설치한다.
- 단선 구간에 있어서 장내 신호기 부근에 설치하는 경우는 이것을 장내 신호기의 외방으로 열차장에 50 m를 더한 길이 이상 이격한 위치에 설치한다.
- 역 중간에 설치하는 경우에는 폐색 신호기에 일치 또는 내방측으로 한다.
- 입·출고선에 설치하는 것은 차량 정지 표시로부터 전방으로 20 m 이격한 위치에 설치 한다.

(2) 구분 장치의 유지 보수

1) 에어 섹션(air section)

평행 부분의 전차선 상호간 이격 거리는 300 mm를 원칙으로 하고 불가피한 경우, 교류는 250 mm, 직류는 200 mm까지 단축 가능하다.

에어 섹션(air section)의 설치 구조는 다음의 [그림 3.16]과 같다.

구분 애자의 하단은 본선 트롤리선의 하단으로부터 200 mm 이상 인상하여야 하며 가선 상 호간의 장력, 이도의 차이가 있는 경우에는 팬터그래프의 압상으로 애자에 충격을 줄 우려가 있으므로 250 mm 정도 인상한다.

평행 부분에서 동일 급전 계통의 트롤리선, 조가선은 각각 커넥터에 의해 균압한다. 이것은 팬터그래프의 습동시에 순환 전류에 의해 전식 발생을 야기할 수 있기 때문이다. 특히, 무가압 부분의 가선은 M, T의 균압을 하지 않으면 인체가 이것을 단락한 경우 유도 현상에 의해 쇼크 (shock) 전류를 받을 수 있다.

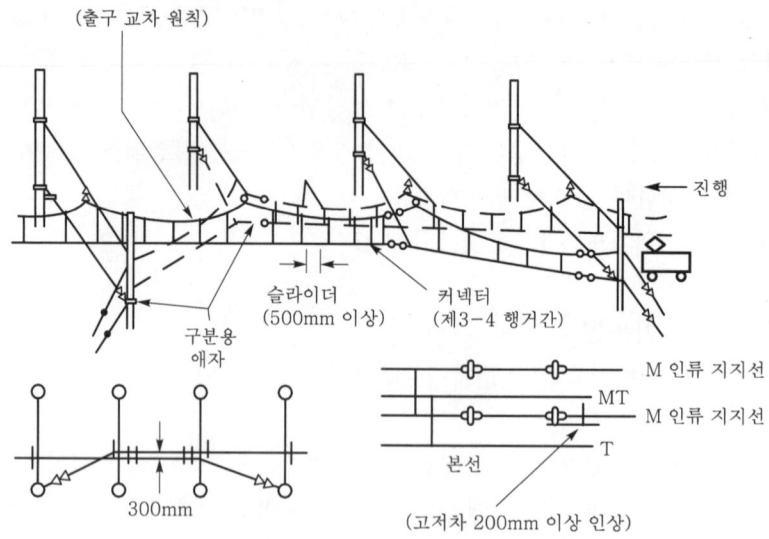

[그림 3.16] 에어 섹션(air section)의 설치 구조

부스터 섹션(booster section) 위치의 조가선은 팬터그래프의 습동시에 발생하는 아크를 방지하기 위하여 위치의 적정화, 조가선의 소선 절단 방지 목적의 권선부 그립(grip)의 보강, 섹션 구성의 적정화, 슬라이더(slider) 부분의 불량에 의한 아크 방지에 주의하여야 한다.

부스터 섹션(booster section)의 설치 계통도는 다음의 [그림 3.17]과 같다.

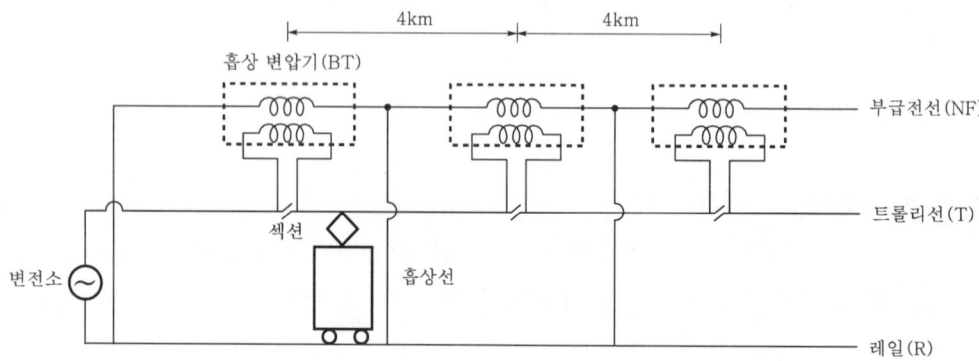

[그림 3.17] 부스터 섹션(booster section)의 설치 계통도

팬터그래프가 일정 압상력으로 어느 위치에서부터 양측선을 동시에 습동하고 어느 위치에서부터 편측선으로 이동 절체되는지 알 필요가 있다. 일반적으로, 이 슬라이더부의 평행 부분은 중앙부에서 500 mm 이상으로 되어 있으며 슬라이더부의 평행 부분은 긴 것이 유리하다.

에어 섹션에서는 커넥터의 소선 절단이 많으므로 주의하여야 한다. 에어 섹션의 급전 분기선에는 온도 표시 라벨(label)의 부착 관리가 필요하다. 원칙적으로 출구 교차로 하고 M−T 커넥터는 제3~4 행어 사이에 설치한다.

2) FRP 섹션(FRP section)(직류용)

직류 전차선로에서 가장 용이하게 전차선로를 한정 구분할 수 있는 장치로 절연물로 FRP를 사용한다. 역 구내의 상하선 건널선, 측선의 구분에 설치 사용된다.

FRP 섹션의 설치 구조는 다음의 [그림 3.18]과 같다.

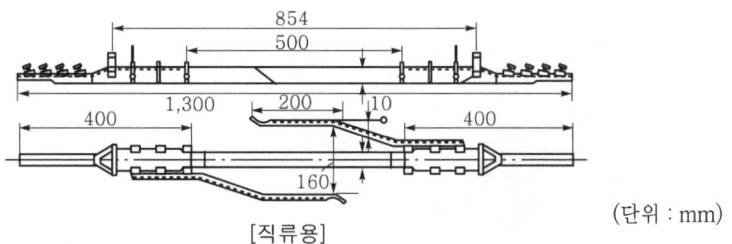

[그림 3.18] FRP 섹션의 설치 구조

3) 애자형 섹션(교류용)

① A형 섹션

이 섹션은 동상의 상하선 및 측선의 구분에 사용되고 팬터그래프의 습동에는 지장이 없으며 전기적으로 완전히 구분되는 장치이다. 적용 속도는 저속용이며 팬터그래프의 역행이 가능한 구조로 되어 있다.

본체, 슬라이더, 걸림 장치, 인류부(인류 고정부)로 구성되며 가선의 온도 변화에 민감한 영향을 받고 경사에 의한 이선, 아크 발생 등을 야기하는 경우가 있다. 또한 슬라이더는 팬터그래프의 습동시에 충격 또는 이선 등이 없도록 항상 높이, 편위, 열림 등을 적정하게 조정해야 한다. 본선 삽입부와 슬라이더의 차이는 10 mm가 표준으로 되어 있다.

슬라이더는 무장력으로 인출되어 있어 팬터그래프의 압상에 의해 국부 마모되므로 슬라이더의 조정은 선로 조건을 고려하여 적정하게 시행되어야 한다.

A형 섹션(section)의 설치 구조는 다음의 [그림 3.19]와 같다.

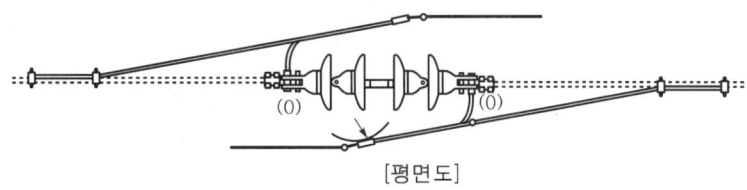

[그림 3.19] A형 섹션(section)의 설치 구조

본체의 경사 조정을 위하여 조가선에는 턴 버클(turn buckle)이 삽입되며 트롤리선의 경사는 인류부의 댐퍼(damper)로 수행된다.

또한 슬라이더의 양측에는 각각 2본의 지지 암(arm)이 있고 여기에 조정용의 턴 버클이 설치된다. A형 섹션의 높이, 편위, 열림 및 각 부의 마모는 각각 검사의 단계에 측정하여 그 양부를 점검하여야 한다.

A형 섹션의 측정 위치는 다음의 [그림 3.20]과 같다.

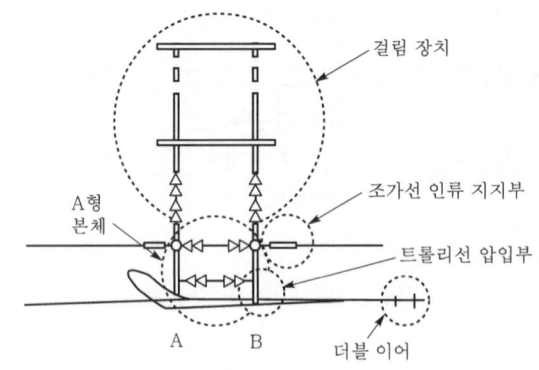

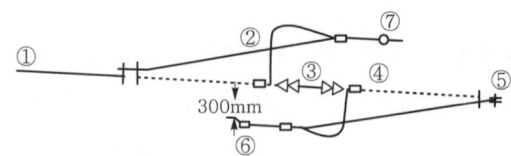

[그림 3.20] A형 섹션의 측정 장소

② B형 섹션 및 동상용 섹션

이 섹션은 구조적으로는 A형과 동일하지만 슬라이더에 경동 바(bar)를 사용한다.

B형 섹션의 구조는 다음의 [그림 3.21]과 같다.

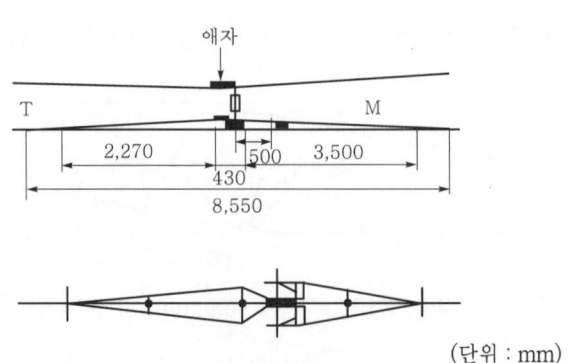

(단위 : mm)

[그림 3.21] B형 섹션의 구조

4) FRP 섹션(교류 동상용)

이 섹션은 본선 구내의 급전 계통 구분상 필요한 장소에 설치된다. 절연용 수지와 도체가 복잡하게 조합되어 있으므로 복잡해 보이지만 간단하게 절연 본체에 도체의 보조 슬라이더가 부착된 것으로 볼 수 있다.

FRP 섹션(교류 동상용)의 설치 구조는 다음의 [그림 3.22]와 같다.

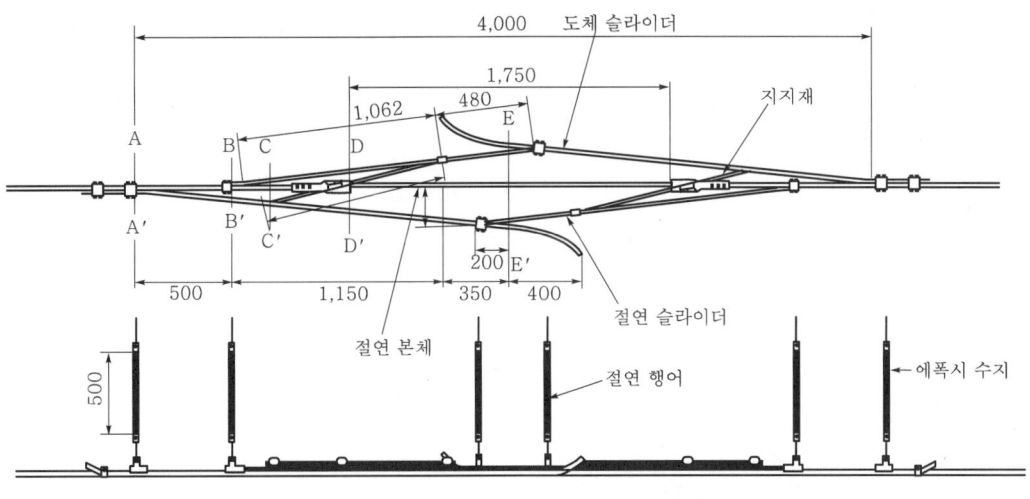

[섹션 인슐레이터(Section Insulator) : 교류 동상용 FRP제]

[그림 3.22] FRP 섹션(교류 동상용)의 설치 구조

교류 동상용 FRP 섹션의 간이 구조도는 다음의 [그림 3.23]과 같다.

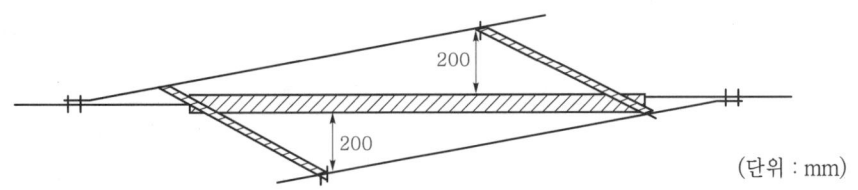

(단위 : mm)

[그림 3.23] 교류 동상용 FRP 섹션의 간이 구조도

이 섹션은 팬터그래프가 역행으로 습동할 수 있는 구조로 하기 위하여 절연 본체, 절연 슬라이더는 원칙적으로 팬터그래프의 습동이 없도록 하는 것이 좋다. 그러나 고속 장소의 섹션은 절연 슬라이더까지 습동하지 않으면 도체 슬라이더의 국부 마모가 커진다.

아크에 의해 FRP 수지가 소손되므로 탄화면을 벤진(benzine) 또는 샌드 페이퍼(sand paper)로 청소하거나 가끔 실리콘(silicon)을 도포하여 도체 슬라이더의 마모 및 절연 슬라이더의 마모 소손 등을 점검해야 한다.

마름모형 구조로 하기 위해 장력의 변화에 의해 왜곡이 주어져 있고 도체 슬라이더의 경사가 있으므로 순회 점검시에 주의해야 한다.

5) 절연 섹션(neutral section)

절연 섹션은 가선 이동에 의한 변화, 비틀림, 만곡 등의 영향을 받지 않도록 하여야 한다. 따라서 절연 섹션의 설치 장소는 인류 구간 길이 600 m 이하로 하고 편단 인류의 장력 자동 조정을 수행하는 평탄한 직선 위치에 설치한다. 단, 양단 인류의 경우에는 각 인류의 거의 중간 지점에 설치한다. 절연 섹션은 해당 선로 구간의 최대 차량 속도 및 차량 성능 등에 의해 선정된다.

일반적으로 사용되고 있는 절연 섹션의 종류는 다음과 같다.

- 교류 이상용 : 8 m(20 m)
- 직류 ⇨ 교류 : 45~60 m
- 교류 ⇨ 직류 : 20~25 m

✊ 절연 구간의 길이 결정 방법

① 교류-교류 절연 구간의 길이 선정

교류 구간의 변전소 앞 또는 급전 구분소 앞에는 이상 전원이 연계되는 지점으로 되므로 전차선로에 절연 구간(neutral section)을 설치하여 양측의 이상 전원을 절연 구분하고 있다. 이 교류-교류 절연 구간의 설치 구조는 다음의 [그림 3.24]와 같다.

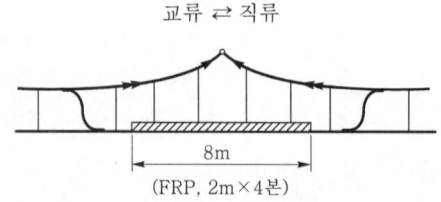

교류 ⇄ 직류

8m

(FRP, 2m × 4본)

[그림 3.24] 교류-교류 절연 구간의 구조

이전에, 이 절연 구간의 길이를 결정하기 위해서 교류 전기기관차(EL)에 의해서 현차 실험을 수행하였다. 즉, 교류 전기기관차(EL)를 역행 운전 상태 그대로 교류-교류 절연 구간에 진입시키고 그 때에 전류 아크가 절단 소멸되는 시간과 주행 거리를 측정하였다.

그 측정 결과는 다음과 같다.

- 아크 차단 시간 : 약 100 ms
- 아크 차단시까지 차량 주행 거리 : 약 5~6 m(운전 속도 : 60~80 km/h)

상기의 실험 결과를 기준으로 교류－교류 절연 구간의 길이는 약간의 여유를 더하여 8 m (2 m×4본)로 결정되었다.

② **교류－직류 절연 구간의 길이 선정**

교류－직류 절연 구간의 길이는 복선 구간에서는 차량의 진행 방향과 해당 선로 구간의 열차 운전 속도에 따라 동일하지 않다.

차량의 진행 방향은 다음과 같이 구분된다.

- 교류 ⇨ 직류로 진입하는 경우
- 직류 ⇨ 교류로 진입하는 경우

절연 구간에서 차량은 타행 주행이 원칙이지만 잘못하여 역행인 채로 모진하는 가혹한 조건을 상정하여 절연 구간의 길이를 결정한다.

㉠ 교류 → 직류로 진입(모진)하는 경우

교직류 전기 기관차가 2팬터그래프 운전으로 모진한 악조건을 상정하여 교류 → 직류 절연 구간 길이를 구한다.

이 경우, 교직류 전기 기관차의 전후의 팬터그래프 간격은 12~15 m이고 모진시에는 후방의 팬터그래프에서 전류를 차단하게 된다. 이 때에, 절연 구간의 길이는 교류 → 교류 섹션과 동일한 8 m가 필요하고 더불어, 전방의 팬터그래프는 12~15 m 앞에 있으므로 교류 → 직류 절연 구간의 길이(l_d)는 다음과 같이 된다.

$$l_d = (교류의 \ 모진 \ 아크 \ 차단 \ 길이, \ 8\,m)$$
$$+(EL의 \ 전후 \ 팬터그래프 \ 길이, \ 12{\sim}15\,m)$$
$$=20{\sim}23\,m$$

이 경우, 차량측의 직류 모진 보호는 퓨즈에 의거한다.

상기의 식에 의거하여 교류 → 직류 절연 구간의 길이는 열차의 운전 속도 등을 고려하여 20~25 m를 선정한다. 그리고 전차의 경우는 복수 팬터그래프가 이상 구간을 통과하므로 모선은 인통선으로 하지 않고 단독 집전으로 되므로 전기 기관차의 경우가 가혹한 조건으로 된다.

교류 → 직류 절연 구간의 구조는 다음의 [그림 3.25]와 같다.

교류 → 직류

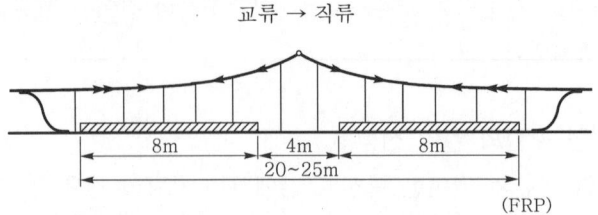

8m   4m   8m
20~25m
(FRP)

[그림 3.25] 교류 → 직류 절연 구간의 구조

ⓒ 직류 → 교류로 진입(모진)하는 경우

직류에서 고전압의 교류측으로 역행인 채로 모진하는 경우, 교류 전철화 초기에는 피뢰기의 방전을 감지하는 방식을 적용하였으나 이후, 보다 안전성이 높은 직류 무전압 감지 방식이 적용되고 있다.

이 방식은 차량의 팬터그래프가 절연 구간을 모진하면 무전압이므로 직류 무전압 계전기에 의해 무전압을 검출하고 차량의 차단기를 개방한다.

무전압 검출 후, 차단기를 개방하기까지 소요 시간의 합계(T_a)는 다음과 같이 계산된다.

$$T_a = (모진시의\ 아크\ 차단\ 시간\ 길이,\ 100\,ms)$$
$$+ (직류\ 전압\ 계전기의\ 낙하\ 시간,\ 400\,ms)$$
$$+ (차단기의\ 차단\ 시간,\ 300\,ms)$$
$$+ (여유\ 시간,\ 100\,ms)$$
$$= 900\,ms$$
$$\fallingdotseq 1,000\,ms(약\ 1초)$$

직류 → 교류 절연 구간의 길이(l_a)는 무전압 감지 시간(T_a)을 이용하여 해당 선로 구간의 열차의 최고 운전 속도를 상정하여 산출한다.

직류 → 교류 절연 구간의 구조는 다음의 [그림 3.26]과 같다.

직류 → 교류

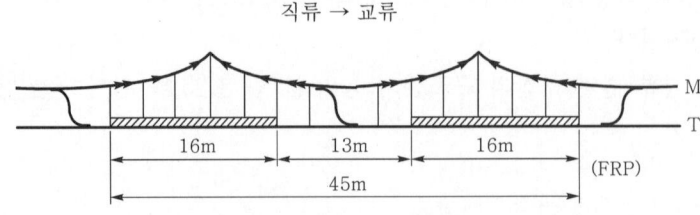

M
T

16m   13m   16m
45m
(FRP)

[그림 3.26] 직류 → 교류 절연 구간의 구조

ⓒ 직류 → 교류 절연 구간의 길이 계산 사례

조건이 가혹한 직류에서 고전압의 교류측으로 모진한 경우, 절연 구간의 길이를 해당 선로 구간의 열차 운전 속도별로 산출하면 즉, 열차가 10 km/h의 속도로 1초간(차량이 무전압을 검출하고 차단기를 개방하기까지의 시간)에 주행하는 거리(l_{10})는 다음과 같다.

$$l_{10} = 10\,\text{km/h} \times (1/3.6) = 2.8\,\text{m/s}$$

즉, 이 경우, 1초간에 3 m를 주행한다.

예제로, 전기 기관차의 팬터그래프 간격을 15 m로 하여 직류 → 교류 절연 구간의 길이를 구하면 다음과 같다.

• 열차 속도 30 km/h의 선로 구간

$$l_{30} = 30\,\text{km/h} \times (1/3.6) = 8.4\,\text{m} + 15.0\,\text{m} = 23.4\,\text{m} \fallingdotseq 25\,\text{m}$$

• 열차 속도 100 km/h의 선로 구간

$$l_{100} = 100\,\text{km/h} \times (1/3.6) = 27.8\,\text{m} + 15.0\,\text{m} = 42.3\,\text{m} \fallingdotseq 45\,\text{m}$$

• 열차 속도 130 km/h의 선로 구간

$$l_{130} = 130\,\text{km/h} \times (1/3.6) = 36.1\,\text{m} + 15.0\,\text{m} = 51.1\,\text{m} \fallingdotseq 60\,\text{m}$$

이상과 같이, 열차 속도에 따라 각각 길이가 서로 다른 직류 → 교류 절연 구간이 설치될 수 있다.

교류−교류 이상용 절연 섹션의 설치 구조는 다음의 [그림 3.27]과 같다.

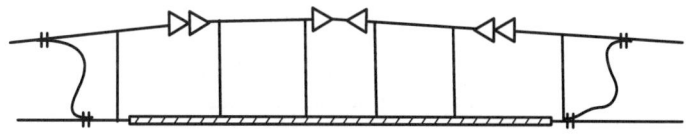

[그림 3.27] 교류−교류 절연 섹션의 설치 구조

교류－직류 절연 섹션의 설치 구조는 다음의 [그림 3.28]과 같다.

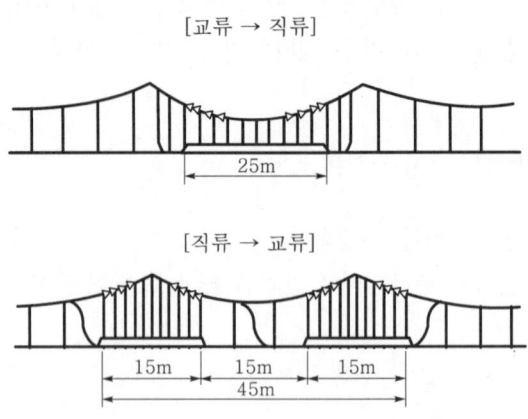

[그림 3.28] 교류－직류 절연 섹션의 설치 구조

㉣ 절연 구간의 마모 관리

절연 구간 개소는 팬터그래프의 역행이 금지되며 전체의 전기차는 노치 오프(notch off)로 통과하도록 되어 있다. 그러나 전기차 보기분에 의한 아크는 소호 불가능하여 절연 섹션의 입출 부분은 아크 소손 및 트롤리선 삽입부의 국부 마모가 발생할 수 있으므로 주의해야 한다.

가선 변동에 따라 비틀림, 만곡, 팬터그래프의 습동 상태의 점검이 필요하다. 마모는 측정하여 관리표에 기록하고 마모 관리상 마모율을 기록하여 둔다.

삽입부의 마모 측정 방법은 다음의 [그림 3.29]와 같다.

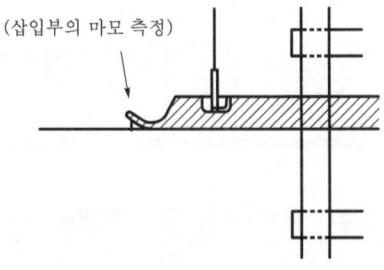

[그림 3.29] 삽입부의 마모 측정 방법

절연 섹션의 마모표는 다음의 [표 3.4]와 같다.

[표 3.4] 절연 섹션의 마모표

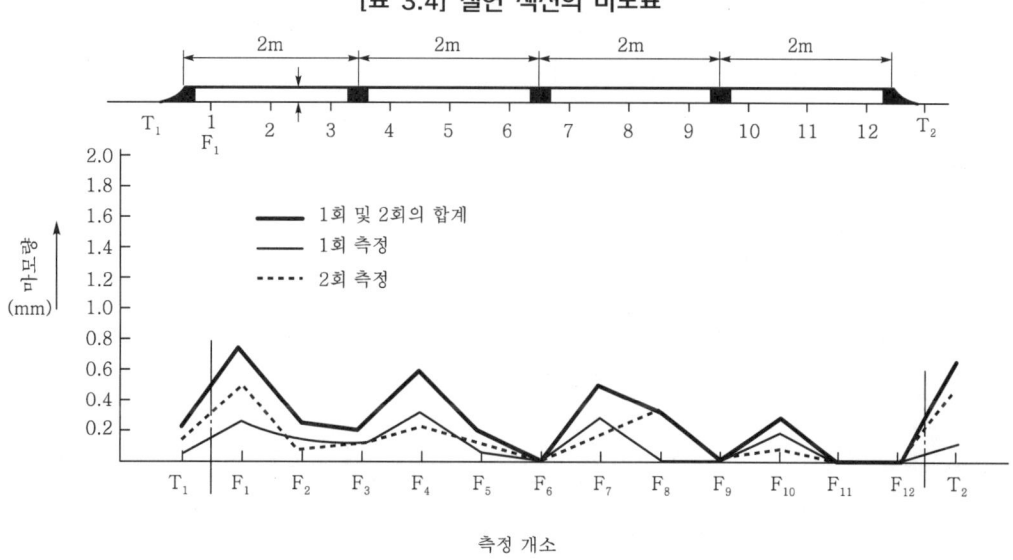

절연 섹션의 양단에는 반드시 M−T 커넥터를 설치하여 균압한다.

6) 섹션 오버(section-over)

역 구내의 입환 시, 역 구내의 건널선 개소 등의 섹션 위치에서 전기차가 활선측과 정전측을 팬터그래프로 단락하여 지락 사고를 야기할 수 있다.

이와 같은 현상을 섹션 오버(section-over/pantagraph-over)라고 한다. 이 경우, 정전측에서 보수 작업을 하고 있는 때에는 가선 전압이 그대로 대지에 지락되므로 작업원의 인명에 대단히 위험한 상태로 된다. 이것을 방지하기 위해서는 급전 정지 시, 해당 섹션의 정전측과의 연락을 철저히 해야 한다.

섹션 오버가 일단 한 번 발생하면 단락된 섹션은 아크에 의해서 용손되어 버리는 경우가 많으므로 지락점과 동시에 주의하여 검사하여야 한다.

섹션 오버(section-over)의 개념도는 다음의 [그림 3.30]과 같다.

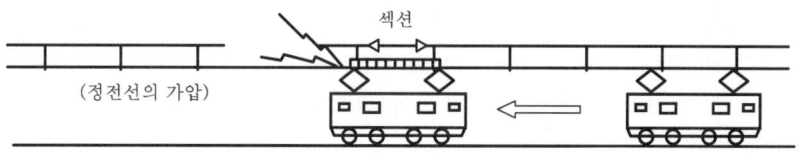

[그림 3.30] 섹션 오버(section-over)의 개념도

7) 비상용 섹션(emergency section)

비상용 섹션은 재해 또는 사고 시에 전차선을 구분하는 것이 해결 대책으로 될 수 있는 장소에 설치하는 것으로 전기적으로만 구분된다. 애자 구분 삽입식과 비상 건늠선에 설치되어 역행이 가능한 정상 섹션이 있다. 그리고 기계적 구분의 에어 조인트를 에어 섹션 구조에 설치하여 절리되지 않아야 하는 부분은 커넥터로 접속시켜 두고 비상시에는 이것을 제거하면 완전한 섹션으로 사용 가능하다. 비상용 섹션의 설치 구조도는 다음의 [그림 3.31]과 같다.

[교류 에어 조인트(air joint)]

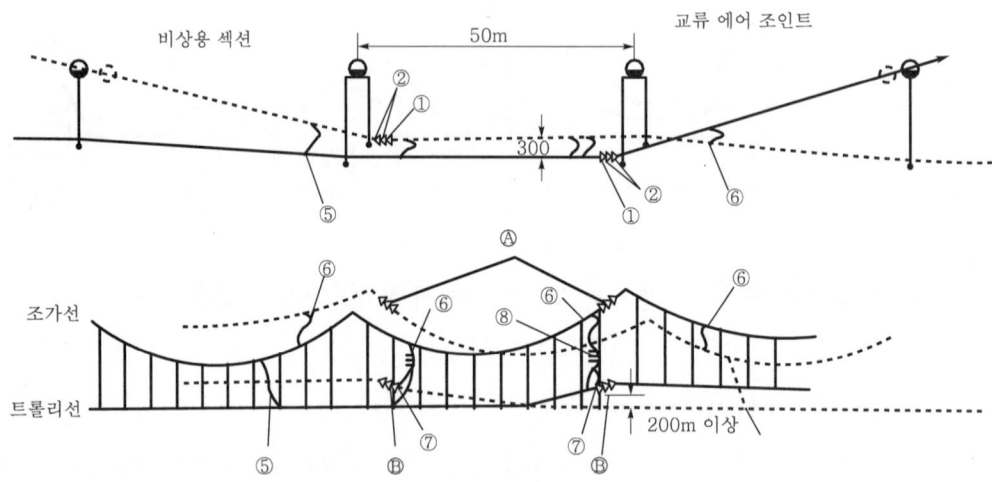

번 호	품 명	규 격	수 량	
1	현수 애자	전차선로용, 250 mm, 6호	개	4
2	현수 애자	전차선로용 250 mm, 5호	개	8
3	인류 지지 장치	BS 장치	개	6
4	인류 지지 장치	와이어 터미널	개	2
5	커넥터	M−T용, Fe 55 mm^2	개	2
6	커넥터	M−M용, Fe 55 mm^2	개	3
7	피더 이어	T−T용, 100 mm^2	개	2
8	스프링	피더 이어용	개	2

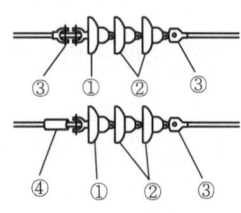

[주] : 1. 출구 교차 원칙임.
   2. M−T 커넥터는 제3~4 행어 사이에 설치함.
   3. T−T 피더 이어는 제1~2 행어 사이에 설치함.
   4. 직류의 경우는 교류에 준함.

[그림 3.31] 비상용 섹션의 설치 구조도

8) 기계적 구분 장치(에어 조인트 ; air joint)

전선은 제조 취급상 적절한 길이로 제작되며 가선 가능한 길이에도 적정한 간격이 있다. 장력 자동 조정 장치의 중력추의 동작 범위는 지상고가 제한되어 있으므로 전선의 선팽창 계수와 온도 변화의 범위 내에서 인류 지지 간격이 결정된다.(인류 간격 : 1,600 m 이하)

이 경우에, 한 인류 지지와 연속하는 다음의 인류 지지 전선의 교차 평행(오버랩 ; overlap) 개소가 필연적으로 설치된다.

이것을 커넥터로 전기적으로 접속한 것이 에어 조인트이다. 즉, 기계적으로는 구분된 개별 설비를 전기적으로는 접속시킨 것이다.

에어 조인트의 설치 구조는 다음의 [그림 3.32]와 같다.

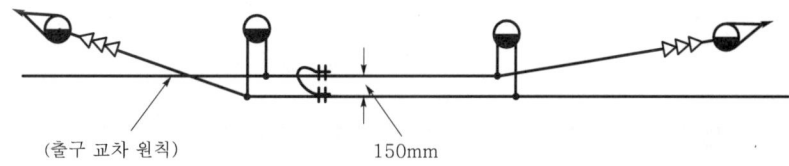

(출구 교차 원칙)   150mm

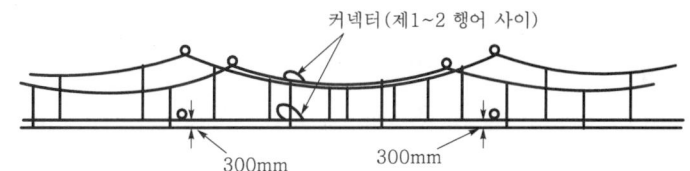

커넥터(제1~2 행어 사이)

300mm   300mm

[그림 3.32] 에어 조인트의 설치 구조

평행 부분의 전차선 상호간 간격은 150 mm를 표준으로 하고 가선은 각 커넥터로 균압한다. 특히, 트롤리선은 평행 부분의 양단에 커넥터를 설치하여 순환 전류를 방지하고 2중화하여 트롤리선과 트롤리선의 접속선을 강화한다.(M−T는 제3~4 행어 사이, T−T 및 M−M은 제1~2 행어 사이)

지지점의 무효 부분 트롤리선과 본선의 이격은 300 mm 이상으로 하고 접속 장치는 팬터그래프에 지장이 없는 한계(교류 : 1,450 mm, 직류 : 1,350 mm) 외부로 이격한다. 평행 부분의 경간은 40 m 이상, 이 미만의 경우는 2경간 구성으로 한다.

6 인류 장치

(1) 인류 장치의 기능 및 구조

트롤리선, 조가선, 급전선 등을 인류하여 지지하는 장치이다. 인류 구간의 길이는 1,600 m 이하로 하고 전주에 인류한다. 가능한 한 인류 전용주는 설치하지 않고 공용주로 하는 것이 유리하다.

인류 장치의 설치 구조는 다음의 [그림 3.33]과 같다.

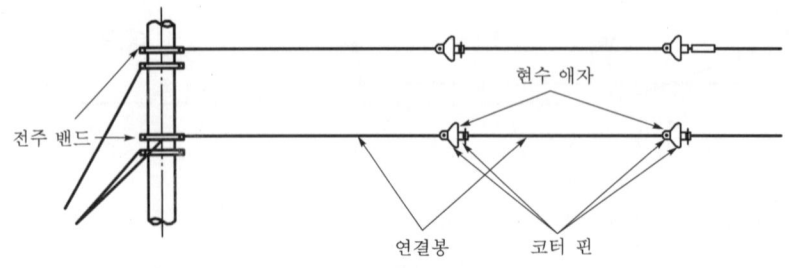

(a) 직류 심플식

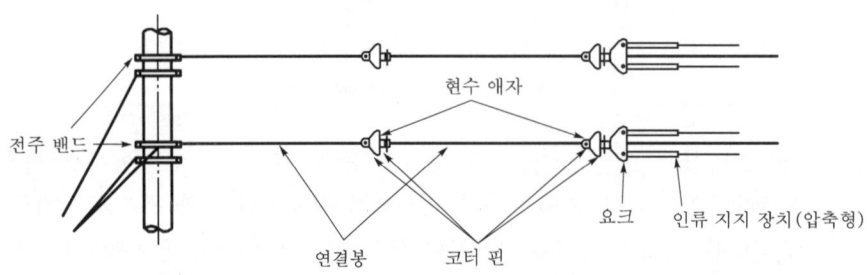

(b) 직류 콤파운드식/더블 심플식

[그림 3.33] 인류 장치의 설치 구조

급전선 인류 장치의 설치 구조는 다음의 [그림 3.34]와 같다.

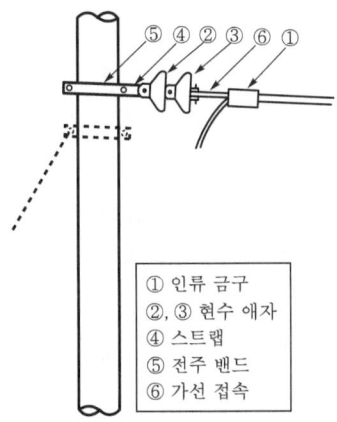

① 인류 금구
②, ③ 현수 애자
④ 스트랩
⑤ 전주 밴드
⑥ 가선 접속

[그림 3.34] 급전선 인류 장치의 설치 구조

인류 장치의 표준 치수는 다음의 [그림 3.35]와 같다.

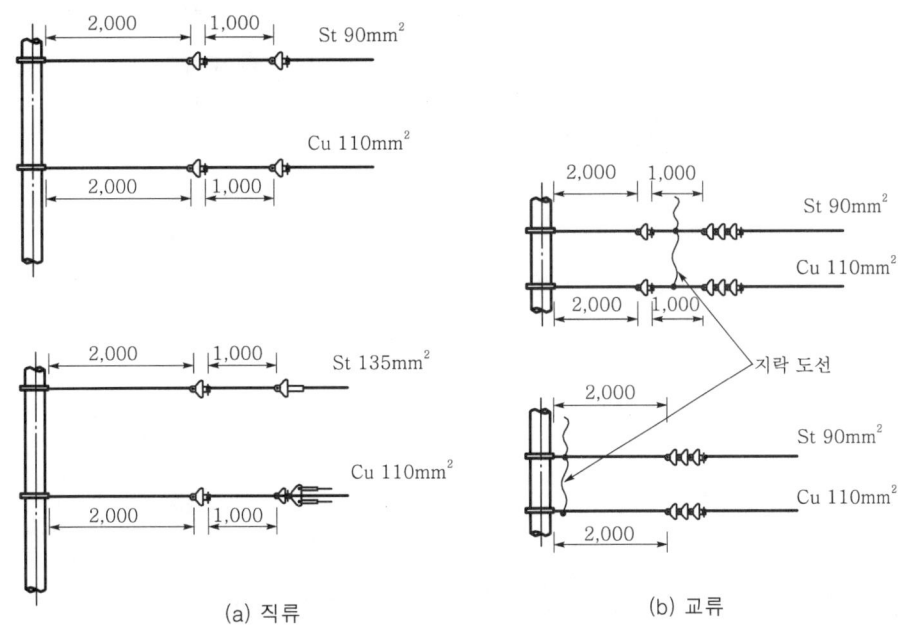

(a) 직류

(b) 교류

[그림 3.35] 인류 장치의 표준 치수

(2) 인류 장치의 유지 보수

지선 밴드와 인류 밴드는 작업 보안상 개별로 설치하는 것이 좋다. 봉(rod), 애자 등의 접속

점에서는 기계적 진동도 있으므로 특히 코터 핀, 분할 핀의 방향 등의 점검은 필수적이다. 접지에 대해서 충분한 절연 내력을 가지고 다른 인류선의 활선부나 접지부의 위치와의 균형도 고려한다.

교류의 BT 급전 방식에서는 2중 절연 방식을 적용하고 지락 도선이 설치되므로 부극성(−)으로 하여 활선부로부터 이격시켜 두어야 한다. 인류 장치까지의 가선은 무효 부분으로 되므로 커넥터의 균압이 필요하다.

구내에서 본선 건널선에는 스프링 밸런서(balancer)나 와이어 턴 버클을 삽입하여 인류하는 경우가 많으므로 이러한 것을 고려한 봉(rod) 간격이 필요하다. 차막이 부근의 인류주에는 일정 제한이 있다.

인류주의 제한 범위도는 다음의 [그림 3.36]과 같다.

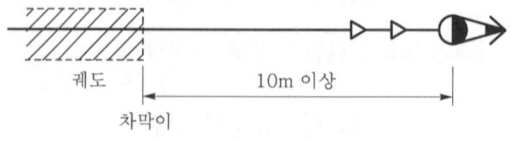

(a) 10m 이상 이격하는 경우

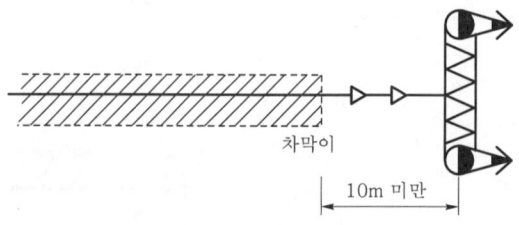

(b) H형(문형)으로 하는 경우

[그림 3.36] 인류주의 제한 범위도

7 장력 조정 장치(tension balancer)

(1) 장력 조정 장치의 기능 및 구조

장력 조정 장치의 종류에는 대별하여 수동식과 자동식이 있다. 온도 변화에 따라 가선에는 선팽창 계수에 의한 신축이나 부하 전류에 의한 신축이 있으므로 이것을 자동적으로 조정하

고 장력을 일정하게 유지하지 않으면 팬터그래프의 습동에 각종 장해를 유발한다.

그러므로 구간별 온도 변화의 범위, 조정 거리 등을 고려하여 사용 조건에 적합한 것을 사용한다.

장력 조정 장치의 종류는 다음의 [표 3.5]와 같다.

[표 3.5] 장력 조정 장치의 종류

종 류	구 분	동작 원리
자동	활차식	윤추를 응용한 것(중력추식)
	레버(lever)식	지레 버튼을 이용한 것(중력추식)
	스프링(spring)식	스프링의 탄성을 이용한 것
수동	와이어 턴 버클 (wire turn buckle)	—
	조정 스트랩(strap)	—

1) 활차식(WTB ; Wheel Tension Balancer)

활차의 원리를 응용한 것으로 활차비를 4 : 1로 하고 중력추와 와이어 로프(wire rope)를 조합한 구조이다.

활차식 장력 조정 장치(WTB)의 설치 구조는 다음의 [그림 3.37]과 같다.

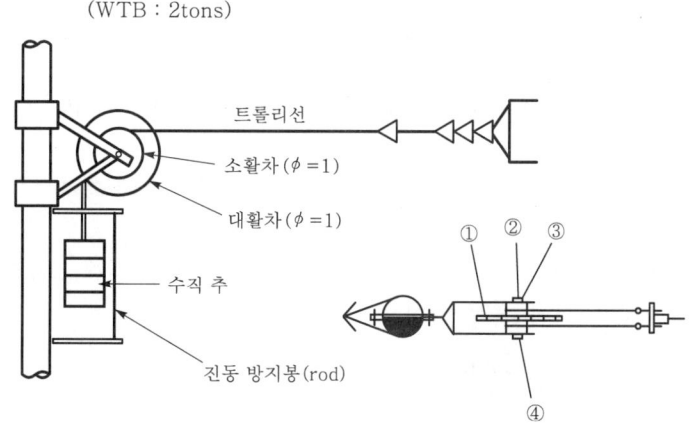

[그림 3.37] 활차식 장력 조정 장치(WTB)의 설치 구조

인류 구간의 거리가 800 m 이하이면 편단 인류로 하고 800 m를 초과하는 경우에는 양단에 설치한다.

이 경우 활차의 설치 위치가 가선고에 의해 제한되므로 중력추의 동작 범위에 따라서 조정 거리가 제한된다. 일반적으로, 조정 거리는 800 m까지이다.

활차식 장력 조정 장치(WTB)의 동작 범위도는 다음의 [그림 3.38]과 같다.

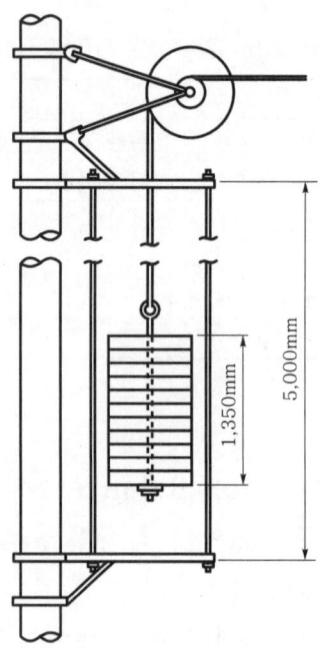

[주] : 1. 중력 추의 가동 범위
· 1ton용 : 4,290mm
· 2ton용 : 3,630mm

[그림 3.38] 활차식 장력 조정 장치(WTB)의 동작 범위도

중력추에는 철제와 콘크리트제의 2종류가 있으며 1조로 M, T 일괄 인류로 하면 약 500 kg 이 되어야 한다.

그리고 활차비 변화형으로 소활차의 권축(감김 축)에 와이어의 두께 정도의 테이퍼(taper)를 장착하여 복원이 쉽도록 하여 흐름 방지를 도모한 방식도 있다.

소활차의 동작 가동 길이는 1,200 mm 이상 필요하다.

2) 레버식(LTB ; Lever Tension Balancer)

지레의 원리를 응용한 장력 조정 장치이다.

레버식 장력 조정 장치(LTB)의 설치 구조는 다음의 [그림 3.39]와 같다.

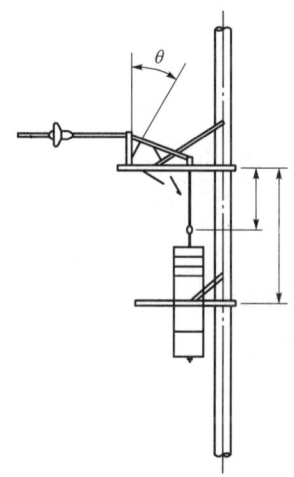

[그림 3.39] 레버식 장력 조정 장치(LTB)의 설치 구조

이 외에 유압식(OTB)도 있으며 기름 누출 등의 단점이 많아 최근에는 잘 사용되지 않고 있다. 유압식 장력 조정 장치(OTB)의 설치 구조는 다음의 [그림 3.40]과 같다.

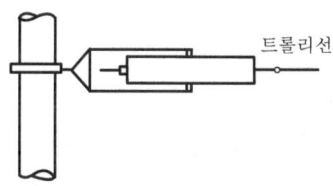

[그림 3.40] 유압식 장력 조정 장치(OTB)의 설치 구조

3) 스프링식(STB ; Spring Tension Balancer)

스프링식으로 강철제 코일 형태의 스프링재의 신축을 피스톤 운동과 연동시켜 장력을 조정하는 방식이다. 주로 본선 건널선이나 측선 600 m 이하의 전차선로에 설치된다. 그리고 장력조정 거리는 300 m까지로 제한된다.

스프링식 장력 조정 장치(STB)의 설치 구조는 다음의 [그림 3.41]과 같다.

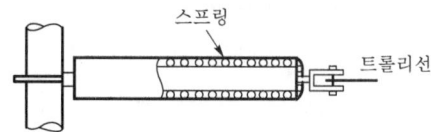

[그림 3.41] 스프링식 장력 조정 장치(STB)의 설치 구조

제3장 전차선 부속 장치

4) 턴 버클(turn buckle) 및 조정 스트랩(adjustable strap)

턴 버클은 나사의 원리를 응용한 것으로 외부 통의 너트(nut)에 내부 통의 볼트를 나사 삽입한 구조로 수동으로 조정하며 지상에서 조정 가능한 턴 버클 조작봉도 있다. 일반적으로, 인류 개소, A형 섹션, 스팬선 빔, 진동 방지 스팬선 등에 설치된다. 조정 스트랩은 철제의 평판에 구멍을 내어서 조합한 것으로 쫌 장치 등에 의해 무장력으로 조정한다.

턴 버클과 조정 스트랩의 설치 구조는 다음의 [그림 3.42]와 같다.

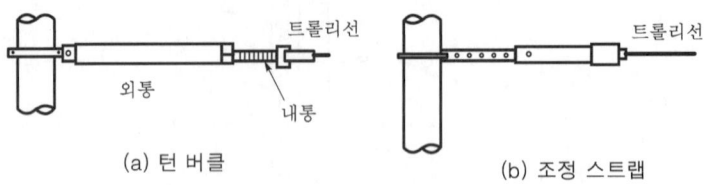

(a) 턴 버클   (b) 조정 스트랩

[그림 3.42] 턴 버클과 조정 스트랩의 설치 구조

5) 흐름 방지 장치(anti-creeping device)

① 앤티 크리핑 방식(anti-creeping type)

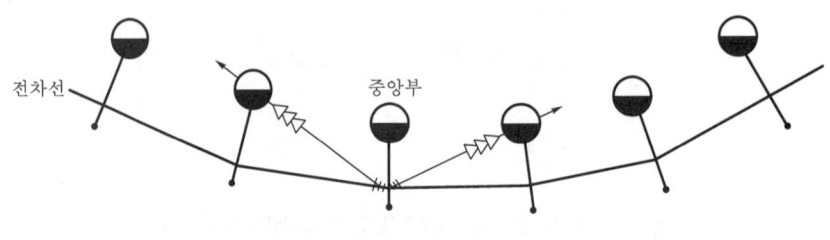

(a) 흐름 방지선

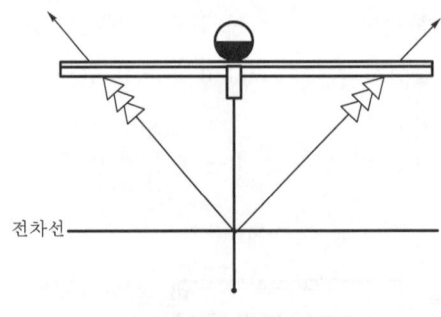

(b) △형 흐름 방지 장치

[그림 3.43] 앤티 크리핑 방식(anti-creeping type)의 설치 위치도

크리핑(creeping)은 가동 브래킷 구간의 O형 개소에 많이 나타나는 현상으로 장력의 균형이 취해지지 않고 어느 한편으로 가선이 흐르는 현상이다. 이 경우, 구간의 중심점을 고정하면 밸런서가 편단 인류로 되고 장력 조정이 안정된다.

원칙적으로 중심점은 가선의 흐름이 없는 것이 이상적이지만 도중의 억제 저항 등으로 반드시 그렇게 되지는 않는다. 이동량 영(0)을 유지하도록 보강을 하는 방식으로 2종류의 방법이 있다.

앤티 크리핑 방식의 설치 위치도는 앞의 [그림 3.43]과 같다.

② 스프링 방식(spring type)

밸런서의 중력 추에 스프링의 탄성을 이용한 흐름 방지 장치를 삽입하여 가선의 흐름을 억제한다.

스프링 방식의 설치 구조도는 다음의 [그림 3.44]와 같다.

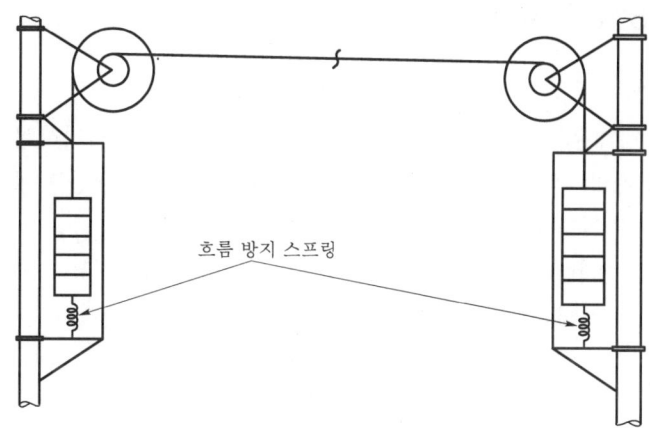

흐름 방지 스프링

[그림 3.44] 스프링 방식(spring type)의 설치 구조도

③ 밸런서 활차비 조정 방식

활차식 밸런서의 소활차의 윤축에 테이퍼(taper)를 부착하고 가선의 이동으로 와이어의 감김이 작아지면 윤축의 직경이 작아지게 된다.

활차비가 4:1의 경우, 1보다 작게 되고 중력 추의 비가 크게 되어 원래의 위치로 끌려 되돌아가게 된다.

이 장치에서 흐름을 방지하는 장력차는 200 kg 정도이다.

활차비 조정 방식의 구조도는 다음의 [그림 3.45]와 같다.

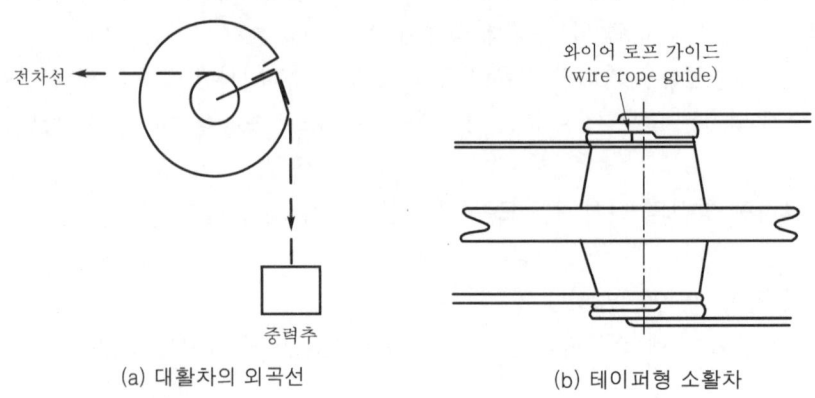

(a) 대활차의 외곽선   (b) 테이퍼형 소활차

[그림 3.45] 활차비 조정 방식의 구조도

(2) 장력 조정 장치의 유지 보수

1) 활차식 및 레버식

밸런서의 동작 상태는 그 인류 구간의 유효장과 가선 온도에 의거하여 가선이 신축되므로 중력 추의 위치에 따라 활차식 밸런서의 양부 판정이 가능하다. 대향측 밸런서의 동작 상태와 정상 또는 불량을 관리표에 기록한다.

와이어 로프(wire rope)의 점검은 활차의 정위치 또는 찌그러짐 등의 소선 절단을 점검하고 로프유 또는 그리스(grease)를 도포하여 기계적 마찰을 완화시킨다. 회전축에도 도포한다.

중력 추를 상승, 하강시켜 동작의 정상을 확인하고 진동 방지 봉(rod) 등의 정위치 여부를 점검한다.

M－T 일괄 인류의 경우, 요크(yoke)의 경사 및 트롤리선의 온도에 의한 신축률이 일반적으로 크므로 [그림 3.46]과 같이 설치하는 것이 바람직하다.

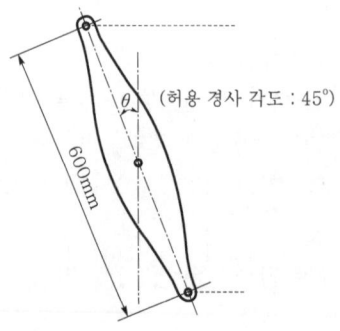

[그림 3.46] 요크(yoke)의 경사도

2) 스프링식

스프링식은 조정 거리 300 m 이하에 적용되는 방식으로 온도에 의한 동작축의 인출입 작용이 작다. 스프링의 동작 상태를 점검하고 본체나 걸림 장치 등의 부식을 조사한다.

3) 턴 버클 및 조정 스트랩

건널선 장치의 수동 조정, A형 섹션의 경사 조정 등은 간단하게 이 턴 버클을 삽입시켜 가선의 인출입 작용이 가능하다. 가선에 시설하는 경우는 시공 시의 이도를 고려하여 표준 온도에서 정중앙으로 나사가 위치하도록 설치하면 턴 버클이 꽉 차게 되지는 않는다.

조정 스트랩은 코터 핀(cotter pin)을 분할 핀으로 고정시키는 것으로 이 부분의 확인이 절대적으로 필요하다.

4) 흐름 방지 장치

앤티 클리핑(anti-clipping) 개소는 중심점에 반대의 인류 장치를 부가한 상태의 것으로 편하중 또는 설치 후, 양단 밸런서의 동작 이상 유무를 확인할 필요가 있다.

스프링식의 경우, 흐르는 가선의 힘과 대응하여 스프링 조수가 적정하게 이것을 억제하고 있는 지를 점검한다.

가선은 장력 이도가 불량한 경우, 단순한 직선 구간에서도 팬터그래프의 압상이나 습동에 의해 진행 방향과 반대로 흐르는 경우가 있다. 이 경우에는, 활차식 밸런서의 중력 추에 와이어 로프가 취하는 무게의 보조 중력 추를 적재하여 주면 좋다.

8 건널선 장치

(1) 건널선 장치의 기능 및 구조

건널선 장치는 선로의 분기점에 설치되고 상호간에 전기차가 직통 운행되도록 트롤리선과 트롤리선을 교차시키는 것으로 팬터그래프의 집전이 가능하도록 설치되어야 한다.

건널선 장치의 설치 구조도는 다음의 [그림 3.47]과 같다.

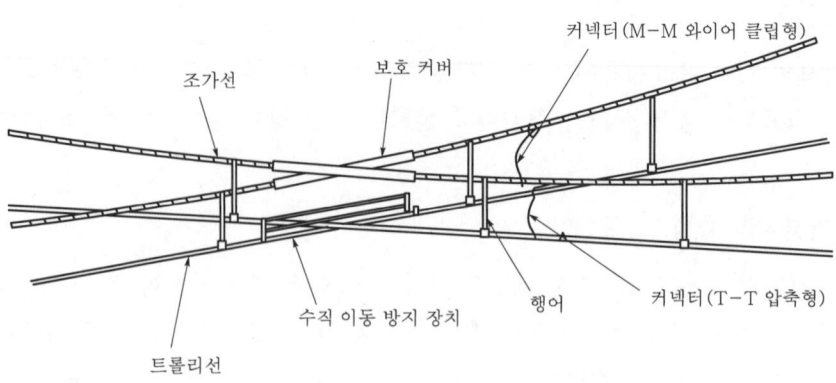

[그림 3.47] 건널선 장치의 설치 구조도

　팬터그래프의 할입 사고 방지를 위하여 교차 개소의 양 트롤리선의 레일면 상 높이는 그 차이를 일반적으로 30 mm 이내로 하고 있다. 즉, 상대편 트롤리선에 대해서 게이지(gauge) 봉을 세운 측의 궤도 중심으로부터 900 mm의 위치가 팬터그래프의 견부(상부 가장자리)가 접촉할 우려가 있는 요주의 지점으로 되므로 고저차를 측정하여 그 양부를 판정하여야 한다.

　그리고 반드시 주요 본선을 하부로 하고 있으므로 전기차의 건늠 빈도가 적은 측선으로의 건늠이나 비상 건늠, 안전측 건늠 등은 고저차를 50 mm 정도로 하는 편이 오히려 보수상 적정하다. 따라서 건널선의 고저차는 설비의 상황에 따라서 팬터그래프의 습동이 가장 원활하게 수행되도록 적정한 값을 선정하여야 한다. 건널선의 측정도는 다음의 [그림 3.48]과 같다.

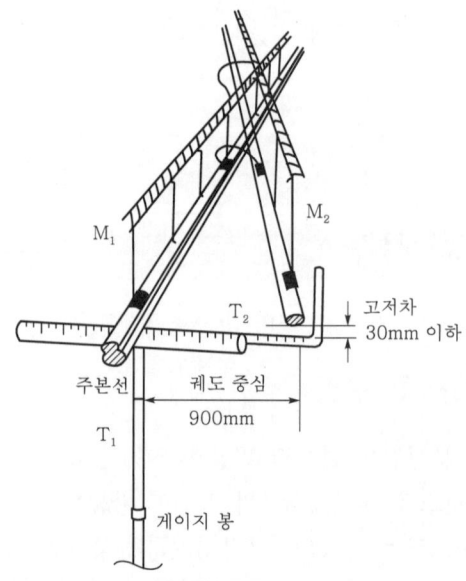

[그림 3.48] 건널선의 측정도

즉, 고속 운전 장소의 건널선과 저속 장소나 다이아몬드(diamond) 분기기 등과의 고저차는 팬터그래프의 압상, 동요도가 서로 다른 것을 고려하여 결정해야 한다.

다이아몬드(diamond) 분기기의 구조는 다음의 [그림 3.49]와 같다.

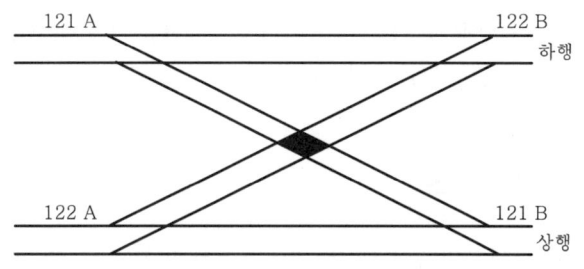

[그림 3.49] 다이아몬드(diamond) 분기기의 구조

적정한 고저차는 가선 이동에 있어서도 일정하게 유지되도록 본선의 건널선에는 밸런서를 설치한다. 그리고 이 장소는 전기적으로도 각종 커넥터로 접속되고 불완전 접속에 기인한 순환 전류에 의한 전선 손상이 없도록 하여야 한다. 트롤리선의 교차 개소에는 분기기에 합당한 길이의 교차 장치(수직 이동 방지 장치)를 설치하고 곡선 인류나 진동 방지 장치 등과 마찰되지 않도록 설치한다.

교차 장치의 길이는 다음의 [표 3.6]과 같다.

[표 3.6] 교차 장치의 길이

분기기 번호	표준 길이(mm)
#12 포인트(point) 이하	1,200
#14~#22 포인트(point)	1,800

교차 장치의 구조는 다음의 [그림 3.50]과 같다.

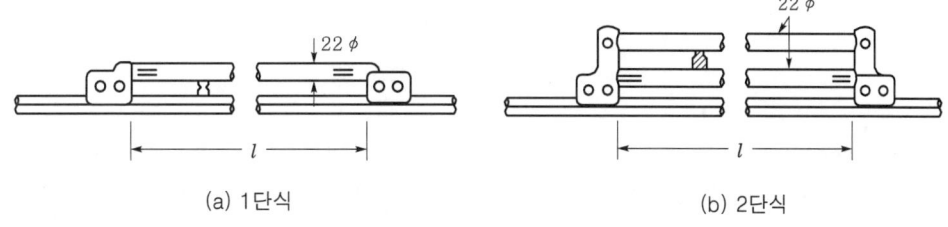

(a) 1단식   (b) 2단식

[그림 3.50] 교차 장치의 구조

또한 이 장소에는 트롤리선의 더블 이어 접속을 가지고 있어 마찰되지 않도록 주의하고 접속 개소는 상대측 궤도 중심으로부터 1 m 이상 이격되지 않으면 팬터그래프의 견부가 접촉할 우

려가 있다.

　더욱, 접속 장치가 교차 장소에 있는 경우는 편기 높이에서 접촉 할입의 우려가 없는지를 신중하게 검토하여야 한다.

　건널선 장소의 진동 방지 장치는 할입 방지를 위해 교차선의 외측으로부터 인류하도록 한다. 단, 조가선 교차 장소에는 접촉에 의한 마찰이나 순환 전류 방지를 위해 경질 비닐의 보호 커버를 양선에 덮고 양선을 커넥터로 균압한다.

(2) 건널선 장치의 유지 보수

　건널선 장치에서 팬터그래프의 견부 도입 위치, 습동 위치 및 이격 위치를 기록한다. 검사는 4계절의 온도 변화에 대비하여 연 4회 시행하고 특히 변화가 격심한 여름, 겨울에 대해서는 신중하게 검사, 보수를 시행해야 한다.

　수직 이동 방지 장치에는 현재, 2단식(본선)과 1단식(측선)이 있으며 트롤리선은 온도의 변화로 이동하므로 교차 개소도 이동한다. 그러므로 수직 이동 방지 장치와 서로 걸리고 항시 마찰되고 결합되어 있으므로 서로 부딪히는 트롤리선이 의외로 국부 마찰을 하고 있는 경우가 있으므로 주의하여야 한다. 또한, 이 개소는 팬터그래프에 대해서는 큰 경점으로 되므로 압상, 동요에 의한 수직 이동 방지 장치를 설치하고 이어가 느슨해지면 트롤리선의 습동면이 이상 마모되는 경우도 있다.

　분기 포인트의 표시 방법은 다음의 [그림 3.51]과 같다.

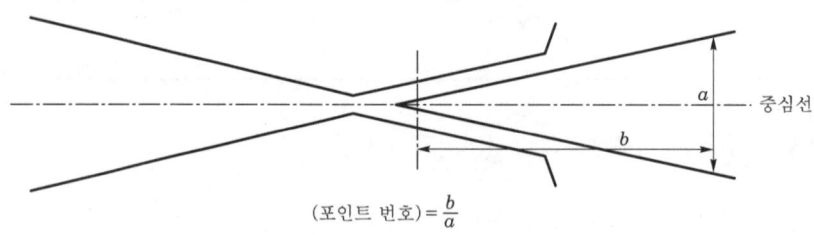

$$(\text{포인트 번호}) = \frac{b}{a}$$

[그림 3.51] 분기기의 표시 방법

　조가선의 교차 장소에서 보호 커버를 설치하고 있어도 내부로 수분이 침투하고 전기차 통과 시의 순시 순환 전류에 의해서 전식이 야기될 수 있다. 검사 시에는 이 부분의 소선 절단 방지에 주의해야 한다.

　가선이 인입되어 구성된 구내 건널선 장치의 수동 조정은 인접 건널선에도 영향을 주므로 구내의 이도 조정에는 신중을 기하여야 한다.

 표지와 표시

(1) 표지

표지는 설치 장소 및 형태가 지정되어 있는 것으로 조명 장치를 부가한 것이 많다.

1) 가선 종단 표지

선로의 중간에 트롤리선이 종단되는 경우에 전기차가 그대로 진행하면 팬터그래프가 벗어나거나 절연 애자를 충돌, 파손시켜서 단락 접지 또는 파손 사고로 될 수 있다. 그러므로 표지를 본선 트롤리선의 종단 개소, 차량 입환이 빈번한 측선 트롤리선의 종단 및 특히 필요하다고 인정되는 가공 전차선로의 종단 개소에 열차 진행 방향의 좌측 지상 3 m 이상의 위치에 설치한다. 단, 차막이 표지가 설치된 장소에는 불필요하다.

특히, 이 경우 교류 전철화 구간만에는 반사재(scotch light)를 사용하는 것이 가능하며 발광 조명 장치를 설치해야 한다.

가선 종단 표지의 형태는 다음의 [그림 3.52]와 같다.

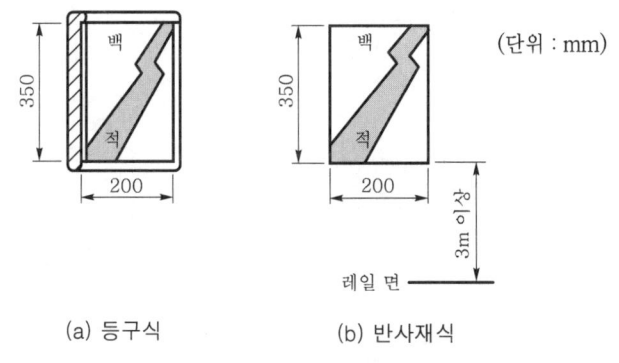

(a) 등구식   (b) 반사재식

[그림 3.52] 가선 종단 표지의 형태

2) 가선 절연 구간 표지

교류 절연 섹션에 설치하는 것으로 교류 이상 섹션과 교직류 섹션용이 있다. 설치 위치는 가선 종단 표지의 경우와 동일하다.

가선 절연 구간 표지의 형태는 [그림 3.53], 기타 표지는 [그림 3.54]와 같다.

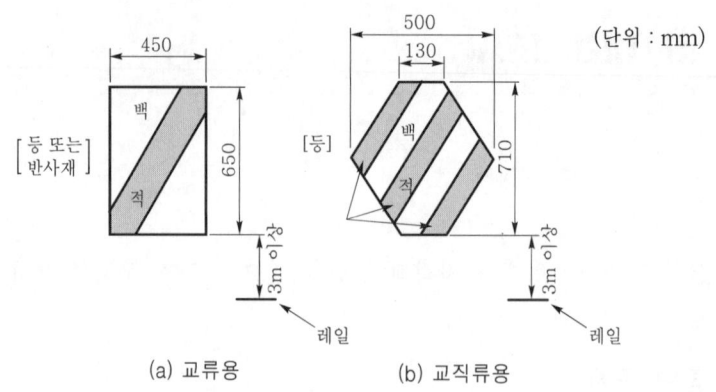

(단위 : mm)

(a) 교류용 (b) 교직류용

[그림 3.53] 가선 절연 구간 표지의 형태

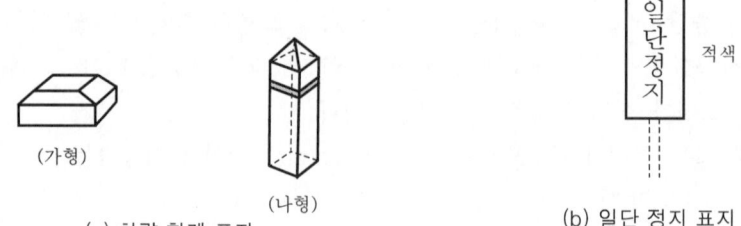

(가형)

(나형)

일단정지 적색

(a) 차량 한계 표지 (b) 일단 정지 표지

주간 및 야간	
직류의 경우	교류의 경우
자색	등색

[주] : 1. " ○ " 표시는 점등 램프

(c) 가선 전원 식별 표지

주간 및 야간	
직류의 경우	교류의 경우
자색 점등	등색 점등

(d) 진로 전원 식별 표지

[그림 3.54] 기타 표지의 형태

(2) 표시

표시는 승무원에게 그 소재를 경고하고 용이하게 인지할 수 있도록 가능한 한 선로의 좌측에 설치한다.

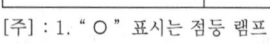

1) 전차선 구분 표시

구분 장치(절연 섹션, 에어 조인트는 제외)의 시점에 승무원이 용이하게 인지 가능하도록 가능한 한 선로의 좌측에 설치한다. 반사재를 사용한 표시판에는 편면형과 양면형이 있다.

구분 표시의 형태 및 설치 위치도는 다음의 [그림 3.55]와 같다.

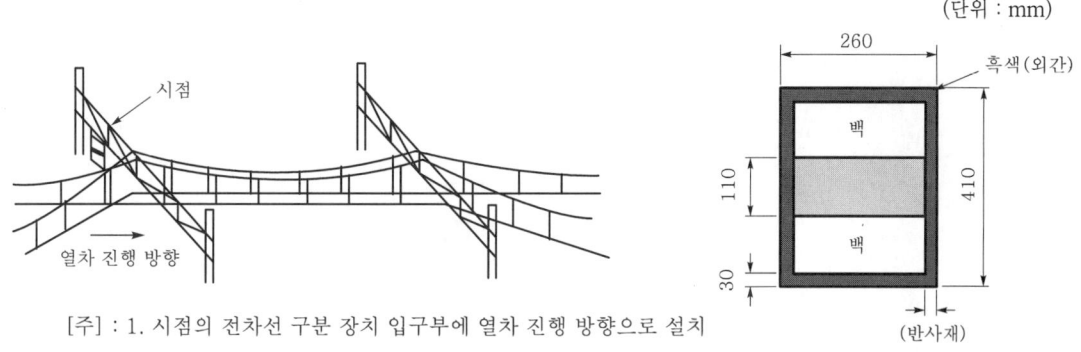

[주] : 1. 시점의 전차선 구분 장치 입구부에 열차 진행 방향으로 설치

[그림 3.55] 구분 표시의 형태 및 설치 위치도

2) 역행 표시

정상 운행되는 전기차가 역행하는 것이 적합하다고 인정되는 개소 즉, 절연 구간(절연 섹션)의 후방에 전기 기관차는 20~30 m의 위치, 전기차는 열차장에 10 m를 더한 위치만큼 이격하여 설치한다. 역행 표시는 선로의 좌측에 3~5 m의 높이로 설치한다.

역행 표시의 형태는 다음의 [그림 3.56]과 같다.

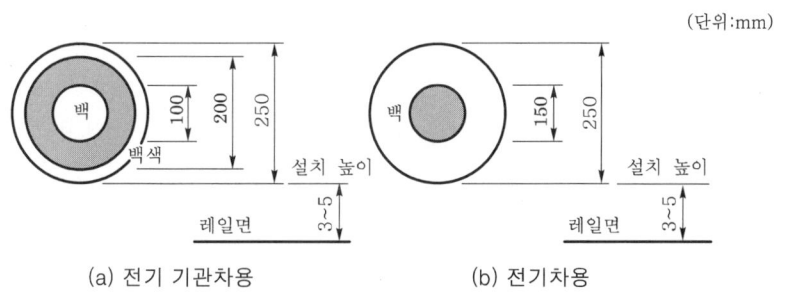

(a) 전기 기관차용   (b) 전기차용

[그림 3.56] 역행 표시의 형태

3) 타행 표시

전기차가 절연 구간의 직전 150~200 m의 위치에 노치 오프(notch-off)하도록 적절한 위치에 역행 표시의 경우와 동일하게 설치한다.

타행 표시의 형태는 다음의 [그림 3.57]과 같다.

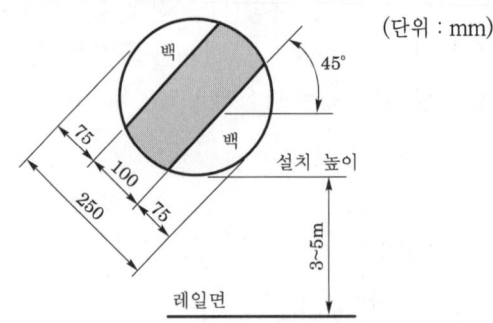

[그림 3.57] 타행 표시의 형태

4) 가선 절연 구간 예고 표시

이것은 교직류 절연 구간의 직전 400 m의 위치에 역행 표시의 경우와 동일하게 설치하고 승무원이 용이하게 이것을 인지하여 지정된 조작을 수행하도록 예고하는 것이다. 최근, 교직류 절연 섹션을 차상 절체 방식으로 통과하는 전기차가 많으므로 취급에 주의를 기울여야 한다.

가선 절연 구간 예고 표시의 형태는 다음의 [그림 3.58]과 같다.

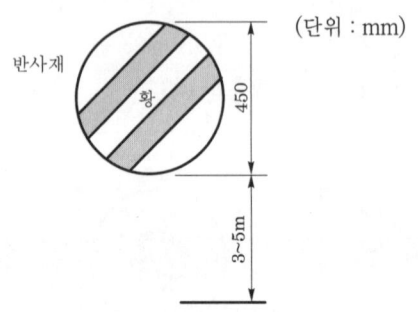

[그림 3.58] 가선 절연 구간 예고 표시의 형태

5) 주의 표시

건널목 도로에서 주의를 표시하는 것으로 최근의 자동차 교통량의 증가에 따라 특히, 일반 대중에 대해서 용이하게 인지되도록 하여야 한다. 원칙적으로 주의 표시가 파손되어도 건축 한계 및 건널목 보안 장치에 지장이 없도록 거리를 취하여 설치한다. 단, 입식 표시찰 방식 및 건널목 차단기에 부착된 경우는 제외한다.

입식 표시찰식 주의 표시의 형태는 다음의 [그림 3.59]와 같다.

[그림 3.59] 입식 표시찰식 주의 표시의 형태

- 주 주의 표시에 부가하여 보조 주의 표시를 설치하며 자동차 등의 통행 방향을 고려하여 효율적으로 설치한다.
- 제한고의 표시는 트롤리선의 높이가 되고 스팬선 또는 빔 하단의 지상고로 된다.
- 건널목 도로의 전차선로는 허용 범위 내에서 가능한 한 높게 설치한다.
- 불가피하게 선로에 근접하여 설치하는 경우는 자동차 등이 충돌해도 전주나 빔은 전도 파손되지 않는 견고한 구조로 한다.
- 충격을 받은 경우에 전주가 전도 파손되지 않고 빔 등이 파손 절단되어도 파손된 빔 등이 열차 운행을 방해하지 않는 구조로 한다.
- 스팬선 또는 고정 빔의 하단은 트롤리선의 높이보다 하부로 그 높이는 지상 $4.5\,\text{m}$ 이상으로 한다.
  - 스팬선식은 교류 구간에서 트롤리선의 높이 $5\,\text{m}$ 이상(직류에서는 $4.8\,\text{m}$ 이상)의 건널목 도로
  - 고정 빔식은 교류 구간에서 트롤리선의 높이 $5\,\text{m}$ 미만~$4.5\,\text{m}$까지(직류는 $4.8\,\text{m}$ 미만~$4.5\,\text{m}$까지)
  - 트롤리선과 스팬선 및 고정 빔 하단과의 높이 차이는 스팬선에서 $0.5\,\text{m}$ 이상(직류는 $0.3\,\text{m}$ 이상), 고정 빔에서는 $0.5\,\text{m}$ 미만~$0.3\,\text{m}$까지(직류에서는 $0.3\,\text{m}$ 미만~$0.05\,\text{m}$까지)

주의 표시의 형태(스팬선식/고정 빔식의 주의 표시)는 다음의 [그림 3.60]과 같다.

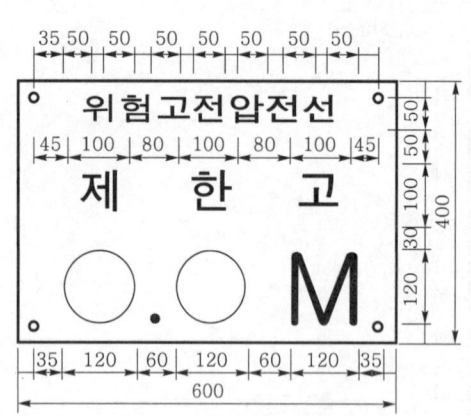

(a) 주 주의 표시

(단위 : mm)

(b) 보조 주의 표시

[주] : 1. 황색 바탕에 흑색 문자로 한다.
　　　2. 제한 높이는 스팬선 또는 빔 하단 지상
　　　　으로 한다.

[주] : 1. 백색 바탕에 흑색 문자로 하고, 화살
　　　　표는 적색으로 한다.
　　　2. 이 예는 좌측용이며, 우측용은 이 예
　　　　와 좌우 대칭형으로 한다.

[그림 3.60] 주의 표시의 형태(스팬선식/고정 빔식의 주의 표시)

6) 신호 환호 위치 표시

승무원이 장내, 출발, 폐색, 중계, 원방의 각 신호기의 현시를 확인하고 환호하는 위치(차량의 제동 거리에 필요한 600 m 이상 직전에서 신호기를 용이하게 확인할 수 있는 위치)에 가능한 한 선로의 좌측 전주에 높이 약 3 m의 위치에 설치한다.

신호 환호 위치 표시의 형태는 다음의 [그림 3.61]과 같다.

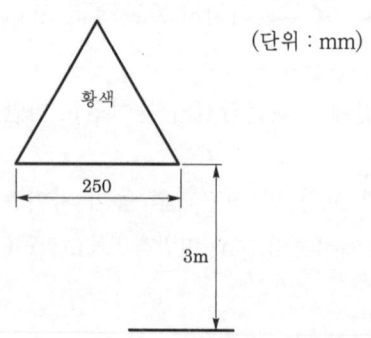

[그림 3.61] 신호 환호 위치 표시의 형태

7) 전주 번호 표시

전주 번호 표시는 백색 비닐 또는 알루미늄판으로 하고 문자는 흑색으로 기재한다. 열차에서 보기 쉽고 궤도에 면한 약 2.5 m의 위치(다설 구간 및 특수 장소는 별도)에 설치하고 번호, 설치 연월, 전주 종류, 전주 길이, 기초 종류 등을 기재한다.

전주 번호 표시의 형태는 다음의 [그림 3.62]와 같다.

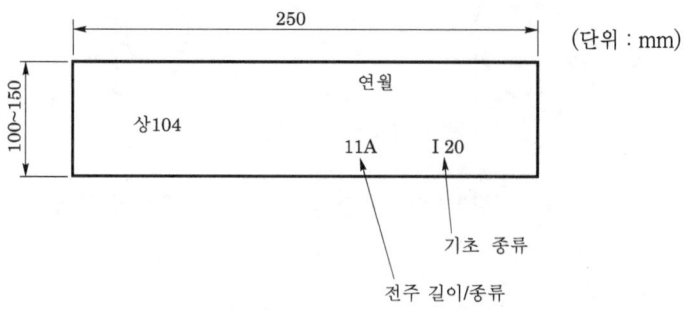

[그림 3.62] 전주 번호 표시의 형태

8) 케이블 매설 표시

지중 케이블을 매설한 경우는 매설 경로를 표시하는 매설 표시를 설치한다.

케이블 매설 표시의 형태는 다음의 [그림 3.63]과 같다.

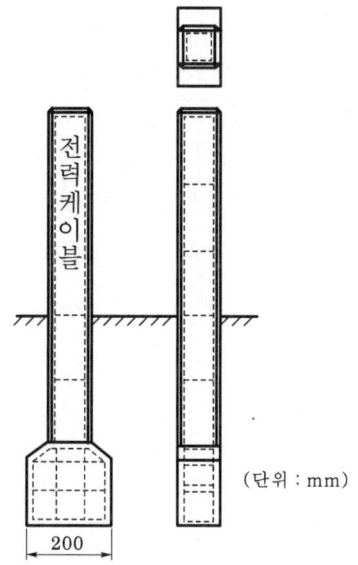

[그림 3.63] 케이블 매설 표시의 형태

9) 기타 표시

기타 표시로 교류 구간만에 사용되는 특별 타행 표시, 역행 표시가 있다.
특별 타행, 역행 표시 및 기타 표시의 형태는 다음의 [그림 3.64]와 같다.

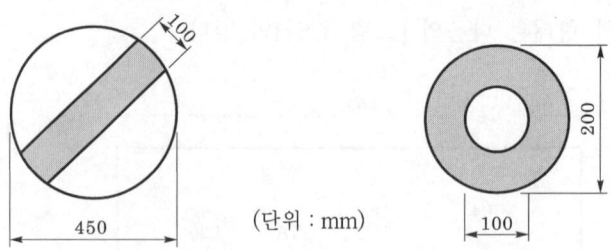

(단위 : mm)

[그림 3.64] 특별 타행, 역행 표시 및 기타 표시의 형태

(3) 표지 및 표시의 유지 보수

가선 종단 표지는 등구식이 원칙으로 되어 있다. 그러나 공사 시행의 복잡성과 보수 점검에 손이 많이 가고 위험이 많으므로 향후에는 반사재 발광 방식이 널리 사용될 것이다. 표지는 전부 사용 개시 연월일, 거리 좌표, 전주 번호, 좌우 구분 등을 기재하여 관련 장소에 게시한다.

전차선 구분 표시는 승무원에게 그 위치를 경고하여 전기차를 구분 장치 직하에 정차시키지 않도록 한다. 그리고 역행 표시, 타행 표시, 가선 절연 구간 예고 표시, 신호 환호 위치 표시는 관련 장소에 게시하고 임의로 변경하지 않도록 하여야 한다.

표지 및 표시는 인지 오류 또는 설치 위치의 부적합 등에 의해 전차선로는 물론, 열차의 운전에도 지장을 초래할 위험이 있으므로 충분히 주의하여야 한다. 무보수화를 위하여 사용 재료로 충분한 내식성, 내후성과 기계적 강도를 가지는 것을 사용하고 부식, 손상 등이 없도록 하며 볼트부 등은 완전한 나사 쬠이 되도록 한다. 특히, 건널목 주의 표시는 점점 증가하는 자동차에 대처하여 보수를 적절하게 시행해야 한다.

제4장

급전선로

1 급전선

변전소에서 전차선에 전력을 공급하는 설비를 총칭하여 급전선로라고 하며 주 전선이 급전선, 급전선으로부터 트롤리선에 분기되는 전선이 급전 분기선이다. 직류 구간에서는 전차선에 평행하여 전체 선로에 걸쳐서 급전선이 설치되고 교류 구간의 BT 방식에서는 변전소 부근, 대역 구내 등의 일부 구간에 설치되며 AT 급전 방식에서는 전차선에 평행하여 전체 선로에 걸쳐서 설치된다.

(1) 급전선의 지지 및 배치

급전선은 가공식으로 하고 전차선로 지지물에 병가하는 것이 원칙이다. 그리고 급전선은 가능한 한 동일 급전 계통측에 병가하고 2계통 이상을 병가하는 경우에는 전차선의 급전 계통과 동일한 배치로 한다.

급전선 장주의 설치 구조는 다음의 [그림 4.1]과 같다.

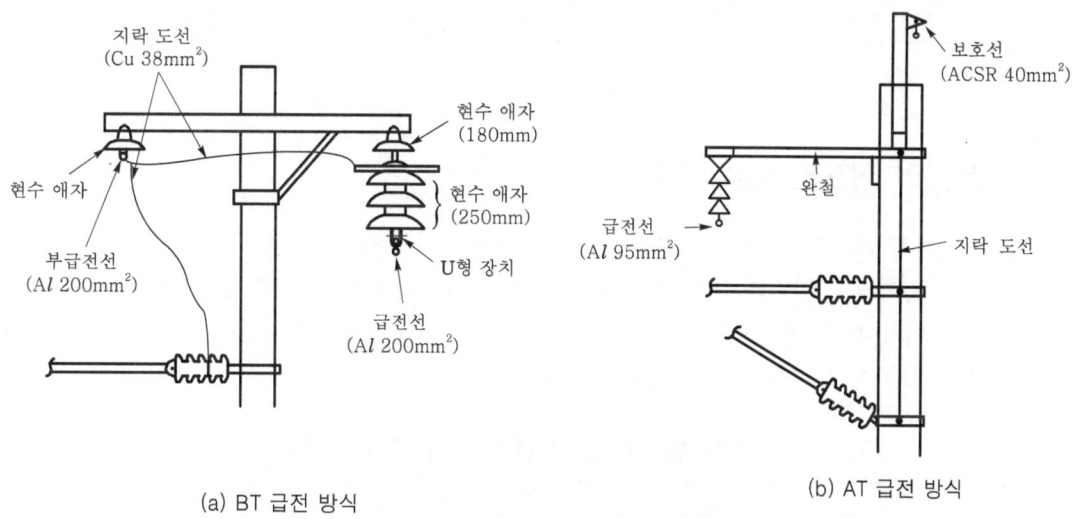

(a) BT 급전 방식

(b) AT 급전 방식

[그림 4.1] 급전선 장주의 설치 구조

(2) 급전선의 지표상 높이

급전선은 온도에 따라 이도, 장력이 변하고 접지 사고 발생의 가능성이 있으므로 지상 높이 및 이격 거리를 규정하고 있다.

급전선의 높이는 [표 4.1], 가압 부분과 접지체의 이격 거리는 [표 4.2]와 같다.

[표 4.1] 급전선의 높이

종류	기준면	높 이	
		직 류	교 류
일반의 경우	지상면	5 m 이상	5 m 이상
도로 횡단	도로면	6 m 이상	6 m 이상
철도, 궤도 횡단	레일면	5.5 m 이상	5.5 m 이상
터널, 과선교 등	레일면	3.5 m 이상	3.5 m 이상
건널목 횡단	도로면	5 m 이상	5 m 이상
절취 개소의 법면	법면	0.3 m 이상	0.3 m 이상
전기 기기	지상면	4.5 m 이상	5 m 이상

[표 4.2] 가압 부분과 접지체의 이격 거리

구 분 \ 종 류	직 류	교 류	부급전선
일반의 경우	250 mm 이상	300 mm 이상	150 mm 이상
불가피한 경우의 축소 한도	70 mm 이상	250 mm 이상	70 mm 이상
순시 접근 경우의 축소 한도	30 mm 이상	150 mm 이상	30 mm 이상

(3) 급전선의 상호간 이격 거리

급전선 상호간의 수평, 수직 이격은 경간 및 전선 상호간의 장력, 이도의 차이 등을 고려하여 절대로 혼촉되지 않도록 설치한다. 그리고 급전 계통이 다른 급전선 상호간의 이격은 작업상 보안을 위하여 가능한 한 1 m 이상(직류 급전선은 0.6 m 이상) 이격한다. 계통이 다른 급전선 상호간의 이격 거리는 다음의 [표 4.3]과 같다.

[표 4.3] 계통이 다른 급전선 상호간의 이격 거리

구 분	직 류	교 류
수평 이격	0.6 m	1.0 m
수직 이격	0.6 m	1.0 m
불가피한 경우 이외에 접촉 우려가 없는 경우	0.3 m	0.6 m

특히, AT 급전 방식의 급전선과 전차선과의 이격은 450 mm 이상(고속철도는 500 mm), 불가피한 장소에서도 350 mm 이상(고속철도는 450 mm)으로 지정되어 있다.

(4) 급전선의 종류와 표준 장력

표준 장력은 지역별로 표준 온도에서의 장력이며 전선의 파괴 장력(항장력)을 일정한 안전율로 나눈 값이다. 급전선의 장력은 급전선의 종류, 항장력, 지지 경간, 이도 및 시설 개소의 조건 등을 고려하여 결정된다.

표준 온도는 [표 4.4], 표준 장력과 선팽창 계수는 [표 4.5]와 같다.

[표 4.4] 표준 온도

지역 \ 온도	표준 온도	최고 온도	최저 온도
A 지역	15 ℃	40 ℃	−10 ℃
B 지역	10 ℃	40 ℃	−20 ℃
C 지역	5 ℃	40 ℃	−40 ℃

[표 4.5] 표준 장력과 선팽창 계수

전선의 종류	표준 장력(kg)	선팽창 계수
경동 연선 Cu 325 mm^2	1,200	1.7×10^{-5}
경동 연선 Cu 200 mm^2	1,000	1.7×10^{-5}
경동 연선 Cu 100 mm^2	600	1.7×10^{-5}
강심 알루미늄 연선 ACSR 520 mm^2	1,000	2.0×10^{-5}
경 알루미늄 연선 Al 510 mm^2	700	2.3×10^{-5}
경 알루미늄 연선 Al 300 mm^2	550	2.3×10^{-5}
경 알루미늄 연선 Al 200 mm^2	300	2.3×10^{-5}
경 알루미늄 연선 Al 95 mm^2	130	2.3×10^{-5}
강심 알루미늄 연선 ACSR 40 mm^2	150	1.9×10^{-5}

급전선의 접속은 원칙적으로 100 ton의 유압기에 의한 압축 접속으로 하고 그 개소는 지지점으로부터 2 m 이상 이격된 위치로 한다. 필요에 따라 온도 관리용의 70℃ 시온재(thermo –label)를 부착한다. 일반적으로, 압축 접속하면 전선이 슬리브(sleeve) 길이의 5~10% 신장되므로 이 신장도 고려해야 하는 경우도 있다.

(5) 급전선 애자, 완철 및 가대

급전선 애자는 일반적으로 250 mm를 3개련(직류는 180 mm 2개련)으로 하고 BT 급전 방식에서는 2중 절연 방식을 적용하므로 여기에 추가하여 180 mm 1개를 추가하는 경우도 있다.

급전선 애자의 이격 거리는 다음의 [그림 4.2]와 같다.

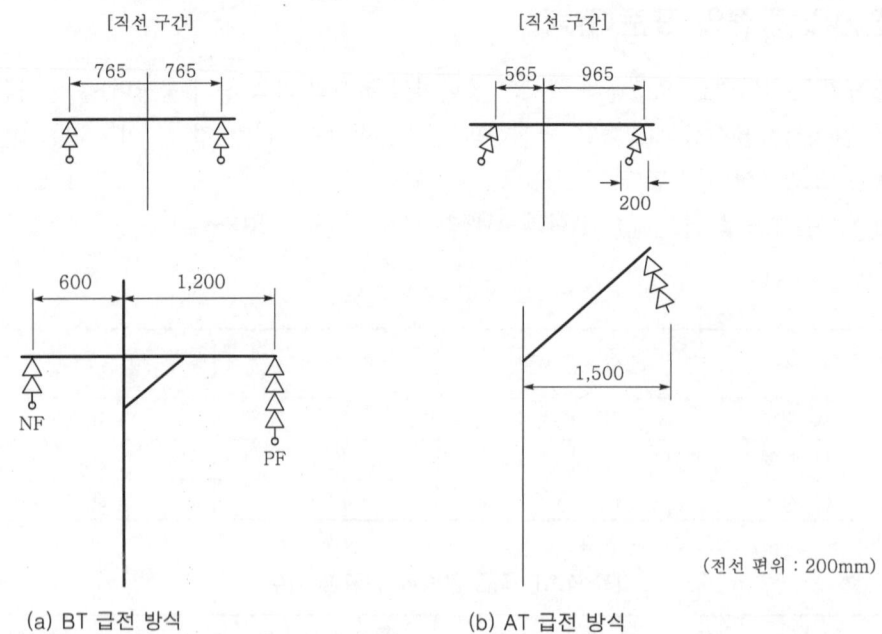

[그림 4.2] 급전선 애자의 이격 구조도

이상 기상 시, 지지점 높이의 차이가 있는 개소는 큰 신축에 의한 이도 변화때문에 매우 큰 인상력 등이 작용하고 애자의 훅부에서의 탈락이나 주변 접지 부분에 근접하여 지락 사고를 야기하는 경우가 있다. 따라서 훅 애자에는 훅용 탈락 방지 장치를 부착하고 신설 및 개량 시에는 전선 지지 장치로 고정하든지 U자형 장치를 설치한다. 특히, 강설 지역에서 전선에 상당량의 빙설이 부착하고 그 빙설이 탈락하는 경우, 선간 혼촉이나 급전선의 애자 훅부로부터 급전선의 탈락 등의 사고가 야기된다. 이것을 슬리트 점프(sleet jump)라고 한다.

급전선 완철 및 가대의 표준형은 다음의 [그림 4.3]과 같다.

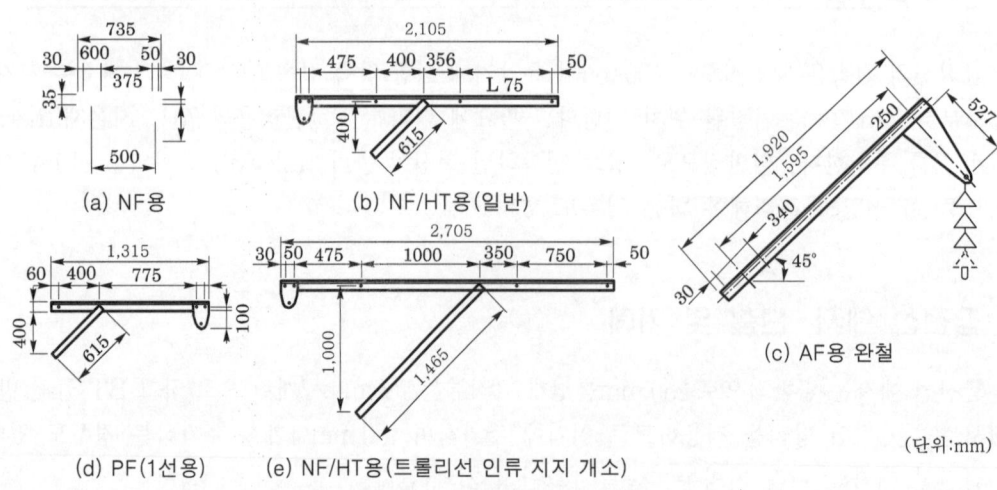

[그림 4.3] 급전선 완철 및 가대의 구조

(6) 급전선의 유지 보수

급전선은 특히 지지점, 접속 분기 장소 등에서 소선 절단 및 열에 의한 용단 등이 발생되므로 이상을 점검한다. 횡장력과 온도 변화에 의해 급전선의 편위가 변하므로 곡선 반경에 따라서 사전에 애자의 설치 위치를 고려하여야 한다.

급전선의 횡장력에 의한 변위 곡선은 [그림 4.4], 급전선의 온도에 의한 이도 및 장력 곡선은 [그림 4.5]와 같다. 급전선의 장력은 적정해야 하므로 온도에 따른 이도에서 장력까지를 점검한다.

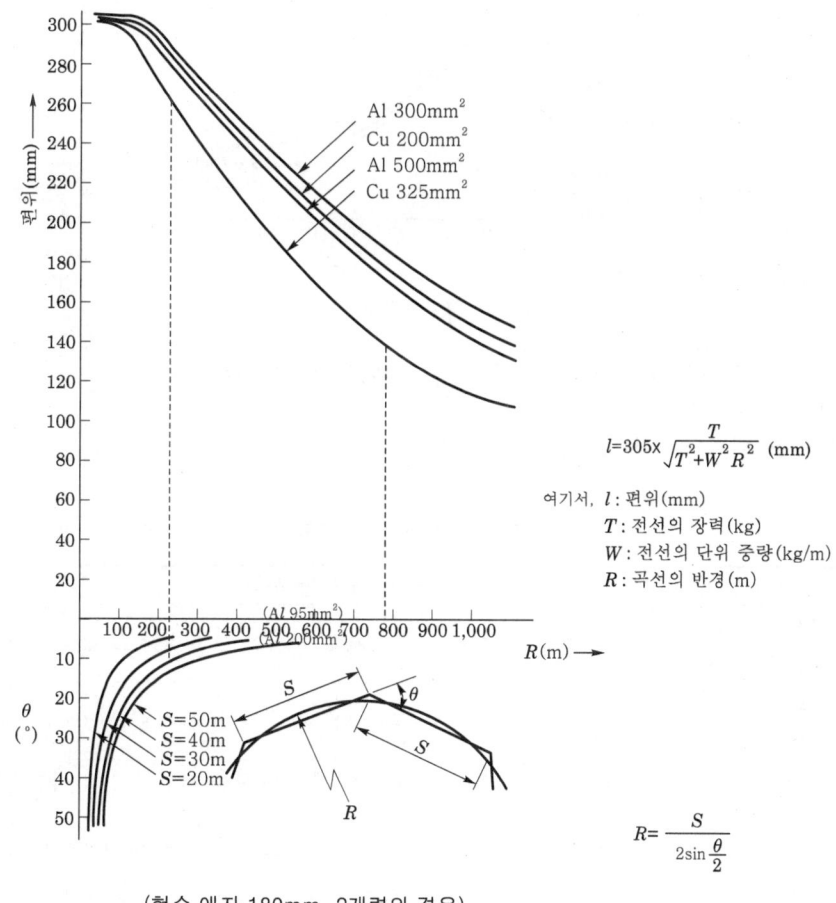

$$l = 305 \times \frac{T}{\sqrt{T^2 + W^2 R^2}} \ (\text{mm})$$

여기서, l : 편위(mm)
T : 전선의 장력(kg)
W : 전선의 단위 중량(kg/m)
R : 곡선의 반경(m)

$$R = \frac{S}{2\sin\frac{\theta}{2}}$$

(현수 애자 180mm, 2개련의 경우)

[그림 4.4] 급전선의 횡장력에 의한 변위 곡선

급전선의 접속은 적정한 슬리브를 접합한 다이스(dice)를 사용하여 일정한 압력으로 압착하게 되면 접속점은 무보수로 된다.

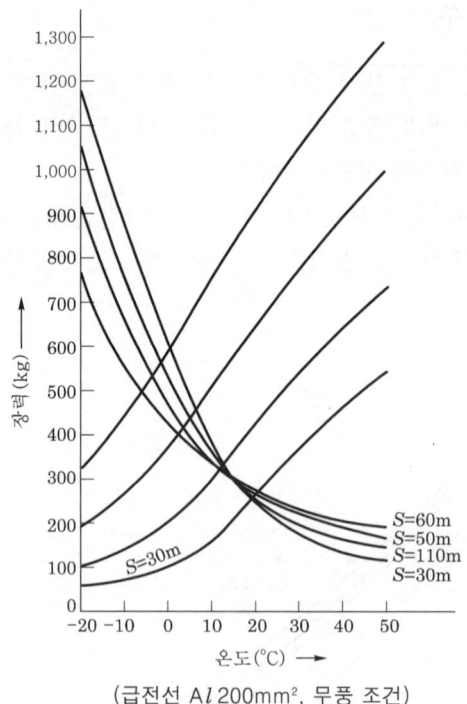

(급전선 Al 200mm², 무풍 조건)

[그림 4.5] 급전선의 온도에 의한 이도 및 장력 곡선

슬리브의 종류는 다음의 [표 4.6]과 같다.

[표 4.6] 슬리브의 종류

종 류	인장 하중
직선 슬리브 (straight sleeve)	접속 부분의 인장 하중은 사용 전선의 인장 하중의 90% 이상
점퍼 슬리브 (jumper sleeve)	접속 부분의 인장 하중은 사용 전선의 인장 하중의 30% 이상
T형 슬리브	• 분기측의 접속 부분의 인장 하중은 사용 전선의 인장 하중의 30% 이상 • 본선측 압축 후의 인장 하중은 사용 전선의 인장 하중의 90% 이상
보수 슬리브	• 보수 부분의 인장 하중은 사용 전선의 인장 하중의 90% 이상
인류 클램프 (clamp)	• 송전선 인류 클램프의 인류 부분의 인장 하중은 사용 전선의 인장 하중의 90% 이상 • 발·변전소 모선용 인류 클램프의 인류 부분의 인장 하중은 사용 전선의 인장 하중의 50% 이상 • 점퍼 부분의 인장 하중은 사용 전선의 인장 하중의 30% 이상

기설 알루미늄의 경우에는 슬리브의 길이가 신품보다 길게 되어 있는 경우에는 접속 시에 외측의 기설선을 같이 감고 그 부분에 칼라(collar)를 삽입하여 압축한다. 슬리브의 압축은 슬리브의 신장을 고려하여 압축의 순서 대로 시행한다.

② 급전 분기 장치

급전선으로부터 트롤리선에 전력을 공급하는 전선을 급전 분기선(branch wire)이라 하고 급전 분기선을 연결하기 위하여 설치되는 것을 총칭하여 급전 분기 장치라고 한다. 급전 분기 장치는 직류 구간에서는 급전선과 트롤리선과의 사이에 일정 간격으로 병렬로 설치되며 교류 구간 BT 방식에서는 급전선과 트롤리선과의 사이에 직렬로 접속되고 AT 방식에서는 급전선과 트롤리선과의 사이에 직렬로 접속되고 AT 설비 개소에서는 병렬로 설치된다.

급전 분기선은 $100 \, \text{mm}^2$ 이상의 경동 연선 또는 동등 이상의 성능을 가지는 전선으로 트롤리선과의 접속에는 Y형 접속관을 통하여 피더 이어(feeder ear)로 압축 접속 또는 볼트 접속된다.

(1) 급전 분기 장치의 종류

급전 분기 장치에는 다음의 3종류가 있다.
- 고정 빔 스팬선식
- 고정 빔 완철식
- 가동 브래킷 첨가식

급전 분기선과 트롤리선과의 접속은 장력 조정 장치의 기능을 저해하지 않도록 트롤리선의 신축 범위를 확인하여 설치한다.

급전 분기 장치의 설치 구조는 다음의 [그림 4.6]과 같다.

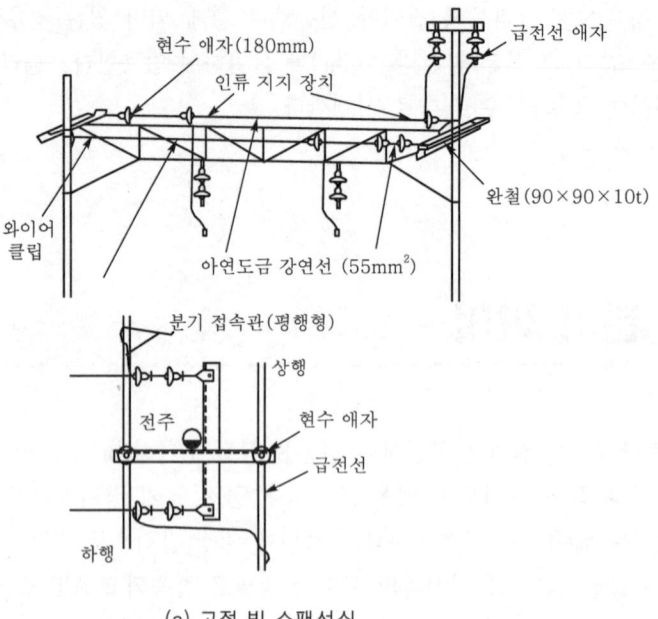

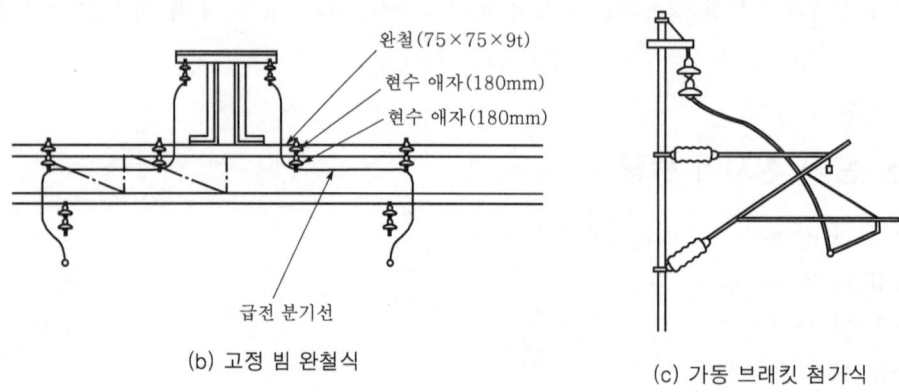

(a) 고정 빔 스팬선식

(b) 고정 빔 완철식

(c) 가동 브래킷 첨가식

[그림 4.6] 급전 분기 장치의 설치 구조

(2) 피더 이어(feeder ear)

Y형 접속관에서 2쌍으로 구분하여 트롤리선에 접속하는 부분을 피더 이어라고 하고 기능 및 구조는 T−T 커넥터와 동일하다. 즉, T−T 커넥터를 중심으로부터 2본으로 절단한 것을 Y형 접속관에 삽입하여 압축한 것으로 트롤리선측의 이어에 압축식과 볼트식이 있다. 기존 설비에서는 코터(cotter)식이 남아 있다.

피더 이어(feeder ear)의 설치 구조는 다음의 [그림 4.7]과 같다.

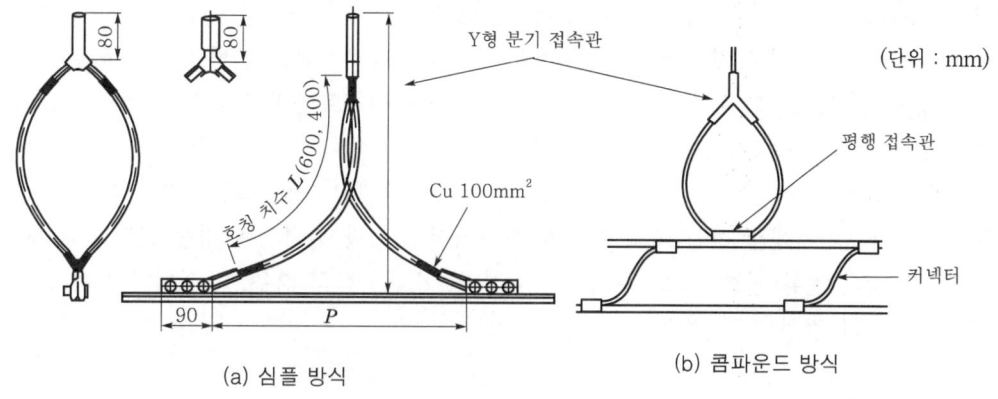

(a) 심플 방식   (b) 콤파운드 방식

[그림 4.7] 피더 이어(feeder ear)의 설치 구조

(3) 급전 분기 간격

　　브랜치(branch) 간격이라고도 하며 교류 구간은 트롤리선 급전을 적용하고 있으므로 간격에 대해서는 별도의 의미로 된다. 그러나 직류 구간에서는 그 선로 구간의 열차 운전 시격 (headway)이나 전기차의 부하 전류 등에도 기준하여 급전 분기 간격을 결정하고 있다. 그 표준 간격은 250 m이다. 따라서 트롤리선의 편단 급전의 한도는 125 m까지로 규정되어 있다. 이것은 에어 섹션이나 역 구내의 건넘선 개소 등에 적용된다.

　　급전 분기 간격도(직류)는 다음의 [그림 4.8]과 같다.

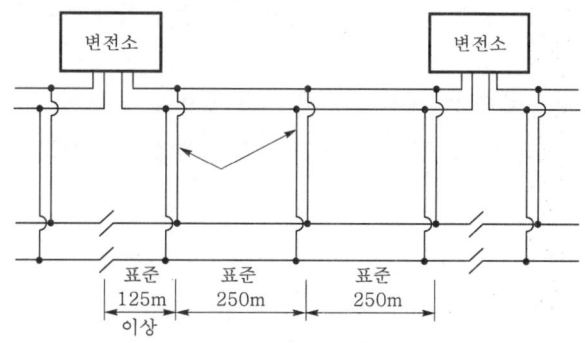

[그림 4.8] 급전 분기 간격(직류)

(4) 급전 분기 장치의 유지 보수

1) 급전 분기 장치

　　접속 개소가 많은 장치이므로 접속점의 접촉 저항을 가능한 한 작게 하도록 설치 시에는 와

이어 브러시, 샌드 페이퍼 등으로 잘 연마하고 삽입이나 결합을 충분하고 확실하게 하여 압축한다. 특히, 사용 개시 및 부하 변동 시에는 시온재(70℃)로 온도 관리를 시행한다. 팬터그래프 습동의 경점으로 되는 장소이고 또한 기계적 진동이나 트롤리선의 이동 등으로 소선 절단 발생이 많은 장소도 된다.

가동 브래킷식의 분기선 지지 장치에는 지지재로 주재의 파이프의 직경이 다르므로 A형, B형이 있다. 여기에는 전선 보호 커버가 부착되어 있지만 열화되면 가동 브래킷의 개소에서 불필요한 순환 전류가 흐르므로 주의하여야 한다. 스팬선식의 경우, 구성이 복잡하므로 공 스팬선(반대측의 전선)까지 점검한다.

2) 피더 이어(feeder ear)

트롤리선의 이동에 의해서 걸려 내려진 상태로 되면 보수를 하여야 한다. 그리고 장치가 압축되므로 설치 위치 선정에 신중을 기하여야 한다. 압축 이어는 상대측에 설치 제거를 해 주어도 3회 정도가 한도로 된다.

3) 급전 분기 간격

급전 분기 장소는 설비 보수상의 특수 장주 개소로 중요시된다. 교류 구간에서는 구내용 급전선(PF 또는 AF)이 있는 장소 및 절연 섹션의 인하용 이외에 BT 방식에서는 부스터 섹션의 인하용, AT 방식에서는 AT 설치 장소에 설치된다. 또한 교류 구간에서는 트롤리선 급전을 하므로 M−T 커넥터를 선로 조건에 따라서 필요 장소에 설치하고 균압하여 행어 전류를 방지한다.

삼각파 간헐 부하 전류에 의한 급전 분기의 포화 후의 온도 상승은 허용 온도 50℃로 소선 절단율은 30%까지 허용되고 있으며 운전 보안도 및 실제 상황 등으로부터 20%를 교체 기준으로 하고 있다.

③ 급전 계통

급전선에서 전차선에 전력을 공급하는 경우, 필요한 구간마다 구분 계획되어야 한다. 그리고 전차선로 일부에서 지락, 단락 등의 사고가 발생한 경우 또는 일상의 보수 작업상 일부를 정전하여 작업하는 경우에 그 영향 범위를 최소한으로 제한하여야 한다.

이러한 조건을 고려하여 열차 운행에 대해서 효과적으로 구간 정전이 가능하도록 운전 계통별, 상·하 선별, 방면별, 전압, 위상별 전기적 구분이 가능하도록 구성한 것이 급전 계통이다.

(1) 교류 급전 계통

BT 방식과 AT 방식에서는 급전 계통의 구성상 약간 차이가 있다. BT 방식에서는 일반적으로 급전선이 필요 없으며 절연 섹션의 연락선 및 구내 급전 계통별 급전선 등에 설치되지만, AT 방식에서는 상시 급전선이 필요하다.

실제의 급전 계통도에는 상세하게 선로 조건, 급전 거리, 급전 분기, 급전선의 종류 및 크기, BT 및 AT 변압기 등의 위치까지 일단 사고 시에 대처 가능하도록 매우 상세한 평면도로 구성된다.

전차선은 구내의 구분 장치에 의해 구분되고 그 연락 및 구분은 변전소(SS), 급전 구분소(SP) 및 보조 급전 구분소(SSP)에서 차단기 또는 개폐기에 의해 수행한다. 중요한 역 구내에서는 필요에 따라 방면별 또는 상·하 선별의 급전 계통으로부터 구내 전차선으로 절체 급전한다. 또한, 측선은 본선으로부터 분리되고 적절한 군으로 구분이 가능하다.

BT 및 AT 급전 회로도는 [그림 4.9], 급전 방식도는 [그림 4.10], 급전 계통도는 [그림 4.11]과 같다.

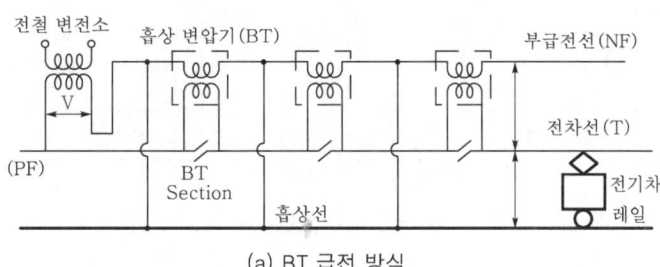

(a) BT 급전 방식

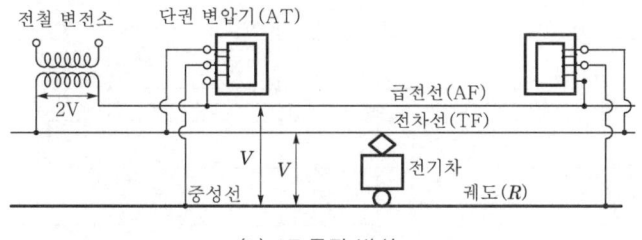

(b) AT 급전 방식

[그림 4.9] BT 및 AT 급전 회로

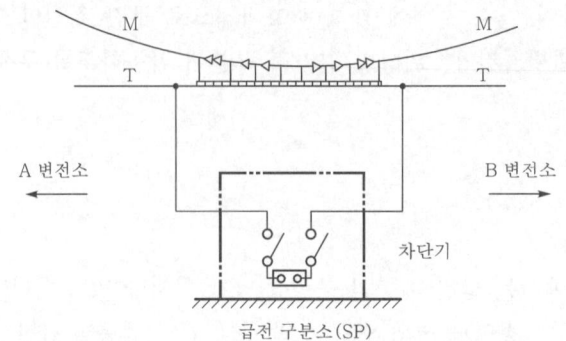

(a) BT 급전 방식

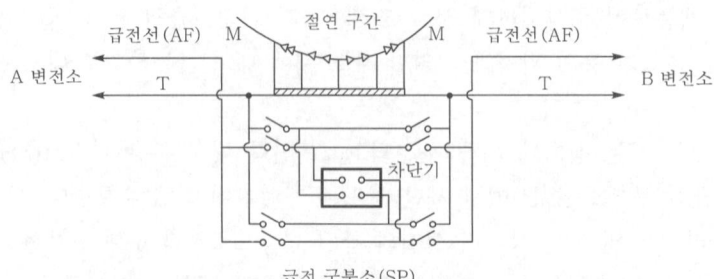

(b) AT 급전 방식

[그림 4.10] 급전 구분

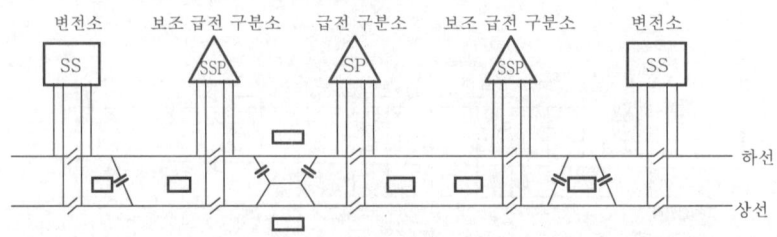

(a) 교류 급전 계통

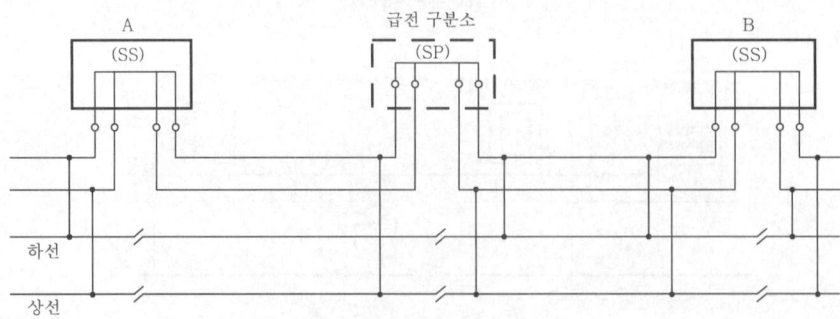

(b) 직류 급전 계통

[그림 4.11] 급전 계통

 개폐 장치

전차선로에는 급전용 개폐 장치로 단로기 및 각종 차단기가 사용되고 있다. 여기에서는 전차선로에 주요 사용되는 단로기에 대해서만 기술한다.

(1) 단로기(개폐기)

단로기는 기구 구조상 부하 전류의 개폐를 수행하는 것은 불가능하다. 이것은 단로기의 날이 아크에 의한 용단, 또는 아크가 끊어지지 않는 현상이 있기 때문이다. 따라서 단로기의 조작은 회로가 무부하인 것을 확인하고 개폐하도록 되어 있다.

1) 단로기의 종류

단로기는 교류, 직류형으로 대별되고 조작상 다음과 같이 분류된다.
단로기의 정격과 종류는 다음의 [표 4.7]과 같다.

[표 4.7] 단로기의 정격과 종류

(a) 직류 단로기의 정격 전압, 정격 전류 및 내전압

정격 전압(V)	정격 전류(A)	내전압치	
		상용 주파수(kV)	충격(kV)
1,500	200 1,000 2,000 3,000 4,000	10	25

(b) 교류 단로기의 정격 전압 및 정격 전류

정격 전압(kV)	사용 회로 공칭 전압(kV)	정격 전류(A)
3.6/7.2	3/6	200, 400, 600, 800, 1200
12/24	10/20	400, 600, 800, 1200, 1500, 2000
36/72/84	30/60/70	400, 600, 800, 1200, 1500, 2000
120/168	100/140	800, 1200

① 훅(hook) 조작 단로기

투입날의 상부에 훅 조작봉(disconnect rod)을 삽입하고 이 조작봉으로 개폐한다. 훅(hook)과 레버(lever)의 구조는 다음의 [그림 4.12]와 같다.

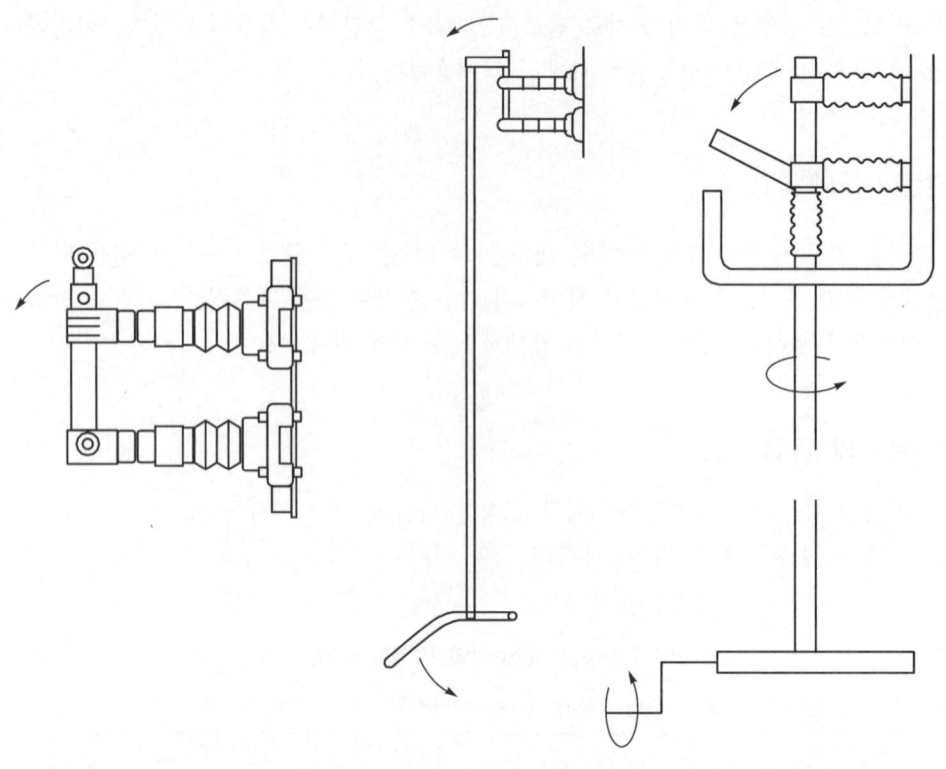

(a) 훅(hook) 방식   (b) 레버(lever) 방식   (c) 레버 방식(나사 회전식)

[그림 4.12] 훅(hook)과 레버(lever)의 구조

그리고 훅 조작 단로기의 구조는 다음의 [그림 4.13]과 같다.

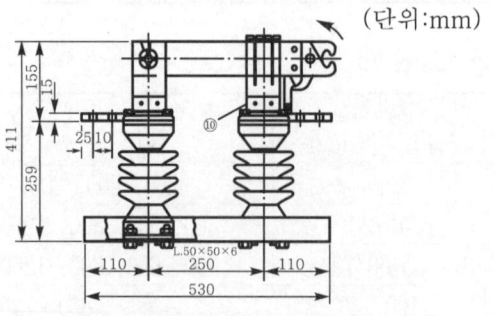

[그림 4.13] 훅 조작 단로기의 구조

② 레버(lever) 조작 단로기

레버 지레 조작봉이 설치되어 있고 이것을 수동 또는 동력 조작으로 개폐한다.

레버 조작 단로기의 구조는 다음의 [그림 4.14]와 같다.

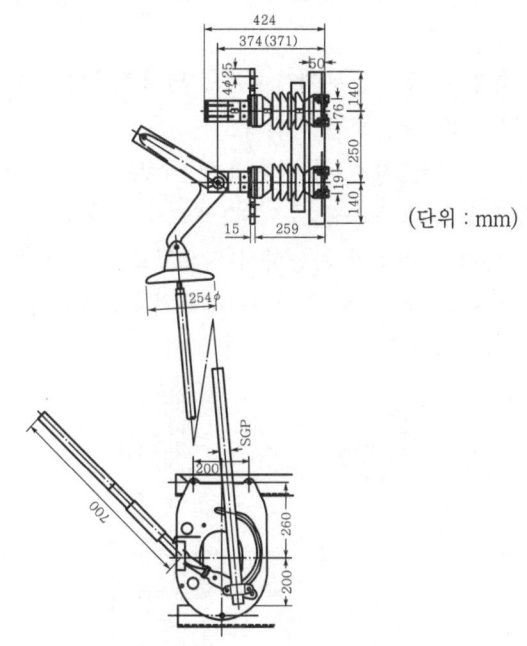

(단위 : mm)

[그림 4.14] 레버 조작 단로기의 구조

2) 단로기의 설치

단로기는 가능한 한 전용 부지 내에 설치하고 사람이 쉽게 접촉하지 않도록 설치한다. 설치 높이는 원칙적으로 5 m 이상(직류는 4.5 m 이상), 전용 부지 내에서는 4 m 이상(직류는 3 m 이상)으로 규정되어 있다.

3) 단로기의 온도 관리

단로기 단자(terminal) 및 투입날은 필요에 따라서 온도 관리용의 시온재를 부착한다.

(2) 개폐 장치의 유지 보수

점검·보수 시에 회로의 분리 구분을 단로기로 수행하므로 급전 계통을 오조작하지 않도록 조작 지시서 또는 점검판 등으로 확인한 후 개폐를 수행한다. 수동으로 개폐하는 경우, 투입 날을 초과 삽입하거나 하면 애자의 설치부에 힘이 작용하여 파손되는 사고가 발생할 수 있다.

따라서 개폐 시에는 개폐 방향, 날의 삽입 깊이 등 조작의 기준에 따라 수행하여야 한다.

단로기는 일반적으로 상부날이 활선측, 하부날이 접지측이지만 연락용 단로기 기타 장소에 따라서 하부날이 활선측의 경우도 있으므로 주의하여야 한다. 특수 번호가 부착된 단로기는 검수선 기타 운전 계통 부분에서 필요에 따라 조작하는 단로기이므로 가능한 한 레버 조작 단로기를 설치한다.

단로기의 최고 허용 온도는 날부에서 65℃, 단자부에서 75℃이므로 온도 관리는 필요에 따라 55℃ 및 65℃의 시온 라벨을 부착한다.

단로기 파손 사고의 응급 처치 시에는 건늠선(over-wire)을 주의하여 감아 부착하고 계통 회로의 전류 용량에 충분한 여유를 주어서 단로기의 개폐가 정전없이 가능하도록 한다. 단, 교류의 경우, 활선에서는 이것이 가능하지 않으므로 단순한 응급 처치에만 적용하여야 한다.

단로기의 응급 조치(over-wire 설치)는 다음의 [그림 4.15]와 같다.

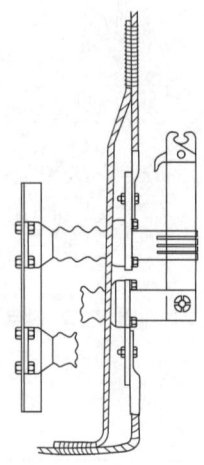

[그림 4.15] 단로기의 응급 조치(over-wire 설치)

교류 단로기는 직류와 달라서 전류 용량이 400A 정도이고 지상 5 m 높이의 위치에 설치되므로 조작봉이 길고 개폐가 어렵다. 또한 개폐 시에 유도분의 아크가 연속되고 투입날부의 용손이 발생할 수 있다.

그리고 터미널이 압축형이므로 특히, 리드선의 소선 절단에 주의한다.

정전 시에 시행하는 단로기의 검사 시에도 반드시 건널선(over-wire)을 설치한다. 특히, 교류의 경우는 유도 작용이 있으므로 주의하여야 한다.

제 5 장

전차선로 설비

1. 흡상 변압기(BT ; Booster Transformer)
2. 단권 변압기(AT ; Auto Transformer)
3. 직렬 콘덴서(series condenser)

1 흡상 변압기(BT ; Booster Transformer)

(1) 흡상 변압기의 기능 및 구조

흡상 변압기는 1차측을 전차선과 직렬로 접속하고 2차측을 부급전선과 직렬로 접속하며 1차 권선과 2차 권선과의 비가 1 : 1의 2권선 변압기이다. 흡상 변압기는 전차선의 부하 전류에 의해 유기된 2차 유기 전압에 의해서 레일을 흐르는 귀선 전류를 흡상하여 대지로의 누설 전류를 억제하여 선로 부근의 통신선에 유기되는 유도 전압을 경감시키는 기능을 수행한다.

흡상 변압기의 전류 회로도는 다음의 [그림 5.1]과 같다.

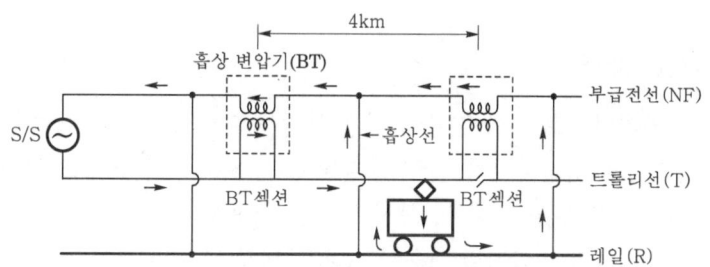

[그림 5.1] 흡상 변압기의 전류 회로도

흡상 변압기는 운전 전류 및 통신 유도 장해의 정도에 대응하여 그 용량 및 설치 간격이 결정된다. 일반적으로, 단상 유입 자냉식 옥외용 질소 봉입형의 16 kVA, 34 kVA, 64 kVA 등의 용량이 있으며 일반적으로 약 4 km 간격으로 설치한다.

흡상 변압기를 설치하는 장소는 전차선이 구분되어야 하며 이것을 부스터 섹션(booster section)이라고 한다.

(2) 흡상 변압기의 유지 보수

1) 1차 및 2차 단자부 전선의 접촉

이 부분은 전류의 주 회로로 되므로 전선 단자와 변압기의 단자와는 전기적으로 완전한 상태로 접촉되어 있어야 한다.

이 때문에 설치 후, 사용 개시 전에 접착 볼트의 체결, 스프링 워셔(spring washer)의 상태 확인을 시행하고 사용 개시 후에는 그 기간 동안 서모 라벨(thermo-label) 등에 의해 단자부 부근의 온도 관리를 시행한다.

2) 부싱(bushing) 및 외함

부싱의 외상 및 심한 오손은 절연을 열화시키고 부싱의 기능을 손상시키므로 이것에 이상을 확인할 때는 직접 점검한다. 또한 외함의 균열, 녹 등이 심한 경우에는 기름 누설의 징후를 점검한다.

3) 소 음

변압기는 철심의 박판이 자력선에 의해서 각각 자화되고 그 단말에서는 동극성으로 되어 반발하지만 교류 자속이므로 반발 및 복원을 교대로 반복하므로 이것이 진동음으로 되어 소음을 발생한다. 또한 외함에서도 진동음을 발생한다. 이것을 줄이기 위해서는 체결을 완전하게 시행하는 등 제작상의 주의가 필요하며 그 소음이 급격하게 변한 경우는 직접 점검한다.

4) 유면 및 온도 관리

변압기는 정지 기기이므로 부하 전류에 의한 열이 충분히 냉각되기 어려운 단점이 있다. 그래서 이 열을 신속하게 냉각시키기 위하여 열을 잘 전달하는 절연유를 많이 사용하고 있다. 이 절연유가 적어지게 되면 열의 대류, 복사 작용이 나쁘게 되고 온도가 상승하며 권선의 절연을 저하시키거나 소손시켜 변압기를 사용 불능으로 만드는 등의 사고가 발생한다. 이 때문에, 유량에 대해서는 유면계에 의해 이상 유무를 순회 보수 시에 점검한다. 또한 온도가 일정 허용 온도 이하인지 온도계에 의해 온도 점검을 시행한다.

② 단권 변압기(AT ; Auto Transformer)

(1) 단권 변압기의 기능 및 구조

단권 변압기는 1본의 단일 권선으로 구성되고 2개의 권선이 상호 공통 부분을 가지는 변압기이다. 단권 변압기는 급전선(AF)과 전차선의 사이에 병렬로 접속되고 권선의 1 : 1의 중간 인출의 중성선은 레일(임피던스 본드)에 접속된다.

전기차로부터의 귀선 전류는 전기차를 사이에 두고 좌우로 분류되어 레일로 흐르지만 방향이 반대로 되어 통신선 전체로서는 각각의 유도 전압치의 차이로 유도 영향이 경감된다.

AT 급전 회로의 전류 분포 회로도는 다음의 [그림 5.2]와 같다.

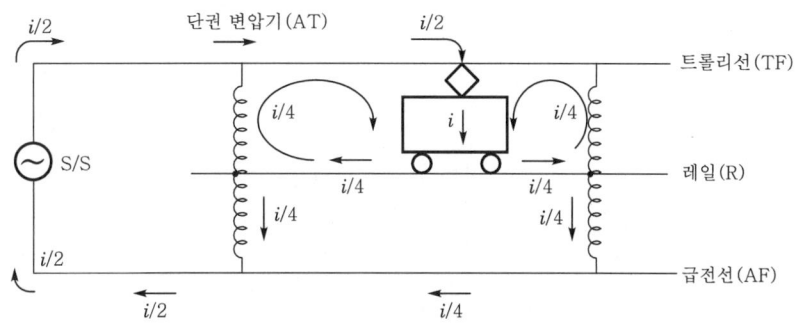

[그림 5.2] AT 급전 회로의 전류 분포 회로도

레일로부터 대지에의 누설 전류 및 유도 장해를 최대한 경감할 수 있는 적정 거리로 AT의 설치 간격을 약 10 km로 설정하고 있다. 단권 변압기는 일반적으로, 유입 자냉식 질소 봉입형으로 일반적으로, 변전소에는 2,000 kVA, 선로 중간에는 1,500 kVA의 용량이 설치된다.

(2) 단권 변압기의 유지 보수

흡상 변압기는 일반적으로 주상 설치이지만 AT는 일반적으로, 지상에 설치되고 기기가 대형이므로 구조의 상이점을 이해하고 흡상 변압기의 보수 사항에 준하여 취급하면 된다.

③ 직렬 콘덴서(series condenser)

(1) 직렬 콘덴서의 기능 및 구조

교류 전차선로에서 선로 정수의 내부 리액턴스(reactance)를 감소시키고 전압 강하를 경감하기 위하여 전차선에 직렬로 접속되는 PF 콘덴서와 부급전선에 직렬로 접속되는 NF 콘덴서가 있다.

일반적으로, 직렬 콘덴서는 OF(oil-filled)식으로 2대 1조 병렬로 접속된다. 콘덴서 소자를 집합하여 1조의 결합 단자를 철제 탱크에 수납한 탱크형으로 정격 전류 200A, 단자 전압 2,000V, 10Ω, 용량 400 kVA의 설비가 사용되고 있다.

직렬 콘덴서의 구조는 다음의 [그림 5.3]과 같다.

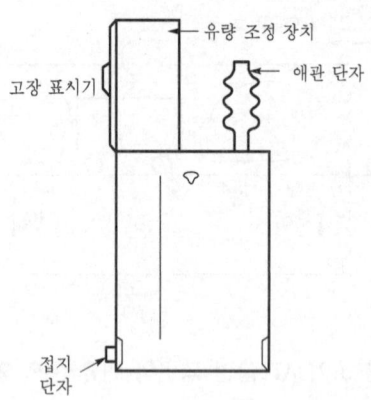

[그림 5.3] 직렬 콘덴서의 구조

PF 콘덴서 설치 개소에서는 전차선을 구분하여야 하며 이것을 콘덴서 섹션(condenser section)이라고 한다. NF 콘덴서는 가능한 한 흡상선 전후의 부급전선(NF)에 설치한다. 직렬 콘덴서의 설치 회로도는 다음의 [그림 5.4]와 같다.

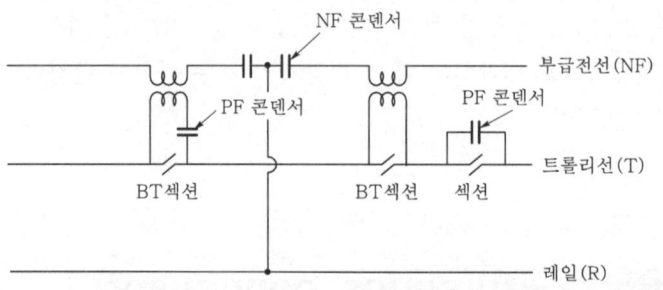

[그림 5.4] 직렬 콘덴서의 설치 회로도

(2) 보호 장치

직렬 콘덴서는 선로와 직렬로 접속되므로 고장 전류나 과부하에 의해 단자간에 과전압이 인가되어 소손되는 것을 방지하기 위하여 이상 전압이 발생한 경우, 방전 단락하는 보호 장치가 병렬로 설치된다.

이 보호 장치는 보호 간극 장치, 측로 개폐기, 분수 주파 억제 장치로 구성되고 큐비클(cubicle)에 수납된다.

1) 보호 간극 장치

이상 전압이 5,000V가 되면 방전 갭 G가 방전하고 M_1-M_2-G로 전류가 흐르며 M_1/M_2에서 측로 개폐기 BPS를 자동 투입한다. 그리고 M_1-BPS를 자동 투입하여 M_1-BPS 회로에서 직렬 콘덴서를 단락시켜 보호한다. 전류가 작게 되면 M_1의 보호가 해제되고 BPS는 자동적으로 개로한다.

2) 측로 개폐기(BPS)

과전압에 의해 보호 간극이 방전하고 연속하여 큰 전류가 흐르는 경우는 방전을 계속한다. 이 경우, 보호 간극의 소모가 촉진되므로 갭이 방전하면 자동적으로 콘덴서를 단락하고 갭의 연속 방전을 방지하는 부하 전류가 조정 개방 전류로 감소하면 자동적으로 개방되어 콘덴서는 재투입된다.

보호 간극/측로 개폐기의 설치 회로도는 다음의 [그림 5.5]와 같다.

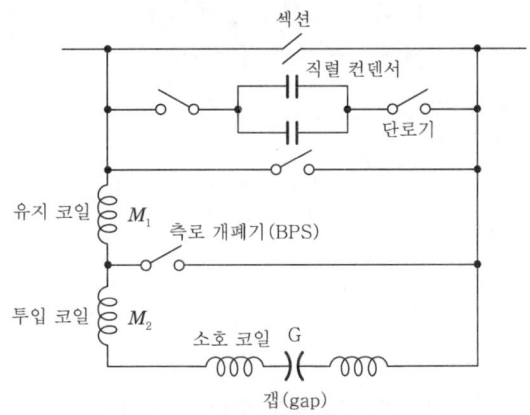

[그림 5.5] 보호 간극/측로 개폐기의 설치 회로도

3) 분수 주파 억제 장치

교류 전차선이 무부하로 되는 경우에 변압기 돌입 전류에 의해 1/3, 1/5, 1/7 등의 분수 주파 진동이 발생하여 지속되는 경우에는 콘덴서에 과전압이 가해지므로 그 분수 주파수의 억제를 목적으로 한 장치이다.

무부하의 전기차 변압기가 투입되면 분수 주파가 발생한다.

[그림 5.6]에서 MS는 투입 상태로 $L-R$ 회로에는 기본파에 대해서는 흘리지 않고 분수 주파에 대해서는 L이 포화되고 콘덴서에 억제 저항 R의 측로를 구성하여 억제한다.

급전 전류가 증대한 때는 분수 주파 진동은 발생하지 않고 콘덴서의 단자 전압이 정격 전압으로 되면 MC(OVR)가 동작하여 MS 코일을 여자하고 MS를 개방하여 억제 장치를 보호한다. 급전 전류가 감소하여 단자 전압이 저하하면 MC가 복귀하고 MS가 투입된다.

보호 장치의 결선도는 다음의 [그림 5.6]과 같다.

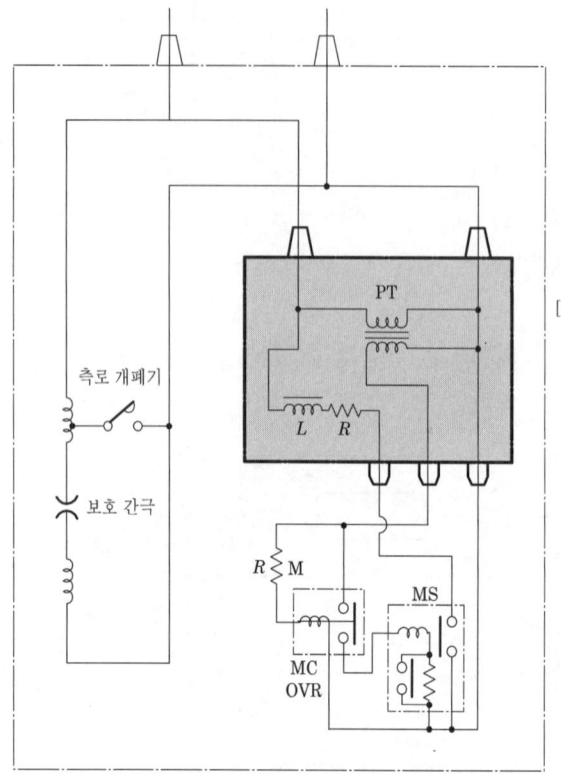

[그림 5.6] 보호 장치의 결선도

제 6 장

전차선로 보호 장치

1. 피뢰기(lightning arrester)
2. 보안기(surge absorber)
3. 접지(grounding)
4. 애자의 섬락 보호
5. 보호망 및 보호선
6. 전차선의 방호 시설

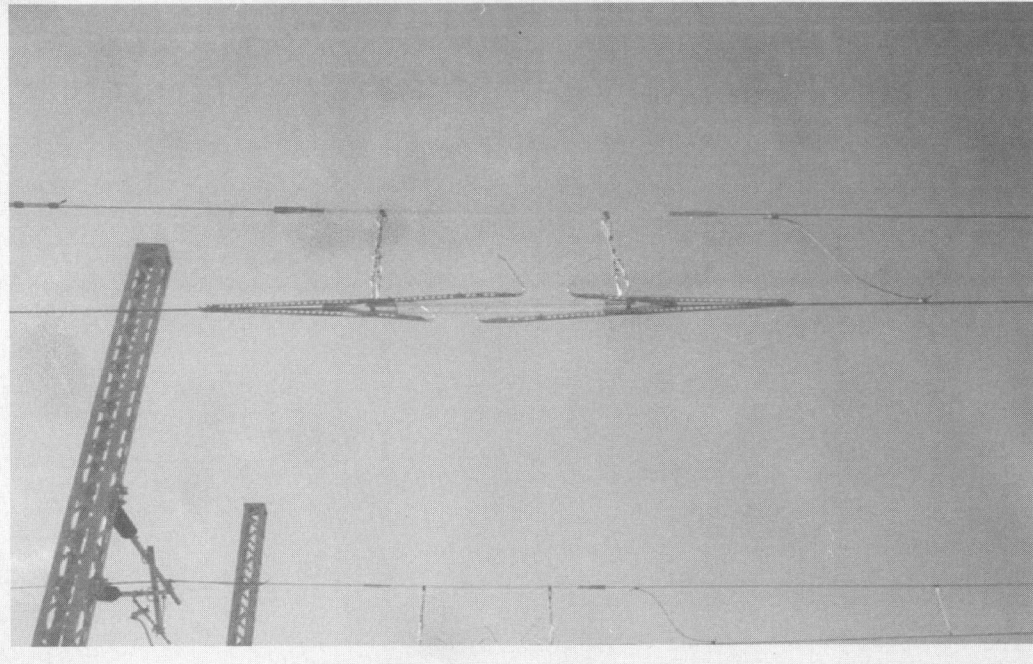

① 피뢰기(lightning arrester)

(1) 피뢰기의 기능 및 구조

피뢰기는 전차선로와 대지의 사이에 설치되어 외뢰나 개폐기 조작에 의해서 전차선로에 이상 전압이 가해진 경우에 신속하게 그 에너지를 대지로 방전한다. 그리고 이상 전압을 전차선로의 절연물에 피해를 주지 않는 정도로 감소시켜 전차선로를 보호하고 방전 후에도 가선 전압에 의해서 연속하여 대지로 흐르는 전류(속류)를 차단하여 전차선로의 안전을 도모하는 보호 장치이다.

피뢰기는 방전 전류가 큰 만큼 이상 전압의 파고치를 크게 경감할 수 있으므로 방전 용량이 크고 속류 차단 능력이 우수하여야 한다. 이와 같은 기능을 달성하기 위하여 피뢰기는 일반적으로 직렬 방전 간극과 특성 요소로 구성되어 있다.

직렬 방전 간극은 일반적으로 동(copper) 등의 평판을 절연물로 간극을 취하여 유지하는 단위 갭을 다수 중첩시킨 구조로 되어 있다.

종래에는 이 갭군을 특성 요소와는 별도의 애관 내에 수납하였지만 최근에는 어느 일정 갭군과 특성 요소를 애관 내부에 함께 수납하고 이 애관을 정격 전압에 대응하여 중첩시키는 방식을 취하고 있다. 따라서 직렬 방전 간극은 정격 전압에서는 가선과 대지와의 사이를 공기 절연하고 이상 전압이 가해진 경우, 불꽃 방전에 의해 도전 회로를 형성하는 기능을 가지고 있다.

특성 요소는 일정치 이상의 전압에 대해서는 낮은 저항치를 나타내고 일정치 이하의 전압에 대해서는 큰 저항을 나타낸다. 즉, 속류 차단 능력을 가지는 것으로 그 기능이 피뢰기의 방전 용량을 결정한다. 따라서 특성 요소는 피뢰기의 본체를 구성하는 것으로 그 양부에 의해 피뢰 기능이 결정된다.

(2) 피뢰기의 종류

직류 전차선로용 피뢰기로 일반적으로 많이 사용되고 있는 것으로 RV-DF형과 PV-DL형이 있다.

피뢰기(RV-DF형)의 구조는 [그림 6.1], 직류 선로용 P밸브 피뢰기의 구조는 [그림 6.2]와 같다.

양자 모두 직렬 갭과 특성 요소가 애관 내부에 함께 삽입되어 있으며 RV-DF형은 직렬 갭과 특성 요소가 스프링에 의해서 애관 내부에 밀봉 유지되어 있다. 내부 요소는 상하의 패킹(packing)에 의해 충분한 기밀 구조를 가져 습기에 의한 열화를 방지하고 있다.

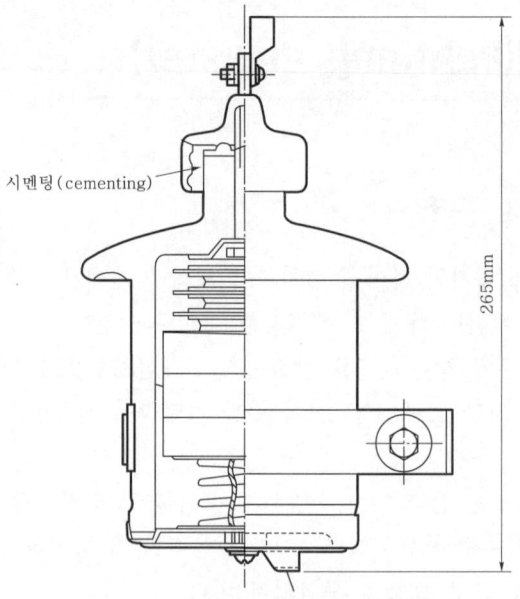

시멘팅(cementing)

265mm

[그림 6.1] 피뢰기(RV-DF형)의 구조

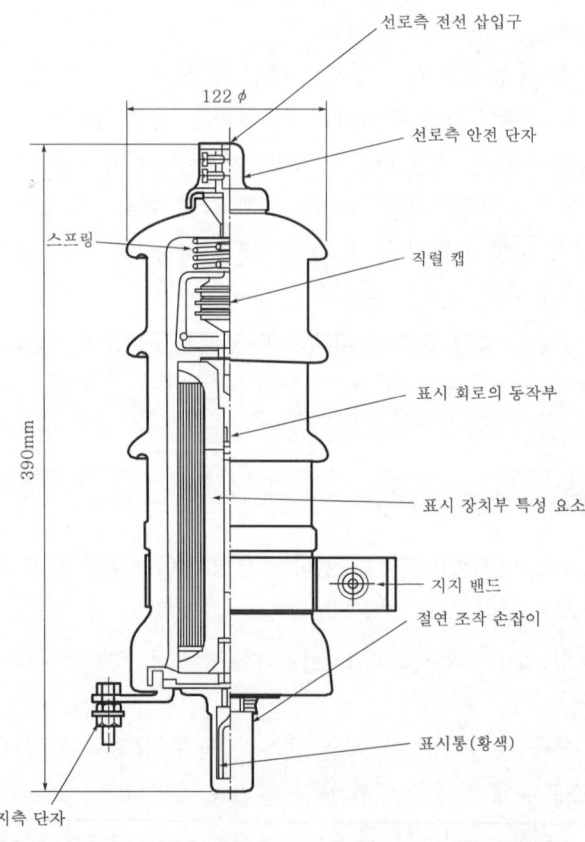

선로측 전선 삽입구

122 φ

선로측 안전 단자

스프링

직렬 캡

표시 회로의 동작부

390mm

표시 장치부 특성 요소

지지 밴드

절연 조작 손잡이

표시통(황색)

접지측 단자

[그림 6.2] 직류 선로용 P밸브 피뢰기의 구조(표시 장치부)

한편, PV-DL형은 직렬 갭과 특성 요소를 간단히 인출하여 점검 가능한 개방형 구조로 되어 있다.

양자의 상이점은 특성 요소에 있어서 RV-DF형의 특성 요소(저항 요소)는 탄화규소를 주성분으로 하여 고형 소성시킨 것으로 도전성을 가지고 그 저항치는 흐르는 전류의 크기에 관계되고 전류의 증가에 따라서 저항치는 작아진다. 즉, 단자 전압은 전류에 비례하지 않는다. 이 특성을 비직선성 특성이라 한다.

특성 요소의 $V-I$ 특성 곡선은 다음의 [그림 6.3]과 같다.

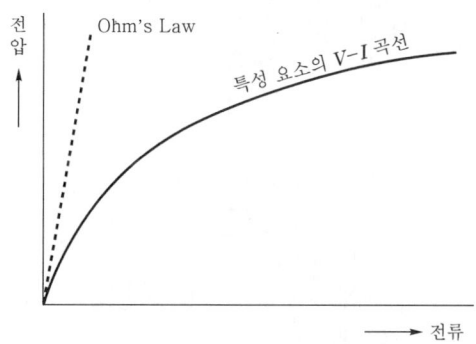

[그림 6.3] 특성 요소의 $V-I$ 특성 곡선

따라서 일정치 이상의 전압이 가해진 경우는 전류를 흘리고 그 이하로 되면 전류를 저지하는 밸브 작용을 가지는 것이다. 특성 요소는 보통 직경 5~20 cm, 두께 2~5 cm의 원판으로 제작자 및 용도에 따라 사용 구분되고 있다.

PV-DL형의 특성 요소는 비직선성을 가지고 있지 않다. 즉, 특수 절연지의 양면에 금속박을 직렬 콘덴서를 형성하도록 배치하고 인출구에는 직렬 갭, 접지측 및 표시 장치가 설치되고 여기에 다수 매의 절연지를 중첩하여 축상에 원통상으로 구성한 구조이다. 그리고 그 측면을 투명한 합성수지제 시트(sheet)로 피복하여 말단의 금속박이 투시 가능하도록 하고 동작 기록이 육안으로 점검 가능한 구조로 되어 있다.

특성 요소(element)의 구조도는 다음의 [그림 6.4]와 같다.

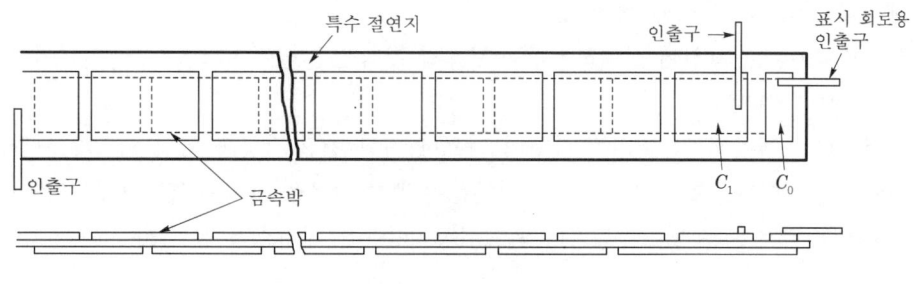

〈특성 요소의 전개도〉

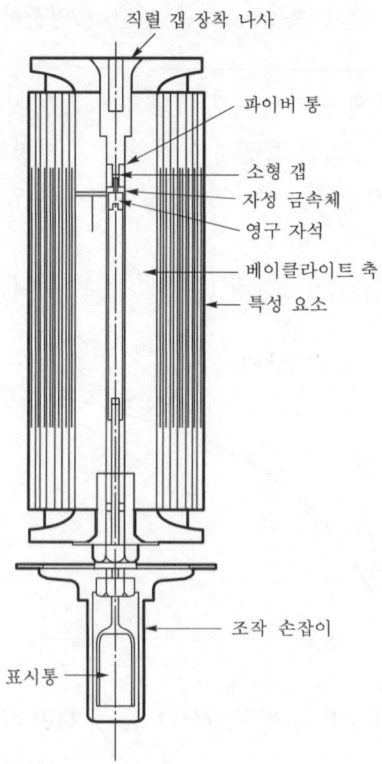

직렬 갭 장착 나사

파이버 통

소형 갭
자성 금속체
영구 자석

베이클라이트 축

특성 요소

조작 손잡이

표시통

[그림 6.4] 특성 요소(element)의 구조도

특성 요소에 충격 전압이 가해진 경우, 직렬 갭에 대부분의 전압이 인가되어 방전을 개시하고 특성 요소의 금속박의 상대측 부분에 미리 설정된 침공부로 규칙적인 방전을 수행하는 것이다.

특성 요소가 방전하면 여기에 소비되는 에너지에 의해 그 부분의 금속박은 용해되고 그 열에 의해서 절연지로부터 소호성 가스를 발생하여 속류를 밸브 작용으로 차단한다.

일단 방전한 개소에서는 금속박이 결여되어 있으므로 다음의 내습 시에는 다른 개소에서 방전하게 되므로 방전 회로를 기억하는 것이 가능하고 동시에 금속박 방전 흔적의 크기에 의해 방전 에너지를 알 수 있도록 되어 있다.

교류용 피뢰기는 전차선에 설치하는 25 kV용의 것과 BT 급전 방식의 부급전선에 설치하는 3 kV용의 것이 있다.

어느 것이나 직류용과 그 원리는 다름이 없으나 직렬 방전 간극과 특성 요소가 애관에 함께 수납되어 있는 것이다. 특성 요소로서는 대부분이 밸브 작용을 가지는 저항체를 사용하는 것으로 제작자에 따라서 오토 밸브, 드라이 밸브(dry valve), 레지스터 밸브(resister valve) 등의 종류가 있다.

(3) 피뢰기의 설치

전차선로에 설치하는 피뢰기는 다음과 같은 장소에 설치한다.

① 직류 전차선로
- 급전선로(약 500 m 간격)
- 터널의 양단 변전소, 급전 구분소 등에서 급전선 인입 개소

② 교류 전차선로
- 변전소, 급전 구분소, 보조 급전 구분소 등에서 급전선 인입 개소
- 흡상 변압기 및 단권 변압기의 1차측 및 2차측
- 직렬 콘덴서의 양단의 전차선

  (단, 흡상 변압기와 직렬 콘덴서가 병렬로 설치되는 경우는 공용으로 설치)

직류 전차선로용 피뢰기는 전선로 상에 가능한 한 많이 사용하는 것이 효과적이지만 피뢰기의 고장이 비교적 많은 곳이나 경제적인 것을 고려하여 결정되는 것이므로 그 지역의 내습 빈도에 대응하여 설치 거리를 가감 결정하는 것으로 되어 있다.

피뢰기의 전선로에의 설치 시에는 경동 연선 $38\,mm^2$에 의해 급전선과 압축 접속하거나 또는 분기 장치에 의해 접속되고 그 설치 위치는 지상고 $4.5\,m$ 이상의 개소에 설치한다. 대지에 접지하고 그 리드선은 $22\,mm^2$, $600V$ 절연 전선을 사용하며 지표상 $2\,m$의 높이까지는 인축이 접촉하더라도 위험이 없도록 절연관 등을 사용하여 보호한다.

(4) 피뢰기의 유지 보수

P밸브 피뢰기의 특성 요소는 사용 한도의 80%에 도달한 때에 동작하여 황색 표시통을 낙하시킨다. 표시통은 특성 요소의 점검용 조작 핸들의 하부에 표시되므로 높은 장소에 설치되어 있어도 지상으로부터 간단히 표시통을 확인하는 것이 가능하다.

보수 순회 시에 표시를 확인 결과, 한계에 도달한 때는 새로운 특성 요소로 교체하는 것이 좋다. 표시 후도 남은 20% 완료까지 피뢰기는 확실하게 동작되도록 되어 있다.

2 보안기(surge absorber)

(1) 보안기의 기능 및 구조

교류 AT 급전 방식에서 전차선로용 보안기는 교류 구간의 역 구내 등에서 보호선(PW)과 섬락 보호 지선(FPW) 사이와 AT의 중성점에 설치된다.

애자의 섬락 사고 등이 발생한 경우, 변전소 차단기의 동작을 확실하게 하기 위해서는 보호선(PW)과 섬락 보호 지선(FPW)을 접속하여 지락 전류 회로를 구성하여야 한다. 보호선(PW)에는 항상 전압이 인가되어 있으므로 양자를 직접 접속하여 두면 지지물 등에 인축이 접촉한 경우에 위험하므로 보안기를 개재하여 접속한다.

이 경우, 애자 섬락 사고 등에 의해서 섬락 보호 지선에 이상 전압이 발생하고 일정값 이상의 전압이 보안기에 가해지는 경우에 방전 간극이 동작하여 보호선과 접속된다. 이 이상 전압의 에너지는 보호선을 통하여 AT의 중성점에 설치되어 있는 보안기를 통하여 대지로 방류된다.

보안기의 설치 위치는 다음의 [그림 6.5]와 같다.

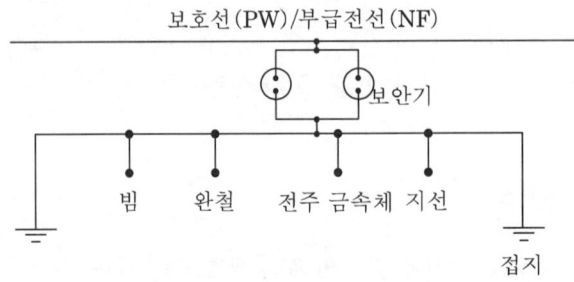

[그림 6.5] 보안기의 설치 위치

보안기는 전극, 리드 판, 커버로 구성되고 전극의 방전 간극은 조사 가능하고 조정 체결 후는 쉽게 느슨해지지 않는 구조로 되어 있다. 전극은 일정 방전 간극을 가지지만 피뢰기와 달라서 특성 요소는 없다.

베이스에는 커버 등의 손상을 피하기 위해 배기공이 설치되어 있고 고무마개로 쇄정하여 베이스(base)에 설치되어 있다.

보안기의 구조는 다음의 [그림 6.6]과 같다.

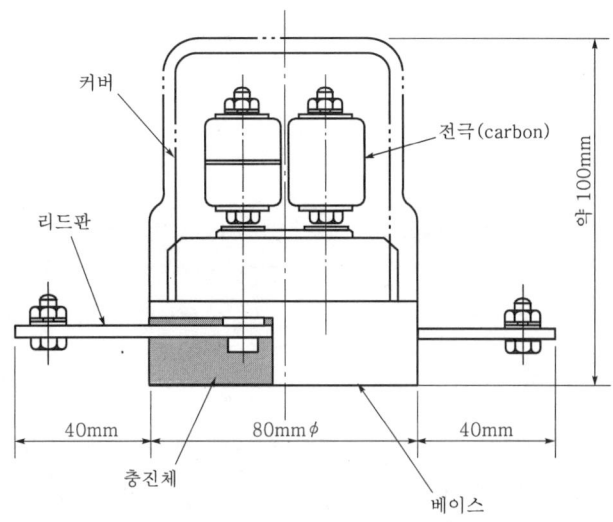

[그림 6.6] 보안기의 구조(1호)

보안기는 거의 대부분 전주에 설치되고 지표상 3.5 m 이상의 높이에 설치한다. 보안기의 동작이 불확실하면 인축에 위험을 끼치게 되므로 1개소에 2개 병렬로 하여 사용한다. 보안기의 배선용 리드선은 경동 연선($38 \, mm^2$ 이상)을 사용한다.

보안기의 종류 및 사용 구분은 방전 전류 및 극수에 따르며 다음의 [표 6.1]과 같다.

[표 6.1] 보안기의 종류 및 특성

종 류	방전 전류	방전 개시 전압	극 수	방전 용량	비 고
1호	1,000A	AC 1,200V	2	적용 주파수에서 1,000A/0.4초를 30초간, 2회	BT 급전 방식용
2호	2,000A	AC 2,500V	2	적용 주파수에서 2,000A/0.4초를 30초간, 2회	BT 급전 방식용
3호	2,000A	AC 2,500V	2	적용 주파수에서 2,000A/0.4초를 30초간, 2회	AT 급전 방식용 (역 구내 : 3극)
4호	3,000A	AC 3,000V	2	적용 주파수에서 3,000A/0.5초를 30초간, 1회	변전소용 (AT 중성점)

(2) 보안기의 유지 보수

보안기가 방전 동작하면 커버 내의 공기가 팽창하므로 내압에 의해 가스 방출 밸브가 방출하고 있는 것은 보안기가 동작한 것을 의미한다. 따라서 전체 점검 시에 너무 강하게 마개를 막

아두면 방전 내압에 의해 커버가 파괴되어 위험하게 되므로 적절하게 삽입되어 있는지를 확인한다. 전극 카본(carbon)은 방전에 의해 갭면이 손상 또는 용착하는 경우가 있으므로 전극 카본을 회전시켜 정상적인 면으로 갭을 만들어 두어야 한다.

 접지(grounding)

(1) 접지의 기능과 종류

접지 설비는 철주 등의 누전 또는 유도 현상에 의해 대지 전위가 발생하면 인축에 위험을 끼칠 수 있으므로 대지와 접속하여 전위를 경감한다. 그리고 피뢰기, 보호선 등의 지락 전류가 대지로 용이하게 방류되도록 지중 접지 도체와 철주, 피뢰기, 보호선 등을 접속하는 설비이다.

접지선은 고장 전류를 안전하게 통전 가능하도록 충분한 크기로 저항이 작은 것을 사용하여야 한다.

접지봉은 일반적으로 동과 철의 합금판을 S자형으로 구부려서 접촉 면적을 크게 하고 동시에 강도를 강하게 한 연결식 접지봉(길이 1.5 m)이 사용되고 필요에 따라 1본 또는 2본을 1조로 하여 지중에 매설한다. 접지선에는 최소 600V 비닐 절연 전선(22 mm^2 이상)을 사용하고 피접지물에는 본딩(bonding) 접속을 시행한다.

접지봉의 구조는 다음의 [그림 6.7]과 같다.

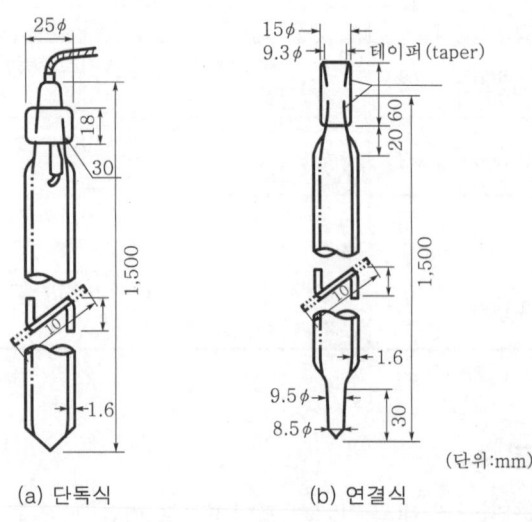

(a) 단독식   (b) 연결식

[그림 6.7] 접지봉의 구조

전차선로의 접지 공사 종류에는 다음과 같은 것이 있다.

- 접지 저항 10Ω 이하의 것으로 피뢰기, 단권 변압기, 흡상 변압기, 직렬 콘덴서의 지지 프레임, 가공 지선 등의 접지에 적용한다.
- 접지선은 경동선($22\,mm^2$)을 사용하고 접지선을 인축이 접촉할 우려가 있는 장소에 시설하는 경우에는 접지극을 지표면으로부터 75 cm 이상의 깊이로 매설하고 지표상 2 m까지는 인축이 접촉하여도 위험이 없도록 절연관 등으로 보호하여야 한다.
- 접지 저항 100Ω 이하의 것으로 철주, 보호선 등의 접지에 적용한다. 단, 철주 등의 경우에서 접지물의 접지 저항이 100Ω 이하의 경우는 생략할 수 있다.
- 누전 등에 의한 감전의 위험도가 큰 경우에 적용되는 접지 저항은 10Ω 이하로 한다.

 **애자의 섬락 보호**

(1) 섬락 보호 기능

직류 전차선로에서는 원칙적으로 500 m마다 피뢰기가 설치된다. 교류 전차선로에서는 변전소, 급전 구분소, 단권 변압기, 흡상 변압기, 직렬 콘덴서 등의 기기 설치 개소 이외에는 피뢰기가 설치되지 않는다. 따라서 교류 전차선로의 애자는 전선로에 뇌격 서지(lightning surge) 등의 이상 전압이 발생한 경우에 절연 파괴의 위험성이 있다. 그래서 지락 도선을 설치하여 애자가 섬락된 경우에 섬락 전류를 보호선 또는 부급전선으로 유도하여 변전소의 거리 계전기를 확실히 동작시키고 신속히 회로를 차단하여 섬락 전류에 의한 애자 파손을 방지하고 있다.

교류 급전 회로에서 애자 섬락 고장을 검출하여 급전 회로를 보호하기 위한 섬락 보호 설비 방식은 급전 방식별로 다음의 [표 6.2]의 방식이 적용되고 있다.

[표 6.2] 섬락 보호 방식의 적용 구분

급전 방식 / 적용 개소		흡상 변압기(BT) 급전 방식	단권 변압기(AT) 급전 방식
정거장 간		2중 절연 방식	보호선 방식
정거장 구내	일반	가공 지선 방식	보호선 방식
	승강장 상	2중 절연 방식, 가공 지선 방식을 병용	보호선 방식
기기, 가대 및 지지대		상기 방식의 적용이 불가능한 경우는 단독 접지 방식 가능	상기 방식의 적용이 불가능한 경우는 단독 접지 방식 가능

(2) 섬락 보호 방식

1) 2중 절연 방식

① 구성

애자의 섬락 시에 지지물의 대지 전위 상승을 방지하고 변전소의 차단기를 신속하게 동작시켜 전차선로 설비를 보호하는 방식으로 애자 섬락 보호 설비(2중 절연)의 설치 구조는 다음의 [그림 6.8]과 같다.

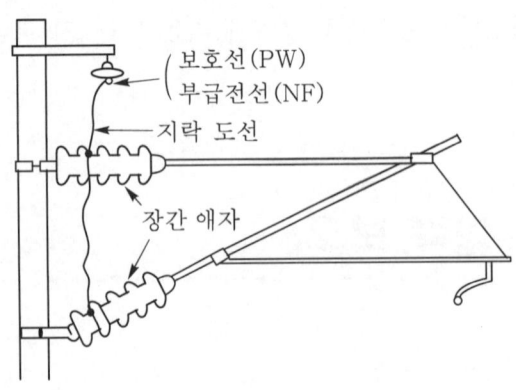

[그림 6.8] 애자 섬락 보호 설비(2중 절연)의 설치 구조

이 방식에서는 애자의 기저부에 접지물에 대해서 3,000V 이상(고속철도는 6,000V 이상)의 절연 내력(2중 절연)을 유지시키는 위치와 보호선/부급전선을 지락 도선으로 접속한다. 지락 도선은 전기적으로 완전히 접속되어야 하고 기계적으로도 설치 단말부의 소선 절단(전선 탈락)을 방지하도록 주의하여야 한다. 사용 전선으로 경동 연선($38\,mm^2$ 이상)을 사용하여 접속한다.

② 설치

지락 도선과 보호선/부급전선의 설치는 이종 금속 접촉(Al 및 Cu)으로 되므로 알루미늄제 평행 압축 금구에 의해 압축 접속을 한다. 그리고 애자 기저부의 설치는 압착 단자를 사용하여 접속하며 이 접속 부분은 강풍 등에 의한 진동으로 피로, 단선을 야기하고 활선 부분에 접촉하여 사고의 원인으로 될 수 있다.

따라서 탈락 방지를 위하여 바인드선으로 감아 보강을 도모하여야 한다. 전체 점검 시에는 소선의 절단 이상을 점검한다.

2중 절연 방식의 지락 도선의 구조도는 다음의 [그림 6.9]와 같다.

온도 변화에 수반되는 가동 빔의 이동에 의해 지락 도선과 피접지물이 접근하고 접지 사고를 발생할 우려가 있으므로 이격 거리를 확인 점검한다.

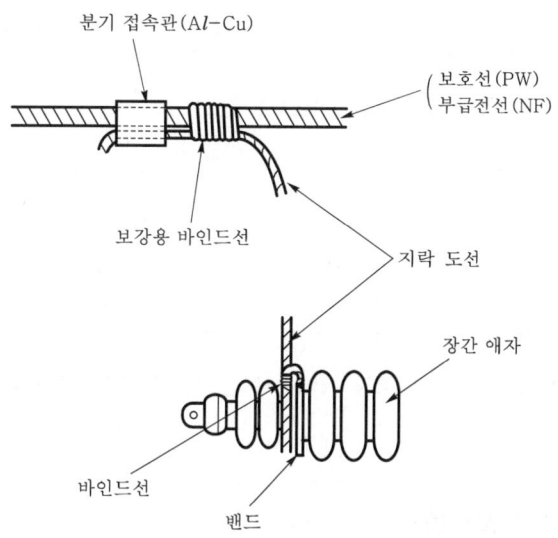

[그림 6.9] 2중 절연 방식의 지락 도선의 구조도

2) 보호선(PW) 방식

AT 급전 방식에서 애자 등의 섬락 보호를 위하여 애자 설치 밴드, 완금, 빔 등 접속부를 지락 도선/동대로 연접 접속하고 보호선(PW ; Profective Wire)을 통하여 변전소로 접속하는 방식이다.

보호선은 섬락 보호와 동시에 전자 유도 차폐 효과도 있으며 AT간의 중간 지점에서는 보호선과 레일의 임피던스 본드의 중성점을 AT용 접속선으로 접속한다.

일반적으로, 보호선으로는 ACSR $40\,mm^2$, 특수 개소에서는 ACSR $58\,mm^2$가 사용되고 AT용 접속선에는 Cu $40\,mm^2$ 이상의 절연 전선이 사용되고 있다. 필요 시, 지지점에는 라인 가드(line guard) 등에 의해 강화하는 경우도 있다.

보호선 방식 섬락 보호 설비의 설치 계통도는 다음의 [그림 6.10]과 같다.

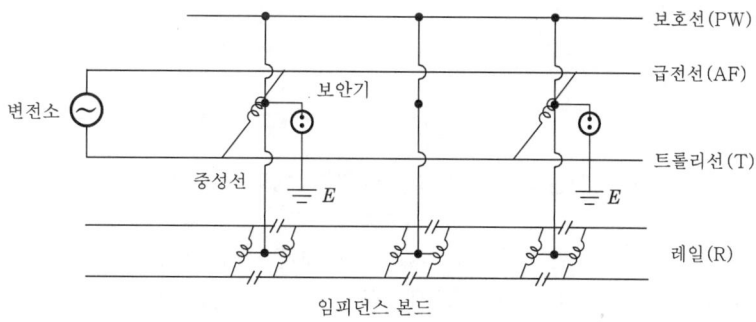

[그림 6.10] 보호선 방식 섬락 보호 설비의 설치 계통도

승강장 상의 보호선 방식의 설치 계통도는 다음의 [그림 6.11]과 같다.

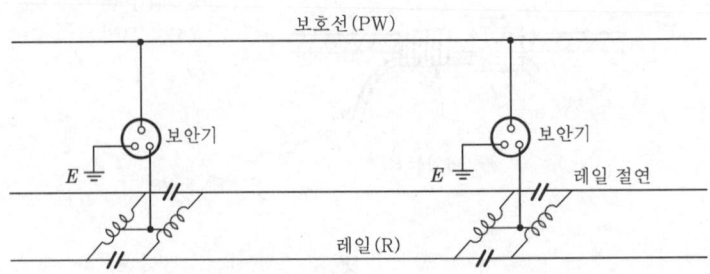

[그림 6.11] 승강장 상의 보호선 방식의 설치 계통도

3) 섬락 보호 지선(FPW) 방식

교류 전차선로에서는 애자 섬락 보호를 위하여 지락 도선의 1단을 보호선/부급전선에 접속하고 있으며 역 구내 등에서는 완전한 2중 절연 방식으로 하기 위해서는 지락 도선을 부급전선에 접속하는 데에 매우 긴 도선이 필요하게 되고 설비가 매우 복잡하게 된다.

이와 같은 경우, 섬락 보호 지선(FPW ; Fault Protection Wire)을 설치하여 빔 또는 완철 등을 연접 접속하고 약 1 km마다 구분하여 접지 공사를 시행한다. 그리고 해당 구간의 중앙 지점에 보안기를 개재하여 보호선/부급전선에 접속한다. 보안기는 동작 안전을 위하여 1개소에 2개를 병렬로 설치한다.

섬락 보호 지선 방식의 설치는 다음의 [그림 6.12]와 같다.

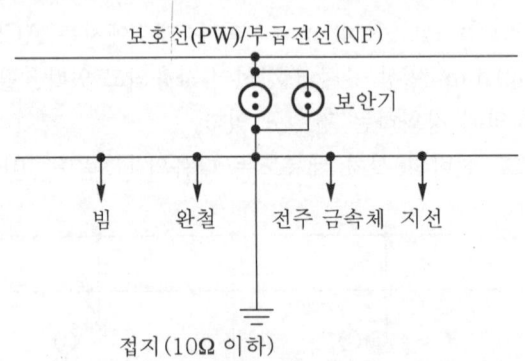

[그림 6.12] 섬락 보호 지선 방식의 설치

섬락 보호 지선으로 아연도금 강연선(55mm² 이상)을 사용한다. 그리고 전차선 등의 가압부와의 이격은 12 m 이상, 고저압 가공 전선, 통신선 등의 병가 전선과의 이격 거리는 0.5 m 이상으로 하고 표준 장력 300 kg으로 가선하고 있다.

4) 단독 접지 방식

단독 접지 방식은 상기의 2중 절연 방식, 보호선 방식, 섬락 보호 지산 방식의 적용이 불가능한 경우에 철주, 빔, 완철 등을 접속하여 10Ω 이하의 접지를 시행하는 것이다.

특히, 이격된 장소의 지지물은 특별히 보조 전선으로 연접 접속하지 않고 단독으로 접지를 시행한다.

 **보호망 및 보호선**

(1) 보호망/보호선의 기능 및 구조

통신선, 전화선 등의 가공 약전선이 전차선과 교차 또는 접근하는 경우, 약전류 전선의 단선에 의해 전차 선도의 전선에 접촉하여 사고를 유발할 위험이 있는 경우에는 이것을 방지하기 위하여 보호망이나 보호선을 시설한다.

1) 보호망

가공 직류 전차선로의 전선과 가공 약전류 전선이 수평 거리 2.5 m 이내로 접근하는 경우 또는 45° 이하의 수평 각도로 교차하는 경우에는 다음의 [그림 6.13]과 같이 설치한다.

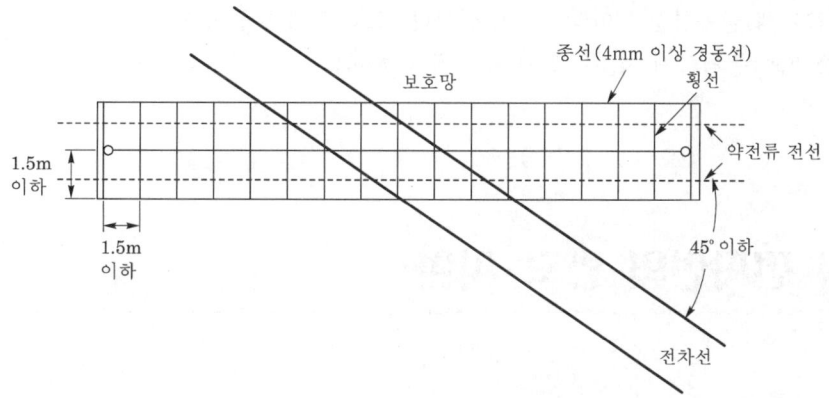

[그림 6.13] 보호망의 설치 구조

보호망의 구조는 종선에는 직경 3.5 mm 이상의 동복 강선 또는 4 mm 이상의 경동선, 횡선에는 직경 2.6 mm의 경동선 또는 이와 동등 이상의 강도 및 크기의 금속선을 사용한다.

그리고 종선과 횡선 사이의 상호 간격은 1.5 m 이하의 망상으로 하며 100Ω 이하의 접지를 시행한다.

2) 보호선

보호선을 설치하는 목적은 보호망과 동일하지만 약전류 전선이 전차선로의 전선과 45° 이상의 수평 각도로 교차하는 경우에는 다음의 [그림 6.14]와 같이 설치한다.

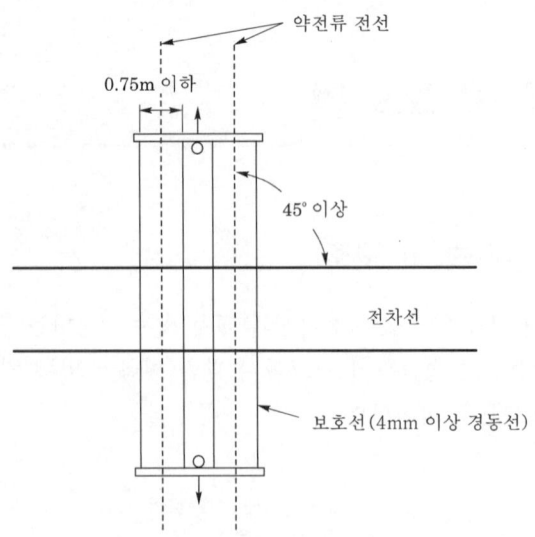

[그림 6.14] 보호선의 설치 구조

보호선은 직경 3.5 mm 이상의 동복 강선 또는 직경 4 mm의 경동선 또는 이와 동등 이상의 강도 및 크기의 금속선 2조 이상으로 구성된다. 그리고 보호선 상호간의 간격은 75 cm 이하로 하며 보호망과 동일하게 제3종 접지 공사를 시행한다.

6 전차선의 방호 시설

(1) 전차선 방호의 목적과 종류

일반적으로 과선교, 교량 등의 가공 전차선은 그 구조물에 따라 전차선의 높이가 낮으므로 과선교 하부면에 접근한다. 따라서 이것을 팬터그래프가 통과하는 경우는 행어가 압상되어 이

것이 구조재와 접촉할 우려가 있으므로 조가선 상부의 구조재에 절연재를 설치한다.

또한, 과선교 등의 하부와 조가선 사이가 규정치 이하로 접근하는 경우는 그 양단부에 조가선을 애자에 의해 절연 구분한다. 이 경우, 양단의 절연 애자를 투석 등으로부터 보호하기 위하여 삼목판 등의 절연재를 돌출시켜 설치하고 급전선 및 가공 전차선과 같이 절연 불가능한 것에 대해서도 교량 상부로부터의 오수, 투석 등에 의한 감전 사고 또는 비산물의 낙하 등에 의한 접지 사고를 방지하기 위하여 방호 시설을 설치한다.

이와 같이, 전차선 방호 시설은 전차선로 설비가 인축이나 다른 설비에 대해서 위험을 끼칠 우려가 있는 경우 또는 다른 것으로부터 손상을 받을 우려가 있는 때에 설치하는 것으로 다음과 같은 것이 있다.

1) 보호판

과선교 또는 횡단 철도교 등의 하부에 직류 전차선로와 구조물이 접근해 있고 절연 행어 또는 절연 드로퍼를 사용하지 않고 전차선이 팬터그래프의 압상에 의해서 접지 사고를 야기할 우려가 있는 경우, 과선교와 활선 부분의 사이에 전기적으로 절연된 보호 장치를 설치하는 것이다. 이 절연재를 보호판이라 한다.

보호판의 설치 구조는 다음의 [그림 6.15]와 같다.

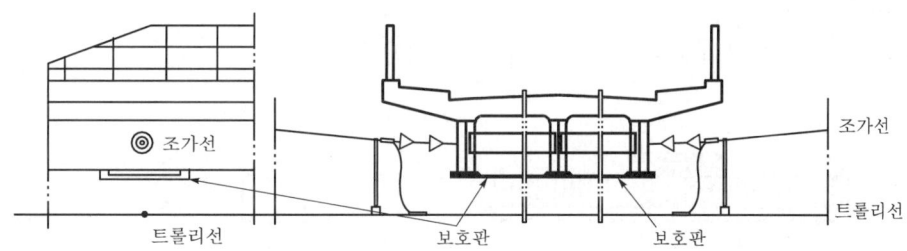

[그림 6.15] 보호판의 설치 구조

2) 날개판

과선교 또는 횡단 철도교 등으로부터의 낙하물이 직류 전차선이나 급전선에 장해를 끼칠 우려가 있는 때는 과선교의 측면에 돌출식의 보호판을 설치한다. 이것을 날개판이라 한다.

날개판의 구조는 종래는 산(山)형강을 골조로 하고 삼목판에 크레오소트(creosote)유를 도포한 것이 사용되었지만 최근에는 합성수지 절연판을 사용하고 있다. 또한 2선 이상의 가선을 동시에 보호하는 경우 또는 과선교가 선로와 경사져서 교차하고 있는 경우, 폭이 넓은 날개판을 필요로 하는 때는 다수매를 병렬로 설치하고 있다.

날개판의 설치 구조는 다음의 [그림 6.16]과 같다.

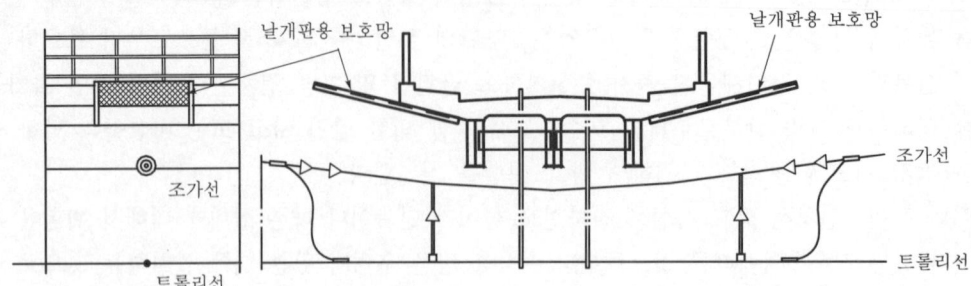

[그림 6.16] 날개판의 설치 구조

3) 보호망

교류 전차선로 등이 도로교, 철도교, 수로교 등의 하부에 시설되는 경우, 선로 부근이 높은 평행도로 등으로부터 인축이 교류 전차선에 접촉할 우려가 있는 경우, 또는 낙하물 등에 의해서 전차선이 손상되거나 하는 경우 등 위험도가 높은 것에 대해서 시설한다. 주로, 보호망 또는 보호책을 설치하여 방호하고 위험 표시를 하여야 한다. 이 경우, 교량 하판 등의 금속부는 100Ω 이하로 접지한다.

전차선 보호망의 설치 구조는 다음의 [그림 6.17]과 같다.

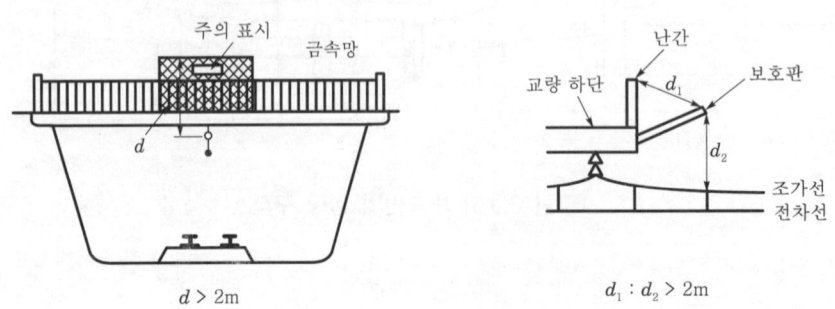

[그림 6.17] 전차선 보호망의 설치 구조

Contact Lines for Electric Railways

제 7 장

귀선로

1 귀선로(return circuit)

(1) 직류 귀선로

직류 전철화 구간에서는 일반적으로 열차 주행 레일을 전기차 전류를 변전소로 귀환시키는 목적의 귀선로로 이용하고 있다. 귀선로의 전기 저항이 높은 경우에는 전압 강하 및 전력 손실이 크게 되고 대지에의 누설 전류가 증대하여 전식의 원인이 된다. 그러므로 귀선로의 전기 저항은 가능한 한 작게 하여야 하며 레일 이음매는 레일 본드에 의해서 전기적 접속을 양호하게 하고 필요 시, 보조 귀선을 설치한다.

1) 레일

레일은 규격을 표시하는 데에 1 m당의 중량을 취하며 현재 37 kg, 50 kg, 50 N, 50 T, 60 kg 등의 레일이 일반적으로 사용되고 있다.

레일의 종류 및 구조는 다음의 [그림 7.1]과 같다.

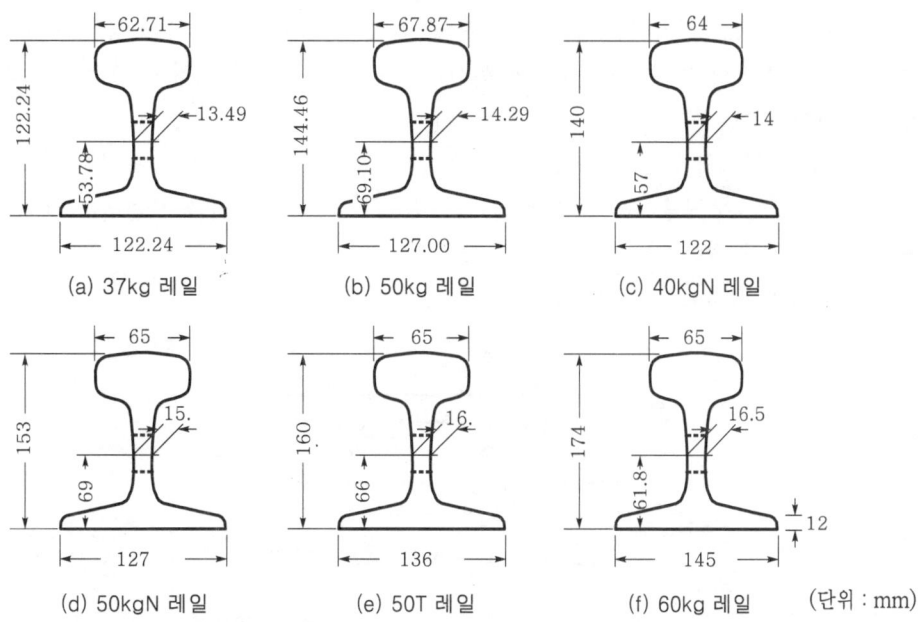

[그림 7.1] 레일의 종류 및 구조

2) 레일 본드(rail bond)

전기차의 귀선 전류를 레일을 통하여 변전소로 귀환시키기 위하여 동연선(레일 본드)을 사용한다. 레일 본드(rail bond)의 설치는 다음의 [그림 7.2]와 같다.

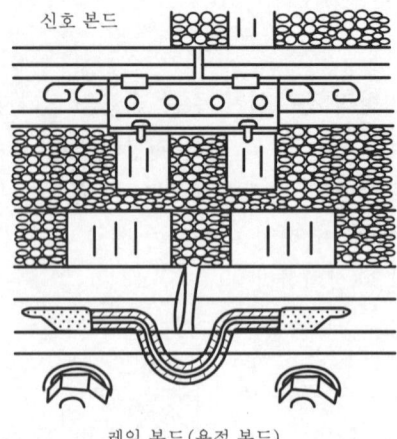

[그림 7.2] 레일 본드(rail bond)의 설치

3) 보조 귀선

보조 귀선은 직류 전차선로의 전압 강하 및 레일 전위의 상승이 심한 경우 또는 귀선의 누설 전류에 의한 전식의 피해가 큰 장소의 귀선 저항을 감소시키기 위하여 귀선의 보조 선로로 사용하는 것이다.

그러므로 변전소의 급전 구역이 현저하게 긴 구간이나 매설 금속체가 많은 시가지 등에서는 레일과 평행으로 도체를 지중에 매설하거나 전철주에 보조 귀선을 가선하여 레일과의 사이를 균압선에 의해 적절한 간격으로 접속한다.

보조 귀선의 설치 회로는 다음의 [그림 7.3]과 같다.

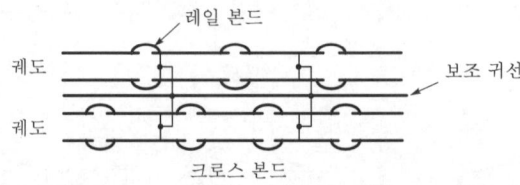

[그림 7.3] 보조 귀선의 설치 회로

변전소의 인입 개소에는 레일과 변전소의 부극성(−)측을 접지하는 인입용 귀선이 있으며 가공식으로 하는 경우와 지중 매설식으로 하는 경우가 있다.

인입 귀선(지중 매설식)의 설치 회로는 다음의 [그림 7.4]와 같다.

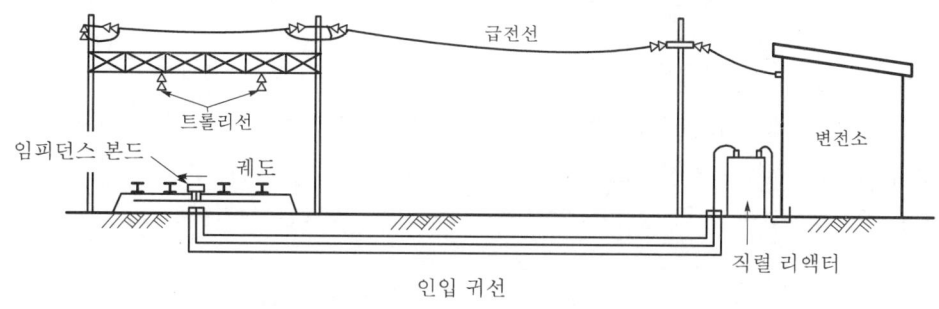

[그림 7.4] 인입 귀선(지중 매설식)의 설치 회로

가공선으로 하는 경우 인입 귀선에는 $325\,mm^2$ 경동 연선 또는 $510\,mm^2$ 경알루미늄 연선을 사용하고 급전선의 전류 용량과 동등 이상으로 해야 한다. 지중 매설의 경우에는 동 도체 $325\,mm^2$의 600V 절연 전선을 사용하고 있다. 이 인입용 귀선의 레일과의 접속은 임피던스 본드의 중성점에서 접속되고 변전소 내에서는 대부분의 경우 직렬 리액터의 단자에 접속된다.

임피던스 본드(impedance bond)의 설치 및 회로는 다음의 [그림 7.5]와 같다.

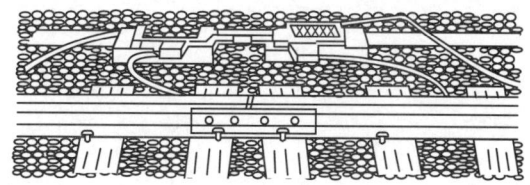

(a) 설치

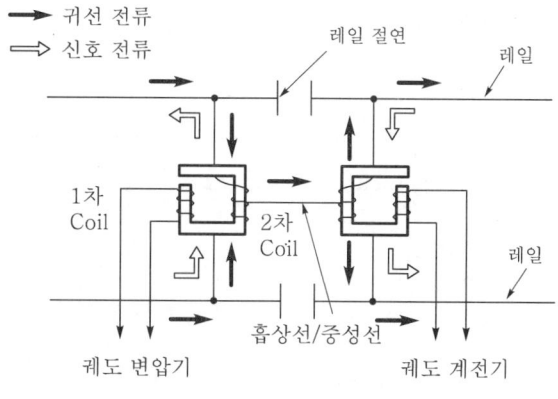

(b) 회로

[그림 7.5] 임피던스 본드(impedance bond)의 설치 및 회로

임피던스 본드(impedance bond)는 폐색 구간 마다 레일의 이음매를 절연하고 신호용 궤도 회로를 전기적으로 구분하는 장치이다. 즉, 임피던스 본드는 신호 전류는 인접 궤도 회로로 흐르지 않게 하고 전기차 귀선 전류는 인접 궤도 회로를 통과하여 변전소로 귀환할 수 있도록 한 장치이다.

그리고 직렬 리액터(serial reactor)는 직류 변환 장치 정류기에서 많은 고조파(기본파가 50 Hz의 경우, 이의 정수배인 2, 3, 4, … 배의 100 Hz, 150 Hz, 200 Hz 등의 고주파수)를 발생하여 통신선에 유도 장해를 발생시키므로 이 고조파를 제거하기 위한 필터(filter)의 일종이다.

(2) 교류 귀선로

교류 전철화 구간에서 레일과 레일 본드 이외에 BT 급전 방식에서는 부급전선 및 흡상선, AT 급전 방식에서는 중성선과 이의 지지물을 포함하여 귀선로라고 한다.

BT 급전 방식에서 귀선 전류는 레일에서 흡상선을 통하여 흡상 변압기로부터 부급전선으로 흡상되고, AT 급전 방식에서는 단권 변압기에서 중성선을 통하여 레일로부터 급전선으로 흘러서 변전소로 귀환한다. 이렇게 하여 유도 장해의 직접 원인인 레일로부터 대지로의 누설 전류가 제한된다.

(3) 귀선로의 유지 보수

단궤조식 궤도 회로는 편측 레일만에 절연을 설치하여 신호 전류만을 흐르게 하고 다른 한측의 레일에는 신호 전류와 전기차의 귀선 전류를 흘리는 것으로 전기 운전 구간의 역 구내 측선 등에 사용되고 있는 궤도 회로이다.

단궤조식 궤도 회로는 다음의 [그림 7.6]과 같다.

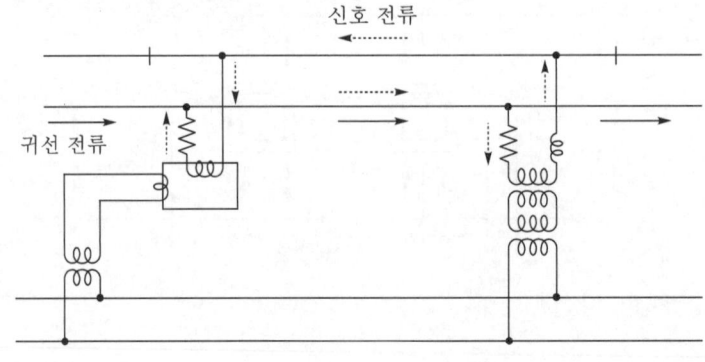

[그림 7.6] 단궤조식 궤도 회로

이 구간에서 전차선로의 정전 작업을 수행하는 레일에 접지선을 설치하는 경우, 그 접지선은 귀선측의 레일에 시행되어야 한다.

만약, 귀선측이 아닌 상대편 레일에 접지하면 섹션 오버(section-over) 또는 오급전 등에 의해 사고 전류가 지락이 되어 궤도 회로에 접속되어 있는 신호기가 파손되고 열차 운전에 지대한 영향을 주게 된다. 그러므로 해당 구간 내에 단궤조식의 유무 및 신호 전류 회로만 흐르는 궤조를 확인하여 표시를 하여 두는 것이 좋다.

(4) 궤도 회로의 단락

궤도 회로에서 양측 레일간의 단락 또는 레일 절연 사이에서 단락이 발생하면 신호기에 영향을 미치므로 특히 주의하여야 한다.

② 누설 전류와 전식

(1) 누설 전류

직류 전철화 구간에서 전기차의 귀선 전류는 열차 주행 레일을 통하여 변전소로 귀환하게 되며 레일은 일반적으로 노반상의 도상 위에 설치되어 있다. 그러므로 레일은 대지에 대해서 전기적으로 완전히 절연되어 있지 않으므로 귀선 전류의 일부는 도상을 통하여 대지로 분류된다. 이것이 누설 전류이며, 이 경우 도상을 포함한 궤도의 대지에 대한 저항을 대지 누설 저항이라 하며 일반적으로 단선 1 km당 1Ω 정도이다.

(2) 전식

주행 레일로부터 분류된 누설 전류는 대지를 통하여 변전소 부근에서 다시 레일로 귀환되어 유입한다.

이 때에, 선로에 근접한 케이블이나 수도관 등의 지중 매설 금속체가 있으면 누설 전류는 대지보다도 저항이 낮은 매설 금속체를 통하여 변전소 부근 또는 레일로 귀환한다.

지중 매설 금속체에 흐르는 누설 전류의 회로는 다음의 [그림 7.7]과 같다.

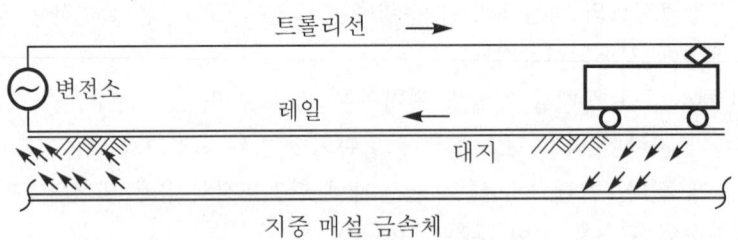

[그림 7.7] 지중 매설 금속체에 흐르는 누설 전류의 회로도

일반적으로, 분자의 일부분이 분리되어 전하를 가지고 있는 것을 이온이라고 한다. 이의 수용액을 전해액이라고 하고 이 전해액 중에 전극을 배치하고 전위를 인가하면 이온이 이동하여 전류가 발생한다.

이때, 정극성(+) 이온은 음극, 부극성(−) 이온은 양극으로 유인되고 이온의 전하는 전극에 있는 서로 다른 극성의 전하를 중화시킨다. 그리고 양극에서는 중성의 물질이 발생하며 이것이 직접 물에 반응(용해)하여 다른 물질을 만들게 된다.

이와 같이, 전류에 의해서 전해액이 다른 물질에 분해되는 현상을 전기 분해(전해)라고 하고, 이 경우 수용액 중에서 전류가 유출하는 양극은 전해 작용에 의해서 침식된다. 이것과 동일한 현상이 선로에 근접한 지중 매설 금속체에 지하수를 전해액으로 누설 전류가 흐르는 때에 이 전류가 유출하는 금속 부분이 침식되고 구멍을 조성하거나 파손되거나 하여 각각의 장해를 유발한다. 이것을 전식이라 한다.

일반적으로, 전식은 변전소 부근에서 일어나기 쉽고 이와 같은 장소를 전식 위험 지역이라 한다.

(3) 전식 방지 대책

전식을 방지하기 위해서는 다음과 같은 대책이 있다.

- 귀선 레일에서 대지로의 누설 전류를 줄이기 위하여 도상의 배수를 양호하게 하거나 용접 본드를 완전하게 설치하여 귀선 저항을 작게 한다. 그리고 레일의 하부에 절연성의 타이 플레이트(tie plate)를 삽입하여 누설 저항을 크게 한다.
- 지중 매설 금속체를 궤도에서 이격 분리한다.
- 지중 매설 금속체에서 대지로의 유출입 전류를 적게 한다. 지중 금속체를 절연물로 차폐하거나 변전소 수를 증가시켜 급전 구역을 축소하여 누설 전류를 감소시킨다.
- 지중 매설 금속체에 전류가 유출입하여도 전식을 경감하도록 전기 방식법 즉, 유전 양극법, 외부 전원법 또는 배류법 등을 시행한다.

주로 적용되는 선택 배류법과 강제 배류법의 개요는 다음과 같다.

① 선택 배류법

선택 배류 장치를 배류선에 설치하고 레일에서 지중 금속체로 유입하는 전류를 억제하고 지중 금속체에서 레일로의 전류만을 선택 통과시키는 방식이다.

선택 배류법의 구성 회로도는 다음의 [그림 7.8]과 같다.

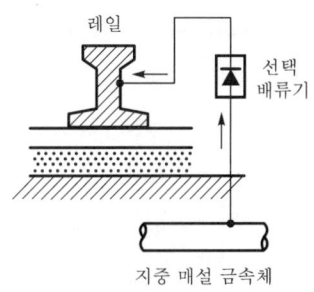

[그림 7.8] 선택 배류법의 구성 회로도

② 강제 배류법

양극 접지체를 설치하고 이로부터 지중 금속체로 향하는 유출 전류와 역방향의 전류를 흘려 강제적으로 유출 전류를 소멸시켜 전식을 방지하는 방식이다.

강제 배류법의 구성 회로도는 다음의 [그림 7.9]와 같다.

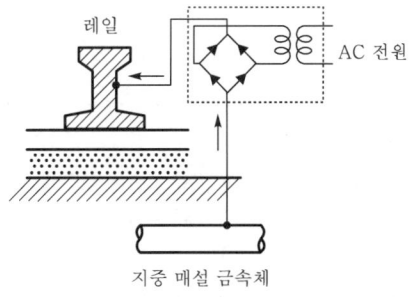

[그림 7.9] 강제 배류법의 구성 회로도

③ 통신 유도 장해

(1) 정전 유도

전차선에 접근한 통신선에는 전차선 전압 및 전차선과 통신선과의 상호 정전 용량에 비례하여 정전적으로 유기되는 정전 유도 전압이 발생한다.

정전 유도 현상은 전기를 대전하고 있지 않은 전선이나 금속체의 부근에 가선된 전선이 가압되는 경우에 이 가압된 전선 부근의 무가압 전선이나 금속체가 대지로부터 이격되어 있으면 가압 전선의 부하 전류에 의해서 무가압 전선이나 금속체에 반대의 구속 전하가 발생한다. 이것이 정전 유도 현상이다.

상용 주파수의 교류 전철화에서 [그림 7.10]과 같은 가선 배치의 경우, 정전 유도에 의한 통신선에의 유도 위험 전압은 [그림 7.11]에서와 같이 트롤리선과 통신선과의 이격 거리가 증가하면 급격히 감소하는 것을 알 수 있다.

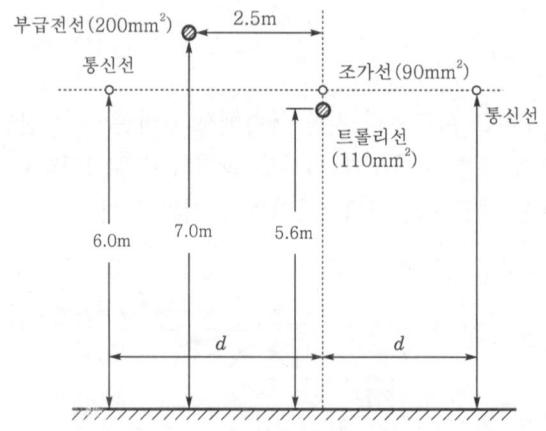

[그림 7.10] 전차선과 통신선의 배치

위험 전압이 보통의 제한치 60V 이하로 되기 위해서 나통신선에서는 50 m 정도 이격하여야 하지만 케이블로 포설하고 금속 외피를 접지하면 완전히 정전 차폐가 가능하다. 그러므로 철도 선로에 근접하여 통신선을 설치하는 때에는 케이블화를 시행한다.

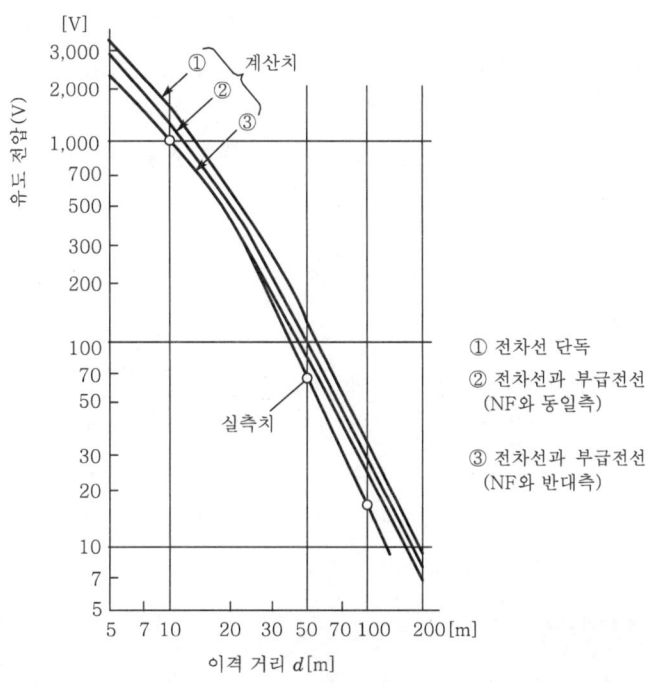

[그림 7.11] 정전 유도 전압 곡선(BT 급전 방식, 20 kV 기준)

(2) 전자 유도

트롤리선을 흐르는 전류에 의한 전자력과 레일을 흐르는 귀선 전류에 의한 자력선은 전류 방향이 서로 반대이므로 전류의 크기가 동일하면 자력선은 소멸된다. 그러나 레일을 흐르는 귀선 전류의 일부는 대지로 누설되며 통신선과 트롤리선 및 통신선과 레일간의 거리가 서로 다르므로 이에 의한 자력선의 강도 차이에 의한 전류의 차와 자력선이 연선에 근접한 통신선에 영향을 준다. 전자 유도의 원리는 다음의 [그림 7.12]와 같다.

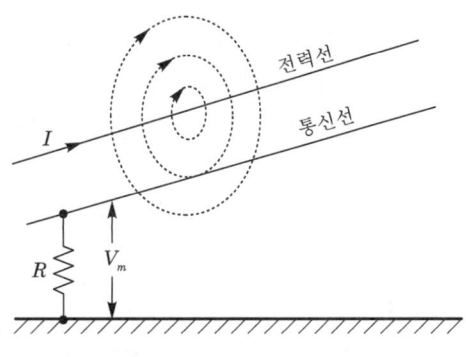

[그림 7.12] 전자 유도의 원리

트롤리선을 흐르는 전류가 교류인 경우, 자계의 자속이 상시 변하고 그 자계중에 통신선이 있는 경우에 그 자속을 방해하는 방향으로 통신선 내에 유기 전력이 유기된다. 이는 통신 기기를 파괴하거나 통신 보안 요원이 감전될 수 있는 위험 전압을 발생하고 그 유기 기전력에 고조파가 다수 포함되며 통신에 음향 지장을 초래하는 잡음 장해를 야기한다. 이것이 전자 유도에 의한 통신 유도 장해이다.

(3) 직류 구간의 유도 장해

일반적으로, 직류 1,500V의 전철 구간에서 필터 없이 발생하는 고조파 전압은 100V 정도이며 정전 유도에 의해서 발생하는 유도 전압은 10V로 되어 크게 문제가 되지 않는다.

④ 부급전선

(1) 부급전선(NF ; Negative Feeder)

교류 전철화 구간의 BT 급전 방식에서는 선로에 인접한 통신선에 유도 장해가 야기되므로 이것을 방지하기 위하여 흡상 변압기를 설치하여 강제적으로 레일로부터 귀선 전류를 흡상시킨다.

이를 위해, 전차선을 흐르는 전류와 동일한 크기이고 반대 방향의 전류를 변전소로 귀환시키는 기능을 가지는 부급전선을 설치한다.

이 부급전선은 귀선의 저항을 감소시키고 전압 강하를 경감시키며 통신선에 대해서 정전 유도가 발생하지 않는 정전 차폐 효과도 가지고 애자의 섬락 사고가 발생한 경우에 변전소의 차단기를 신속하게 동작시켜 전차선로를 보호하는 기능도 아울러 가지고 있다.

부급전선은 가공식으로 가공 전차선로의 지지물 또는 전용주에 가선되며 전선으로는 $200\,mm^2$ 경알루미늄 연선을 사용하고 표준 장력은 $300\,kg$ 정도이다.

(2) 부급전선의 유지 보수

① 접속 장소 및 단자 설치 장소

급전선의 접속 장소, 단자 설치 장소와 동일한 방법으로 시행되어 있는지를 확인한다.

② 온도 상승

　사용 개시 후, 사용 접속 장소 및 단자 설치 장소 부근의 온도 상승을 점검하기 위하여 시온 라벨을 부착하고 감시한다.

③ 애자 지지점의 소선 손상

　이 장소는 바람이나 열차 진동 등에 의해 상시 회전 미소 진동을 받고 또한 누설 전류에 의해서 전식을 받기 쉬우며 이러한 현상에 의해서 부급전선이 손상되기 쉽다. 이 때문에, 이 장소의 소선 절단 등 초기 고장의 점검을 신중히 시행한다.

5 흡상선

(1) 흡상선의 기능

　교류 전철화 구간의 BT 급전 방식에서 흡상 변압기가 설치되어 있는 구간의 중간에서 부급전선과 레일 임피던스 본드의 중성점을 연결하는 전선이다.

　흡상선은 귀선 전류를 레일로부터 흡상 변압기의 유기 기전력에 의해서 부급전선으로 흡상시키는 기능을 수행한다.

　흡상선의 설치 회로는 다음의 [그림 7.13]과 같다.

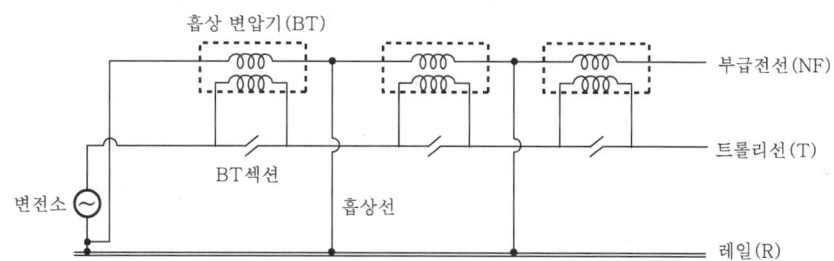

[그림 7.13] 흡상선의 설치 회로

　일반적으로, 흡상선으로 600V 비닐 절연 전선 100 mm²를 사용하고, 지중에 매설하는 경우는 트러프(trough) 내에 설치하며 지표상 2 m의 높이까지 절연관으로 보호한다.

(2) 흡상선의 유지 보수

레일 및 부급전선의 접속점은 본드 및 압축관에 의해서 접속되고 선로로부터 전차선 지지주에 연하여 가설된 부급전선에 접속된다. 그러므로 레일측 및 부급전선측의 접속 부분의 이상 상태 및 절연 전선의 손상에 주의하여야 한다.

6 중성선

(1) 중성선의 기능

교류 전철화 구간의 AT 급전 방식에서 단권 변압기의 설치 개소에서 변압기 권선의 중성점과 레일(impedance bond의 중성점)을 접속하는 전선으로 귀선 전류를 단권 변압기로 흘리는 기능을 수행한다.

일반적으로, 중성선으로는 600V 동 비닐 절연 전선을 사용하고 지중 매설의 경우는 트러프(trough) 내에 설치하고 지표상 2m의 높이까지는 절연관으로 보호한다.

(2) 중성선의 유지 보수

AT 및 임피던스 본드의 접속점은 볼트에 의해서 접속되므로 접속 부분의 접속 불량 등의 이상 상태 및 절연 전선의 손상에 충분히 주의하여야 한다.

제8장

전차선로의 전압 강하

1. 전압 강하

1 전압 강하

열차 운행 다이어그램(diagram) 개정 등에 따른 열차 용량의 증대 시에 전차선로의 전압 강하 검토는 매우 중요한 사항이 된다.

전압 강하 경감을 위해서는 전차선로의 저항을 작게 하고 해당 선로 구간에 운전되는 전기차 등 예상 부하를 정확하게 파악하여야 한다. 그리고 급전 회로의 리액턴스(reactance)는 보상 가능하지만 저항은 감소시킬 수 없음도 알아야 한다.

특히, 교류 전차선로에서는 선로 종류, 전선 배치 등으로 전선 상호간에 상호 유도의 영향이 있으며 선로 정수의 계산이 복잡하게 된다.

(1) 전압 강하의 허용 한도

전기차에 공급되는 전력은 정격 양질의 전압 즉, 전압 강하가 가능한 한 작아야 한다.
전압 강하가 전기차에 주는 영향은 다음과 같다.
- 전동기의 속도 특성 감소
- 제어 전원, 보조 회전기 전원의 전압 강하

전기차의 견인 전동기 특성상 속도가 전압에 비례하여 감소하고 전압 강하는 결과적으로 전동기의 용량을 감소시키는 것과 동일하게 된다. 그리고 제어 전원, 보조 전원 등은 입력 전원의 변동에 대한 여유도가 작으므로 한도를 초과하면 급격하게 감소하고 운전 불능으로 된다.
일반적으로, 전압 강하는 다음을 최저 허용치로 하고 있다.
- 직류 구간 : 사용 전압 1,500V ⇨ 최저 900V(1,000V)
- 교류 구간 : 사용 전압 25 kV ⇨ 최저 20 kV

(2) 직류 전차선로의 합성 저항

심플 가선 방식의 경우를 예로 계산하면 다음과 같다.
- 전차선로 합성 저항은 조가선과 트롤리선의 합성 저항에 급전선의 저항을 합산한 합성 저항이 된다.
  - 조가선/트롤리선 저항 : $R_{MT} = 0.144 \Omega/\text{km}$
  - 급전선 저항, Al 510 mm^2×2조 : $R_F = 0.028 \Omega/\text{km}$
전차선로의 등가 회로는 다음의 [그림 8.1]과 같다.

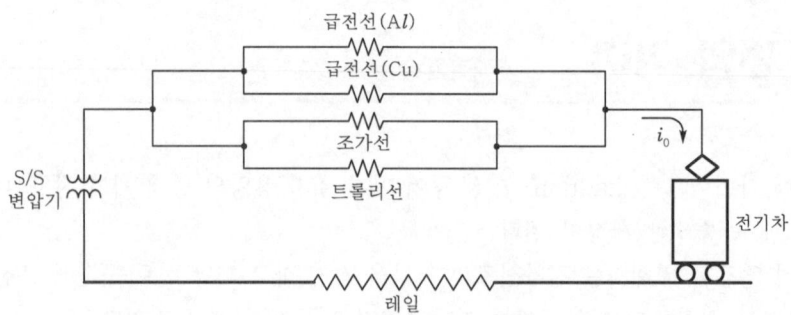

[그림 8.1] 전차선로의 등가 회로

- 귀선 레일이 복궤조이면 2본의 합성 저항으로 되고 레일 저항은 대지로의 누설 전류 30%를 고려한다.
  - 레일 저항 : $R_R = 0.005\,\Omega/\text{km}$
- 급전 회로의 전체 합성 저항을 계산하면 이것이 해당 선로 구간의 선로 정수가 된다.
  - 전체 합성 저항 : $R_0 = 0.029\,\Omega/\text{km}$

전선의 고유 저항은 다음의 [표 8.1]과 같다.

[표 8.1] 전선의 고유 저항

종 류	공칭 단면적(mm²)	계산 단면적(mm²)	전기 저항(Ω/km)
트롤리선	GT 110	111.1	0.1592
〃	GT 85	87.09	0.203
카드뮴 동연선	Cd 60	59.7	0.537
아연도금 강연선	St 135	137.5	1.43
〃	St 90	88.0	2.15
〃	St 55	56.3	3.6
경 동연선	Cu 325	323.8	0.056
〃	Cu 200	196.4	0.092
〃	Cu 100	100.9	0.178
〃	Cu 38	37.16	0.484
강심 알루미늄 연선	ACSR 520	Al 519.5	0.0559
〃	ACSR 95	95.4	0.301
〃	ACSR 40	39.63	0.723
경 알루미늄 연선	Al 510	51.25	0.0563
〃	Al 300	297.6	0.0969
〃	Al 200	204.3	0.14
레일	50 kg/m	50 kg/m	0.005

(3) 교류 전차선로의 임피던스

1) BT 급전 방식

교류 전차선로는 1선이 레일에 의해서 대지에 접속되어 있는 1선 접지의 불평형 회로이므로 계산이 복잡하다.

계산에는 다음의 각 임피던스(impedance) 순서로 필요한 선로 임피던스를 구한다.

- 전선의 자기 임피던스
- 전선간의 상호 임피던스
- 선로 임피던스

BT 급전 방식의 선로 임피던스(예)는 다음의 [표 8.2]와 같다.

[표 8.2] BT 급전 방식의 선로 임피던스(예)

선로명	주파수 (Hz)	전선 종류	선로 임피던스 (Ω/km)	전압 강하 (V/A·km)
A선	50	T : Cu 110 mm^2 M : CdCu 60 mm^2 NF : Al 200 mm^2	$0.253+j0.688=0.726$	0.616
B선	50	동 상	$0.286+j0.682=0.738$	0.638
C선	50	T : Cu 110 mm^2 M : St 90 mm^2 NF : Al 200 mm^2	$0.308+j0.740=0.800$	0.690
D선	60	T : Cu 110 mm^2 M : CdCu 60 mm^2 NF : Al 200 mm^2	$0.288+j0.844=0.893$	0.737
E선	60	동 상	$0.265+j0.732=0.810$	0.651
F선	60	T : Cu 110 mm^2 M : St 90 mm^2 NF : Al 200 mm^2	$0.311+j0.881=0.936$	0.777
G선	60	T : Cu 110 mm^2 M : CdCu 80 mm^2 M' : CdCu 60 mm^2 NF : Al 300 mm^2	$0.211+j0.790=0.817$	0.643

2) AT 급전 방식

BT 급전 방식과 달리, AT 급전 방식 선로 조건에서 AT의 중간점에서는 거리에 비례하지 않는 부분이 발생한다. 따라서 직각 좌표로 저항과 리액턴스(reactance)로 분리하고 이것을 근

사 직선으로 하여 선로 임피던스를 구한다.

AT 급전 방식의 선로 임피던스는 다음의 [표 8.3]과 같다.

[표 8.3] AT 급전 방식의 선로 임피던스

선로명	주파수 (Hz)	전선 종류	선로 임피던스 (Ω/km)	전압 강하 (V/A·km)	비 고
A선	60	T : Cu 110 mm^2 M : St 90 mm^2 F : Al 95 mm^2	$0.122+j0.221=0.253$ $\angle 60°00'$	0.230	$Z_r : 3.0\Omega$/km $Z_g : 0.3+j0.3\Omega$
B선	60	T : Cu 170 mm^2 M : St 180 mm^2 M' : PH 150 mm^2 F : Al 300 mm^2 F' : Al 300 mm^2	—	—	—
C선	50	T : Cu 110 mm^2 M : St 90 mm^2 F : Al 95 mm^2	$0.110+j0.197=0.226$ $\angle 60°48'$	0.207	$Z_r : 3.0\Omega$/km $Z_g : 0.3+j0.3\Omega$

(4) 전압 강하 보상 대책

1) 직류 구간의 전압 강하 경감 대책

직류 구간은 비교적 전차선 전압이 낮고 전기차 전류가 크므로 선로 저항은 작지만 전압 강하율이 높다. 따라서 변전소 간격과 급전선 조수를 적정하게 선정하지 않으면 변전소 출력에 여유가 있어도 전기차에 소요의 전압을 공급하는 것이 곤란한 경우가 있다. 특히, 한산한 선로 구간에서 대출력형 전기차가 간헐적으로 운전되는 경우에는 이와 같은 경향이 크다. 이를 위하여 변전소를 증설하거나 급전선 조수를 증가시키면 건설비가 높아지므로 한산한 선로 구간에서는 전철화 방식으로 경제적인 정류 포스트(RP ; Rectifying Post) 방식을 사용하는 선로 구간도 있다.

또한, 전기차는 기동 시의 단시간에 정격 출력의 130~150%의 대전류를 필요로 하므로 변전소에서 원격지에서 기동하는 경우는 필요한 전차선 전압을 확보할 수 없는 때도 있다. 이와 같은 선로 구간에는 직류 전압 보상 장치(DCVR)를 변전소 또는 급전 구분소 등에 설치한다. 이 직류 전압 보상 장치는 전압 강하가 큰 경우에 자동적으로 가선 전압을 허용 전압치까지 상승시키는 순시 동작형의 자동 전압 조정기를 사용한다. 이에 의해, 설비의 이용률을 높이고 회로의 전력 손실을 경감하며 설비 증설 비용의 절감이 가능하다.

직류 전압 보상 장치의 회로도는 다음의 [그림 8.2]와 같다.

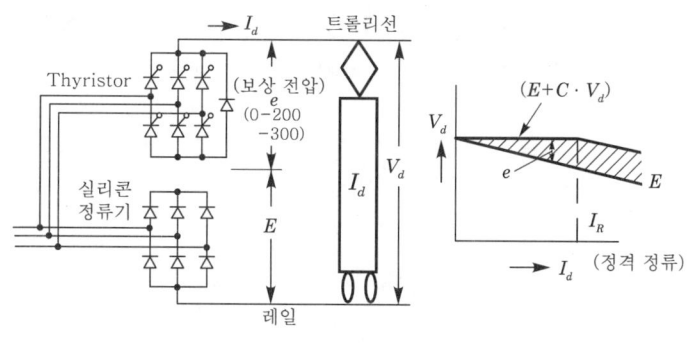

(a) 사이리스터형

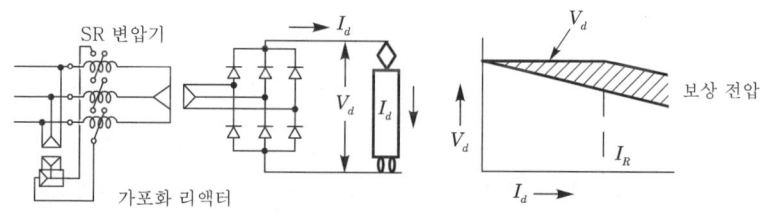

(b) 가포화 리액터형

[그림 8.2] 직류 전압 보상 장치의 회로

2) 교류 구간의 전압 강하 경감 대책

① 교류 전압 보상 장치(ACVR)

교류 회로의 전압 강하를 보상하는 장치이며 AT 방식의 급전 구분소 등에 설치된다. 이 교류 전압 보상 장치는 가선 전압과 부하 전류를 검출 판정하여 부하 변동에 속응하여 필요한 보상 전압을 얻는 것이다. 교류 전압 보상 장치의 회로도는 다음의 [그림 8.3]과 같다.

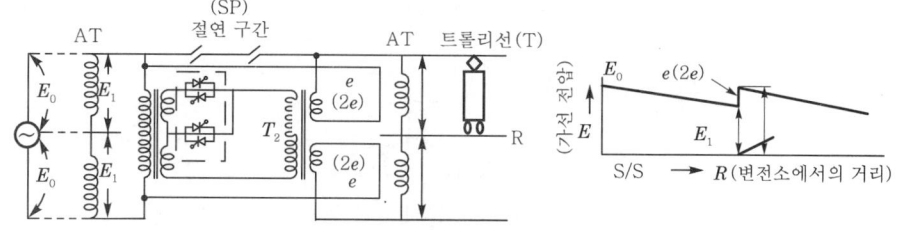

[그림 8.3] 교류 전압 보상 장치의 회로도

② 직렬 콘덴서(series condenser)

교류 전차선로에는 부하의 역률 개선에 사용되는 병렬 콘덴서와 회로의 선로 정수 내에서

리액턴스(reactance)분을 경감하고 이에 대한 전압 강하를 보상하는 직렬 콘덴서가 사용된다. 직렬 콘덴서의 구조 및 전압 보상은 다음의 [그림 8.4]와 같다.

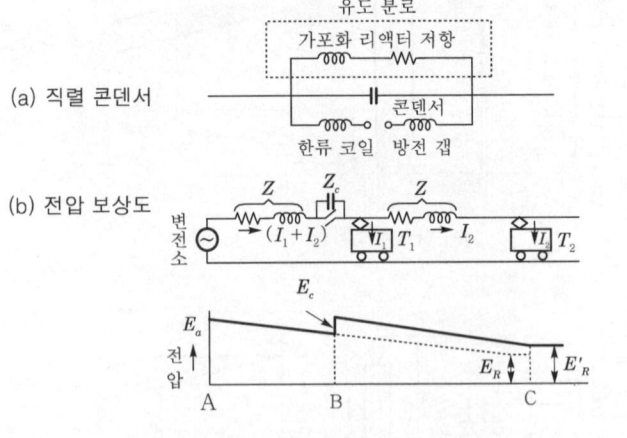

여기서, T_1, T_2 : 전기차, I_1, I_2 : T_1, T_2의 부하 전류
        Z : 선로 임피던스, E_C : 직렬 콘덴서가 있는 경우의 가선 전압
        Z_c : 직렬 콘덴서의 임피던스, E_R : 직렬 콘덴서가 없는 경우의 가선 전압

[그림 8.4] 직렬 콘덴서의 구조 및 전압 보상

    교류 전차선로는 선로 임피던스의 내부 저항분이 약 $0.3\,\Omega$/km이고 리액턴스분이 약 0.8 Ω/km로 매우 크다. 이 리액턴스분을 경감시키기 위하여 리액턴스의 80% 정도의 저항분 콘덴서를 회로(NF 또는 PF)에 직렬로 삽입한다.
    NF 콘덴서의 설치 구조는 [그림 8.5], PF 콘덴서의 설치 구조는 [그림 8.6]과 같다.

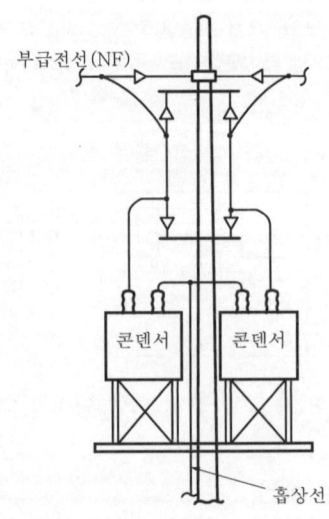

[그림 8.5] NF 콘덴서의 설치 구조

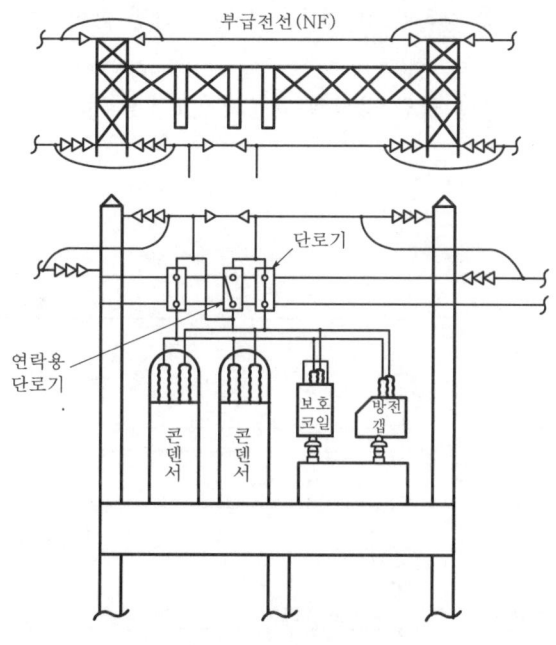

[그림 8.6] PF 콘덴서의 설치 구조

단, 과보상 또는 1개소에 집합 설치되면 그 전후의 전위차가 크게 되고 전기차에 대해서도 악영향을 준다. 따라서 변전소 내에는 변압기의 용량 $10,000\,\mathrm{kVA}$(리액턴스 약 $7.7\,\Omega$)에 대해서 $5.0{\sim}6.5\,\Omega$의 콘덴서를 설치하고 전차선로에 대해서는 $2.0\,\Omega$ 정도의 콘덴서를 그 선로 구간의 거리나 부하의 대소에 따라서 2~3개소에 분산 설치한다.

일반적으로, 급전 구분소에서는 연장 급전을 하는 경우에만 PF 콘덴서 회로가 투입되도록 하고 기타의 경우는 NF의 흡상선의 전후에 설치하는 것을 표준으로 하고 있다. 이것은, NF의 대지 전압이 낮아서 콘덴서의 절연이 용이한 외에 BT 및 AT 변압기와의 이상 진동에 대한 보호 장치가 필요 없는 등의 장점이 있기 때문이다. 그리고 직렬 콘덴서는 BT 섹션의 아크를 억제하는 효과도 있고 전위차가 큰 BT 섹션 구간에는 소호를 목적으로 설치하는 경우도 있다.

③ 상하 타이(tie) 급전 방식

직류 구간에서는 전압 강하 경감 대책으로 종래부터 급전 구분소 등에서 상하 타이 급전 방식(급전 타이 포스트)이 사용되어 왔다.

교류 구간에서는 급전 전압이 높아 전류가 작고 전압 강하가 직류구간 만큼 문제로 되지 않는다. 그러나 최근 열차 밀도의 증대, 대전류 전기차의 운전 등으로 전압 강하에 의한 상하 건넬선 섹션의 과대 아크의 발생 등 그 경감이 문제로 되어 개발된 것이 상하 타이 급전 방식이다.

그리고 전차선로의 전압 강하 경감 대책으로 타이 급전 방식과 같은 각종 급전 방식이 적용되고 있다.

전압 강하 경감 대책상의 급전 방식은 다음의 [그림 8.7]과 같다.

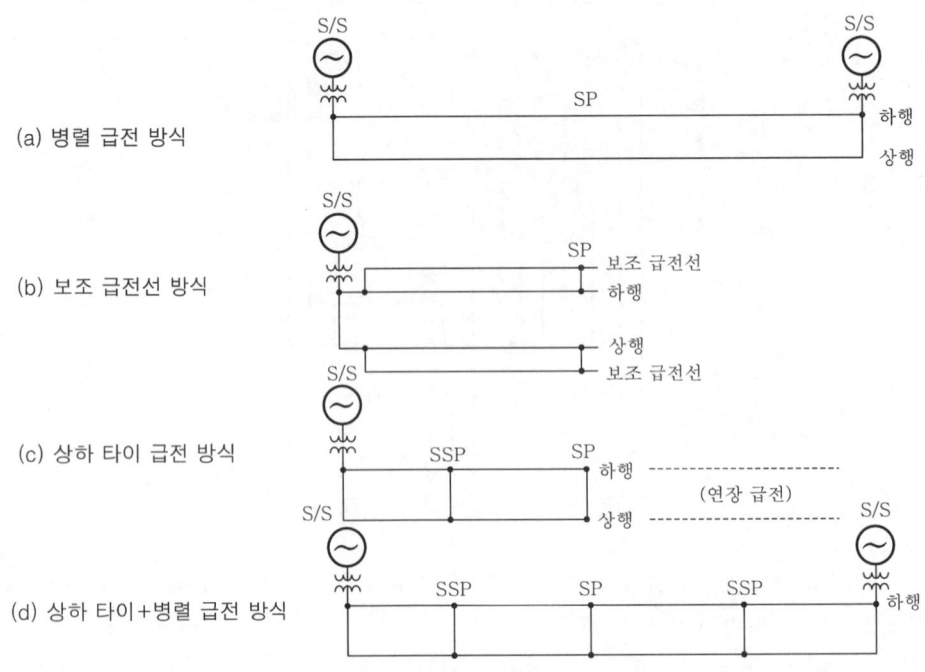

[그림 8.7] 전압 강하 경감 대책의 급전 방식

제 9 장

전차선로의 온도 관리

▌ 1. 온도 관리

1 온도 관리

(1) 온도 관리

전선류, 기기 등의 전기적 접속 개소는 용량 부족, 기능 저하 등으로 전류, 저항분의 증가에 따른 온도 상승이 있다. 이 온도 상승을 가능한 한 빨리 감지하여 단선, 절연 파괴 등의 사고를 방지하기 위하여 시온재 등에 의해 온도 관리를 시행한다.

시온재에는 특성상 가역성, 준가역성 및 비가역성으로 분류되며 서모 라벨(thermo-label), 서모 페인트(thermo-paint), 서모 테이프(thermo-tape), 서모 크레이온(thermo-crayon) 등이 있다.

가역성은 정격 온도에서 일단 변색되어도 냉각하면 다시 원래의 색으로 되돌아간다. 준가역성은 일단 변색되면 원래의 색으로 되돌아가지 않지만 냉각 후, 습기를 흡입하면 원래의 색으로 되돌아간다. 비가역성은 일단 변색하면 원래의 색으로 되돌아가지 않는다. 전기 설비에는 기능 유지상 비가역성의 시온재를 사용한다.

각종 설비의 허용 온도는 다음의 [표 9.1]과 같다.

[표 9.1] 설비의 허용 온도

구 분	보수 항목	최고 허용 온도 (℃)	시온 장치		
			시온재		부속 계측기
			라벨 부착	라벨 온도 (℃)	
급전선	• 직선 접속관	90	⊛	70	
	• 분기 접속관	90	⊛	70	
	• 점퍼 접속관	90	⊛	70	
급전 분기 장치	• 분기 접속관(Y형)	90	⊛	70	
	• 피더 이어	90	⊛	70	
트롤리선	• 커넥터	90	⊛	70	
변압기	• 절연유	90	⊛	70	⊛
직렬 콘덴서	• 절연유	90	⊛	70	
단로기	• 날부	65	⊛	55	
	• 단자부	75	⊛	65	
귀선	• 비닐 절연 케이블	60			
	• 천연 고무 절연 케이블	60			
	• 합성 고무/합성 수지 절연 케이블	80			

[주] : 1. 표시 '⊛'가 있는 것은 특히 주의가 필요함.

시온재 설치 장소는 다음의 [그림 9.1]과 같다.

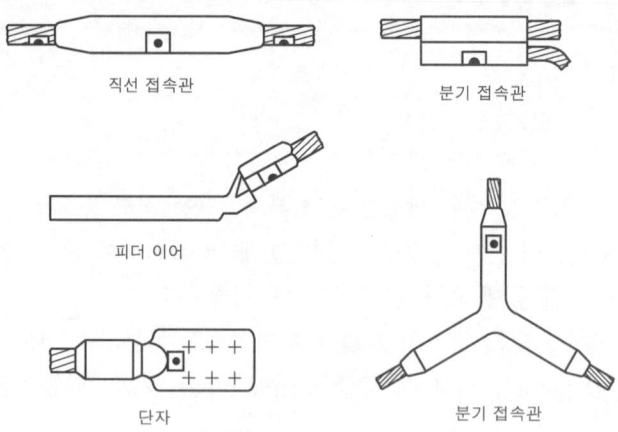

직선 접속관

분기 접속관

피더 이어

단자

분기 접속관

[그림 9.1] 시온재 설치 장소도

(2) 온도 관리의 유지 보수

온도 관리에서 라벨의 부착은 설비 신설, 개수 시의 사용 개시 시기 또는 열차 다이어그램 변경 등에 의해 열차 용량이 증가하고 부하의 증가가 발생한 때 등에 필요한 장소에 부착한다.

일반적으로, 얇은 비닐로 구성되어 있으므로 풍우에 대한 열화가 빠르고 시온재의 절단면 또는 부착면의 습기, 기름, 녹 등을 잘 청소하여야 한다. 그리고 특히, 측온면의 취급에 주의한다.

검사는, 보수 순회시 또는 전체 점검 시에 시온재의 변색 유무를 점검하고 필요에 따라 계측기로 측정하며 온도가 허용치를 초과하는 것은 그 원인을 조사하고 제거한다.

제10장

애 자
(Insulators)

1 애자의 사용 목적

 급전선, 전차선 등의 전선 및 진동 방지 장치, 곡선 인류 장치 등의 부속 장치를 전주, 빔, 완철 등에 지지하는 경우에 사용되는 애자, 급전선, 전차선 등을 전기적으로 구분하는 경우에 사용되는 애자, 가동 브래킷 등에 직접 지지물과의 절연용으로 사용되는 애자 등을 '전차선로용 애자'라고 한다.

 전차선로용 애자는 대기 중의 습도, 분진, 매연, 염분 등에 의해 애자 표면이 오손되면 표면 저항이 감소하고 누설 전류가 증가하여 전기적 파손이 발생될 우려가 있다. 애자의 파손은 그 즉시, 전기차의 운전에 지장을 초래하게 된다. 그러므로 애자의 형태는 가능한 한 표면 누설 거리가 큰 것이 적합하지만 합리적 절연 강도가 되도록 애자를 선정하여야 한다.

 이와 같은 전차선로용 애자에는 현수 애자, 장간 애자, 지지 애자 등이 사용되고 있다.

2 애자의 종류와 사용 구분

(1) 애자의 종류

 일반적으로, 전차선로용 애자로는 현수 애자 및 장간 애자가 사용된다. 전선의 지지 및 인류에는 현수 애자가 사용되고 가동 브래킷, 진동 방지 장치, 곡선 인류 장치 등에는 장간 애자가 사용되며 전기 기기의 지지 등에는 지지 애자가 사용되고 있다.

 애자에는 절연부의 재질에 따라 자기제(porcelain), 유리제(glass), 수지제(resin) 등이 있으며 주로, 자기제 애자가 많이 사용되어 왔다.

 애자의 색상은 백색 이외에 담회색(light gray), 갈색 등도 있으며 전력 송전 선로에서는 긴 현수 애자련에 이 착색 애자를 5개째 또는 10개째에 삽입하여 애자 개수의 파악을 용이하게 하는 경우도 있다.

 일반적으로, 자기는 충격을 받으면 균열(crack)이 확산되어 파손되어 버린다. 이것을 방지하기 위하여 종래의 장석영질 자기의 기계적 강도를 개선하여 일반적인 충격 또는 아크(arc) 편열 등에 의한 균열(crack)이 전면적으로 진전되지 않고 충격을 받은 개소만 국부적으로 소손되며 내 아크(arc)성도 우수한 고강도 자기(알루미늄 함유 자기)가 개발되어 있다. 현수 애자에 이 고강도 자기제를 사용하고 있으며 표준 색상은 담회색으로 되어 있다.

1) 현수 애자(suspension insulator)

　모자 형태의 자기 절연물에 캡(cap) 및 핀(pin) 형태의 연결 장치를 접속한 구조로 되어 있다. 일반적으로, 캡은 클레비스(clevis)형, 핀은 클레비스형 및 아이(eye)형에 적용된다.

　현수 애자는 사용 전압, 오손 환경 조건 등에 따라 적용 종류를 선정하고 필요한 개수만큼 연결하여 사용한다.

　그리고 현수 애자의 일종으로 터널용 애자가 있으며 이 애자는 터널벽 등에 고정하여 설치되어 애자 본체에 굽힘 모멘트(bending moment)가 걸리게 되므로 굽힘 파괴 하중이 지정되어 있다.

2) 장간 애자(stem insulator/long rod insulator)

　갓(shed) 형태가 부착된 봉 형태의 자기 절연물의 양단에 캡(cap)(클레비스형 또는 통형)을 접속한 구조로 되어 있다. 사용 전압, 섬락 보호 방식(이중 절연의 유무) 등에 따라 다수 종류가 있으며 적용 용도에 따라 적합한 것을 선정하여 단독으로 사용한다.

　장간 애자는 건조 섬락 전압에 비하여 주수 섬락 전압의 감소가 작고(내무성) 애자 형태는 우수 세정 효과에 의해 내오손성이 있으므로 가동 브래킷의 적용에 따라 많이 사용되고 있다.

　현수 애자 및 장간 애자의 외형은 다음의 [그림 10.1]과 같다.

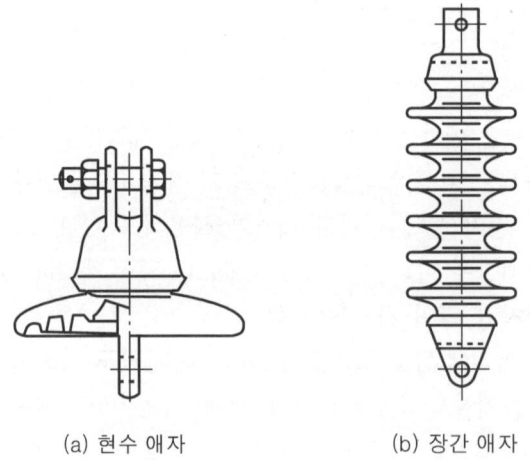

(a) 현수 애자　　　　　　(b) 장간 애자

[그림 10.1] 현수 애자 및 장간 애자의 외형

3) 지지 애자(support insulator)

　갓(shed) 형태가 부착된 봉 형태의 자기 절연물의 하단에 설치용 베이스(base) 장치가 접속

되고 상단은 전선 접속용의 장치가 장착된 구조로 직접 부재 등에 고정시켜 사용한다. 일반적으로, 전차선로용 단로기의 지지에 사용되고 있다.

4) 폴리머 애자(polymer insulator)

최근, 절연 재료로 자기를 대체하여 폴리머 애자가 실용화되어 많이 사용되고 있다.
이 애자는 다음과 같은 명칭으로 불리고 있다.
- 폴리머 애자 : 외피로 사용되는 유기 절연물의 화학 구조명
- 복합(composite) 애자 : 기계적 구조로 FRP를 심재(core)로 하고 이 FRP 코어를 보호하고 절연 성능을 유지하는 목적으로 사용되는 외피 고무 등이 사용되는 복합적인 구조
- 논 세라믹(non-ceramic) 애자 : 비 자기제(ceramic)

폴리머 애자의 구조, 재료 및 주요 특성은 다음과 같다.

① 폴리머 애자의 구조

폴리머 애자는 기계 하중을 분담하는 FRP 코어, FRP 코어를 보호하고 필요한 표면 누설 거리를 얻기 위한 외피 및 FRP 코어가 분담하는 기계 하중을 전달하기 위한 지지 장치로 구성된다.
폴리머 애자의 기본적인 구조는 다음의 [그림 10.2]와 같다.

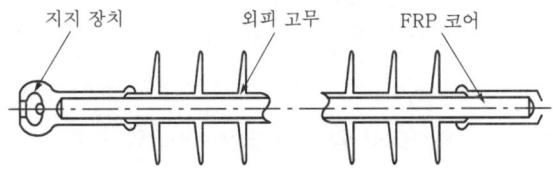

[그림 10.2] 폴리머 애자의 구조

② 외피 고무와 FRP 코어

폴리머 애자는 외피 고무와 FRP 코어를 일체화시키는 방법으로 점착제를 사용하지 않고 직접 가류 접착시키는 방법을 취한다. 가류 접착은 외피 고무와 피접착면을 고무의 화학 결합과 동시에 접착시키는 방법으로 고무와 동등의 화학적, 물리적으로 안정된 접착계면이 형성된다.
이 가류 접착의 개념은 다음의 [그림 10.3]과 같다.

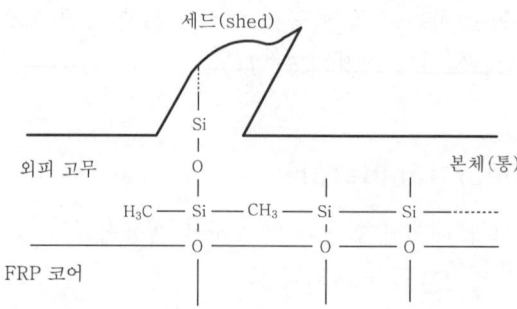

[주] : 1. FRP 코어 등의 피접착면에 존재하는 산소 등과 결합하여 Si-O를 형성한다.
　　　2. 계면 강도는 고무 강도와 동등 이상을 유지하고 신뢰성이 높게 된다.
　　　3. 접착력≥고무의 인장 파괴 강도

[그림 10.3] 가류 접착의 개념

③ FRP 코어와 지지 장치

FRP 코어의 지지 장치 경계면부의 구조는 다음의 [그림 10.4]와 같다.

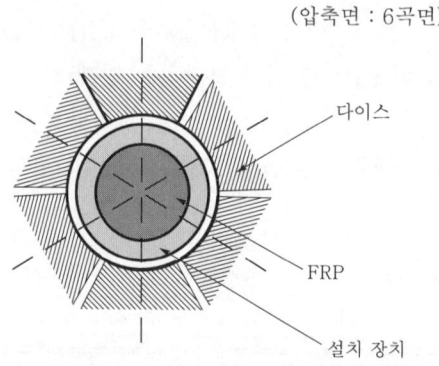

[그림 10.4] 압착 크림프(crimp)의 구조

FRP 코어와 지지 장치의 결합은 압축 압력으로 접합하는 압착(crimp)이라는 구조가 적용된다. 이 압착 구조의 특징은 완전한 밀착과 안정된 기계적 강도가 얻어지는 것이다. 지지 장치의 압착에는 곡면 다이스를 사용하고 FRP 코어의 응력 집중을 방지하는 기술이 적용된다.

④ 폴리머 애자의 재질

• 외피 : 외피재로는 초기에 에폭시(epoxy) 수지가 사용되었지만 최근에는 내후성, 내식성이 우수한 실리콘 고무가 주로 사용되고 있다.

• FRP 코어 : FRP 코어는 글래스 섬유에 에폭시 수지 또는 폴리에스테르(polyester)를 함침시킨 다이스를 통과하여 한 방향으로 인발 성형한다. 글래스 섬유에는 전기 절연용

글래스(E glass)를 사용하고 FRP 코어 전체에 함유되는 글래스 섬유의 함유량은 약 70% 정도이다.
- 지지 장치 : 지지 장치의 재질은 자기 애자와 동일하게 주철 또는 탄소강을 사용한다.

⑤ **폴리머 애자의 특성**

폴리머 애자의 주요 장점은 다음과 같다.
- 경량이다.
- 발수성이 있으므로 오손 내전압 성능이 우수하다.
- 실리콘 고무를 외피로 사용하는 폴리머 애자는 장년에 걸쳐서 내부로부터 저분자량의 실리콘이 침착하여 발수성이 지속되고 발수성이 일시적으로 상실되어도 곧 회복된다.
- 발수성은 애자 표면이 물(수분)을 밀어내는 성질을 가지는 것으로 애자 표면의 수분이 구슬 형태로 되어 표면에 부착되어 있는 오손물이 습윤 상태로 결합되지 않으므로 오손 내전압 특성이 우수하게 되는 것이다.

(2) 애자의 사용 구분

직류 전차선로용 애자의 사용 구분은 오손에 의한 섬락보다는 누설 전류에 의한 전식, 편열 파괴 및 유도뢰에 대한 절연 강도에 따라 결정된다. 그리고 교류 전차선로용 애자에서는 오손으로 인한 애자 섬락 등에 가중치를 둔 절연 강도에 따라 사용 구분이 결정된다. 일반적으로, 교류 25 kV 전차선로용 애자는 소요 누설 거리가 30 kV에 적합한 것을 사용하고 있다.

애자의 주요 사용 구분은 다음 [표 10.1]과 같다.

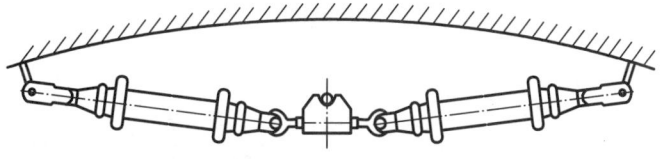

[장간 애자에 의한 조가선의 지지 예]

직류 구간의 염해 장소에 사용하는 현수 애자는 내식용 애자를 사용하여야 한다. 직류 전차선로 구간에서 염해 등의 오손 장소에서는 누설 전류에 의해 애자의 핀(pin)부가 전식되어 얇아져서 기계적 강도가 감소하거나 핀의 녹이 자기와 핀의 접착용 시멘트(cement)의 내부로 침입하여 시멘트가 팽창되고 자기에 균열이 발생하게 된다.

이러한 애자의 열화 원인이 되는 핀부의 전식을 방지하기 위하여 핀과 시멘트의 접속부에 아연 슬리브를 장착한 '아연 슬리브형 현수 애자'가 개발되어 직류 구간의 중오손 염해 장소에 사용되고 있다.

[표 10.1] 애자의 표준 사용 구분(JIS 기준)

종류 및 규격		직류 구간	교류 구간		고속 철도	
현수 애자	100 mm	• 행어의 절연	−		−	
	180 mm	• 급전선, 조가선, 트롤리선, 곡선 인류 장치, 진동 방지 장치, 구분 장치, 가압 빔의 지지 또는 인류용	• 부급전선, AT 보호선의 지지 또는 인류용 • 이중 절연 보호 방식의 저압부용		• 부급전선, AT 보호선의 지지 또는 인류용 • 이중 절연 보호 방식의 저압부용	
	250 mm	−	• 급전선, 조가선, 트롤리선, 곡선 인류 장치, 진동 방지 스팬선, 구분 장치, 가압 빔의 지지 또는 인류용		−	
	250 mm (EP−J)	• 전차선, 급전선의 인류시에 장력이 특별히 큰 경우	• 전차선, 급전선의 인류시에 장력이 특별히 큰 경우		• 전차선, 급전선의 지지 또는 인류용	
	250 mm (터널용)	• 급전선 지지용(터널)	−		−	
장간 애자	직류용	• 가동 브래킷, 가동 파이프식 진동 방지용				
	교류용	−	• 가동 브래킷, 가동 파이프식 진동 방지용, 조가선 지지용(터널)		−	
	고속 철도	−	−		가동 브래킷용	
오손 구분	오손 구분	−	일반 지역	오손 지역	일반 지역	오손 지역
	현수 애자	180 mm, 2개	250 mm, 3개	250 mm, 4개	250 mm, 4개	250 mm, 5개
	장간 애자	직류용	교류 일반용	교류 오손용	고속철도용	고속철도용

[주] : 1. 교류용 스팬(span)선 빔 등의 높은 장소에 현수 애자를 사용하는 경우에는 250(EP−J) 현수 애자 5개련으로 한다.
2. 구름다리, 터널 등의 인상력이 이동되는 장소에는 베이스 장치의 터널용 현수 애자(지지 애자)를 사용하여 과선교, 터널 등에 고정한다.
3. 교류용 장간 애자는 섬락 보호 방식에 의하여 종류별(이중 절연의 유무)로 적용이 결정된다.
4. 터널 정상부에서 현수 애자로 전차선을 지지할 수 없는 협소한 터널 등의 부득이한 장소에서는 일반용에 비하여 자기 부분이 긴 터널용 장간 애자에 의해 조가선을 지지한다.

장간 애자는 조가선, 트롤리선, 장대 스팬선 등 특히, 큰 장력을 부담하는 장소에는 사용하지 않아야 한다. 장간 애자는 굴곡 강도가 작고 비교적 깨지기 쉬우므로 큰 장력을 부담해야 하고 굴곡력이 작용하는 장소에서는 사용하지 않아야 한다.

구름다리 등에 애자를 설치하는 경우에 우수 세정 효과를 고려하고 오수 등이 낙수하지 않는 장소에 설치하여야 한다.

과선교 등 협소한 장소에서는 애자의 오손이 심하며 과선교 등 구조물의 오염이나 녹이 포함된 오수가 직접 애자에 낙수하면 설비상의 취약 개소로 된다. 그러므로 건조물의 양단 직하 부근에서의 지지를 피하고 완철 등으로 창출 지지 방식으로 하고 있다. 전차선로용 현수 애자의 특성은 [표 10.2], 전차선로용 장간 애자의 특성은 [표 10.3]과 같다.

[표 10.2] 전차선로용 현수 애자의 특성(JIS 기준)

항 목		100 mm	180 mm	250 mm		
		100 C	180 EP 180 E 180 C	250 EP 250 E 250 C	250 T	250 EP-J
상용 주파 주수 내전압(kV)		24	24	40	22	40
뇌 임펄스 내전압(kV)		75	75	105	80	105
상용 주파 유중 파괴 전압(kV)		100	120	140	140	140
과전 파괴 하중(kgf)		4,000	7,500	7,000	1,000	12,000
표면 누설 거리(mm)		200 이상	170 이상	290 이상	290 이상	280 이상
상용 주파 전압(kV)		50	55	75	55	75
인장 내하중(kgf)		1,300	2,500	2,300	–	4,000
굽힘 파괴 하중(kgf)		–	–	–	500	–
표준 표면적 (참고치)	상면(cm²)		250	600	600	550
	하면(cm²)		415	910	910	850
표준 중량(kg) (참고치)			3	4.2	5.8	5.5

[주] : 1. 상용 주파 주수 내전압 : 주수 환경하에서 청정 상태 애자의 양 전극간에 지정 시간 및 지정 상용 주파 전압을 인가하여 파괴 방전이 발생하지 않을 때의 전압 실효치

2. 뇌 임펄스 내전압 : 애자의 양 전극간에 지정된 뇌 임펄스 전압을 지정된 횟수로 인가하는 경우에 파괴 방전이 발생하지 않는 파고치

3. 상용 주파 유중 파괴 전압 : 절연유 중에 잠긴 애자의 양 전극간에 상용 주파 전압을 인가하여 통전되었을 때의 전압 실효치

4. 과전 파괴 하중 : 애자의 양 전극간에 지정된 전압을 인가하면서 기계적 하중을 가하여 애자의 일정 부분이 전기적 또는 기계적으로 파괴되었을 때의 하중

5. 표면 누설 거리 : 애자 전극간 절연물의 외부 표면상의 최단 거리

6. 상용 주파 전압 : 주파수 15~100 Hz, 파고율 1.34~1.48 파형의 교류 전압을 애자에 인가하였을 때에 각 부에 이상이 확인되지 않는 전압

7. 인장 내하중 : 애자에 지정된 기계적 인장 하중을 지정된 방법으로 가하여 애자의 어느 부분에도 기계적으로 이상이 발생하지 않는 하중

8. 굽힘 파괴 하중 : 애자에 기계적 굽힘 하중을 가했을 때에 애자의 어느 한 부분이 기계적으로 파괴되는 경우의 하중

[표 10.3] 전차선로용 장간 애자의 특성(JIS 기준)

항 목		직류용 DC 1,500 V	교류용 AC 20 kV			교류용 AC 25 kV
			일반용	오손용	터널용	
		DC	ACM-1 ACM-2	ACH-1 ACH-2	AC-C0 AC-D0	SK
상용 주파 주수 내전압(kV)		65	70×25	95×25	125	135×35
뇌 임펄스 내전압(kV)		180	195×50	260×50	350	320×85
표준 표면 누설 거리 (mm)	2중 절연	–	800×110	1,100×110	–	1,250×230
	1중 절연	600	790	1,085	1,300	–
인장 내하중(kgf)		2,300	2,300	2,300	2,300	3,600
굽힘 파괴 하중(kgf)	2중 절연	–	240	190	–	450
	1중 절연	315	290	230	175	–
인장 파괴 하중(kgf)		–	–	–	C0 : 6,800	–
표준 표면적(cm²) (참고치)	2중 절연	–	2,460	3,380	–	5,024
	1중 절연	1,800	2,430	3,330	3,920	–
표준 중량(kg) (참고치)	2중 절연	–	10.0	12.5	–	27.0
	1중 절연	8.5	9.0	11.5	14.5	–
통 직경(mm)		60	60	60	60	90
세드(shed) 직경(mm)		140	140	140	140	175
세드(shed) 수량		6	8*1	11*1	12	11*2

[주] : 1. 부호(*) : 2중 절연 저압부의 값

(단위:mm)

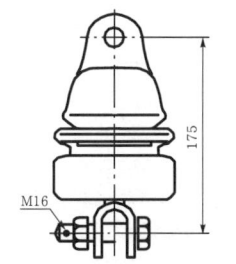

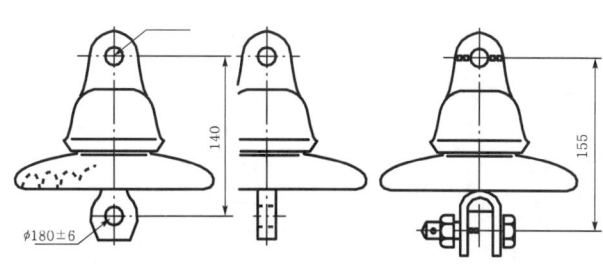

100 C   180 EP   180 E   180 C

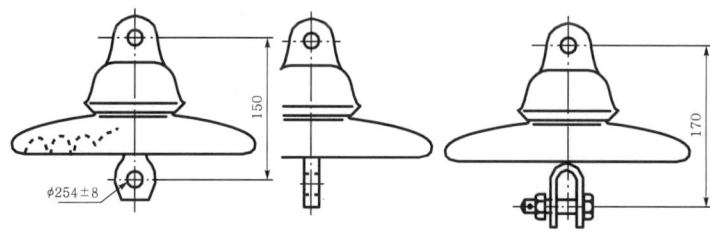

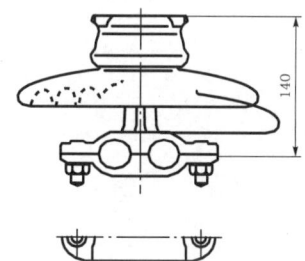

250 EP   250 E   250 C   250 T

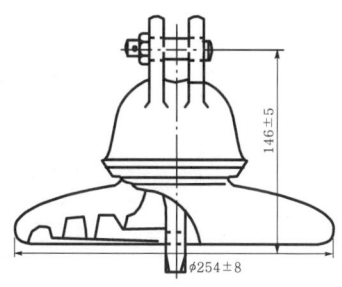

250 EP-J

[주] : 1. 약어 표기

    EP : 아이 핀을 사용하는 현수 애자로 핀과 캡이 평행

    E : 아이 핀을 사용하는 현수 애자로 핀과 캡이 직각

    C : 클레비스 핀을 사용하는 현수 애자

    T : 2선용 커플링을 사용하는 지지(현수) 애자

[그림 10.5] 현수 애자의 외형도

(단위:mm)

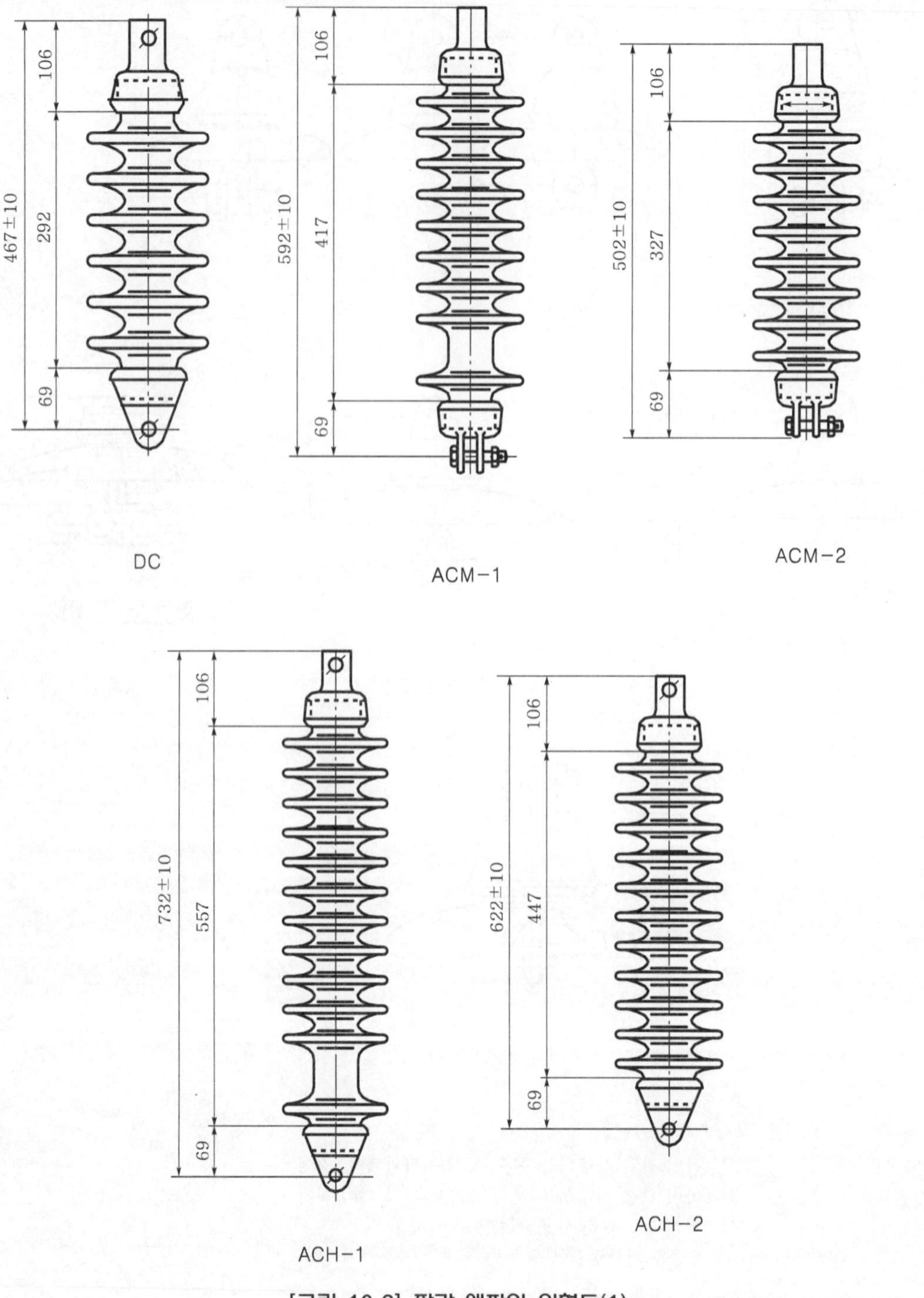

DC

ACM-1

ACM-2

ACH-1

ACH-2

[그림 10.6] 장간 애자의 외형도(1)

(단위:mm)

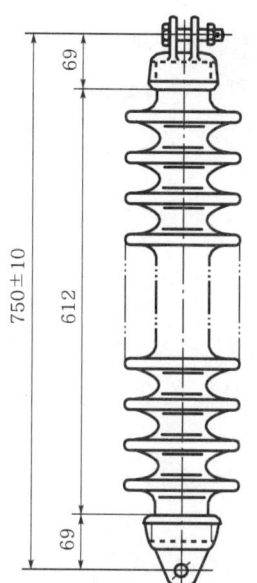

AC-CO

AC-DO

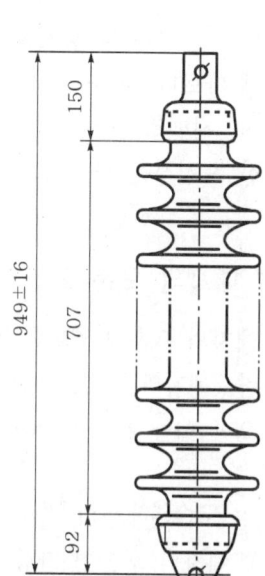

[그림 10.7] 장간 애자의 외형도(2)

3 애자의 오손 구분

애자가 오손되어 비 또는 안개에 의하여 습윤해지면 애자 연면의 절연이 열화된다. 이 절연 열화에 의해서 국부 방전이 발생하고 가청 잡음 등의 장해를 발생시키고 심한 경우에는 섬락 (flash-over)을 유발하게 된다.

전차선로용 애자는 민가에 근접되어 있거나 운전 승무원 또는 승객의 눈에 띄는 경우가 많으므로 오손으로 인해 애자가 방전하여 발광하면 사람에게 불안감을 주게 된다.

애자의 오손 대책으로는 애자의 연용, 애자 세척, 실리콘 콤파운드(silicon compound) 도포 등이 있다.

(1) 애자의 오손

애자의 오손 섬락 특성은 매우 복잡하며 오손물의 종류에 따라 섬락 전압에 미치는 영향이 크게 다르다. 애자의 오손물은 해수의 염분 이외에도 공장에서 배출되는 합성화학물질, 매연, 분진, 시멘트 등이 있다. 이 오손물 중에서 애자의 절연에 가장 악영향을 주는 것은 물에 녹아 강한 도전성을 나타내는 해염 등의 강전해질이다.

1) 애자의 오손 요인

애자의 오손에 영향을 미치는 주요 인자는 오손원에서의 거리, 지형, 풍향, 풍속, 기상, 강우량, 애자의 형태, 표면 상태, 설치 위치, 조가 방법, 과전 전압, 사용 기간 등 많은 요인이 있으며 이들의 종합 영향이 애자의 오손 상태로 나타난다.

① 오손원에서의 거리

애자의 오손에 가장 크게 영향을 미치는 요인의 하나는 이 오손원에서의 거리이다.

② 지형

바다로부터의 거리에 따라 일률적으로 애자의 오손 정도를 추정하는 것은 매우 위험한 발상이다. 특히, 바닷바람(조풍)은 하천을 따라서 침입하기 쉬우며 태풍의 경우에는 평야 및 대하천 유역에서 내륙 수십 km까지 해염이 침입하여 피해를 주는 예도 있으므로 철교 부근의 애자 오손에는 특별히 주의하여야 한다. 또한, 차폐물이 없는 주위보다 높은 평지, 하천 인접 장소, 공장 지역 부근 등에서는 오손 사고가 발생하기 쉽다.

③ 풍속

애자의 오손 진행은 풍속의 약 2제곱에 비례한다. 태풍 등의 강풍하에서 강우가 적고 풍속이 $15\,\text{m/s}$를 초과하는 경우에는 오손이 급속하게 진행되므로 주의하여야 한다. 불과 4시간 사이에 $0.3\,\text{mg/cm}^2$의 중 오손이 진행된 실례도 있다.

④ 강우

애자의 세정 효과는 애자의 형태에 따라 크게 다르게 된다.

⑤ 애자의 종류

장간 애자는 우수 세정 효과가 좋아서 현수 애자의 오손 부착량을 100%로 하면 장간 애자의 오손 부착량은 60~70% 정도로 된다. 그러나 태풍과 같이 우수 세정 효과를 기대할 수 없는 급속 오손에서는 현수 애자의 오손 부착량을 상회하는 경우도 있다. 그리고 통의 직경

이 굵은 애자는 잘 오손되지 않으나 오손 시의 섬락 전압이 낮으므로 전체적으로 보면 오손에 대해서 불리하게 된다.

⑥ 애자의 조가 방법

   현수 애자와 같이 하면에 리브(rib)를 가지는 애자는 현수 조가 또는 내장 조가 등 조가 방법에 따라 우수 세정 효과가 크게 다르므로 조가 방법에 따라 오손량에 차이가 나게 된다. 태풍중의 사고는 내장 조가 방식 애자에서 많이 발생하고 태풍 후의 사고는 현수 조가 방식 애자에서 많이 발생하는 경향이 있다. 특히, 이면을 바다쪽으로 향하여 설치되어 있는 내장 조가식 애자는 태풍 등의 급속 오손 시에 염분의 부착량이 예상치 이상으로 많아지는 경우가 있으므로 주의하여야 한다. 장간 애자는 조가 방식에 따른 오손 영향이 비교적 적으며 오손량의 차이가 별로 없다.

⑦ 애자의 폭로 기간

   애자의 오손은 폭로 기간에 비례하여 누적되어 가는 것은 아니며 기간의 경과에 따라 오손물 부착량이 점차적으로 포화되어 간다.

⑧ 애자의 과전 영향

   애자가 과전이 되면 집진 효과에 의하여 오손이 쉽게 된다.

⑨ 애자 표면의 오손 분포

   애자 표면의 오손 분포는 그 사용 환경에 따라 각각 다르지만 현수 애자의 하면에서는 핀 주변에 가까울수록 우수 세정 효과가 나빠지고 집진 효과가 강하게 되므로 오손물의 부착량이 증가하는 경향이 있다. 장간 애자는 전체적으로 우수 세정 효과가 우수하므로 표면의 오손 분포는 비교적 평준화된다. 급속 오손에서 현수 애자는 하부면보다 상부면에 오손물의 부착이 많아지는 경우도 있다. 또한, 장간 애자는 통부(본체)의 오손물 부착량이 많다. 이와 같이, 상시 오손과 급속 오손은 오손 분포가 서로 다르므로 주의하여야 한다.

2) 애자 표면의 오손 시 발생하는 섬락(flash-over)의 진행 과정

① 애자의 표면은 사용 환경에 따라 해염 등의 오손물이 부착되어 오손된다. 이와 같은 부착물은 건조 상태에서는 절연에 악영향을 미치는 경우가 없다. 그러나 안개비, 눈 등에 의하여 습윤해졌을 때에 오손물 중의 염분 등 가용 성분이 물에 용해되어 표면 누설 저항이 감소되면서 상당한 누설 전류가 흐르게 된다.

② 이 누설 전류의 가열에 의해서 애자에서 전류 밀도가 높은 부분 즉, 현수 애자에서는 핀 및 캡의 주위에 건조대가 형성된다. 그 결과, 국부적으로 저항이 증가하여 부담 전압이

높아지게 된다.

③ 오손의 정도가 경미하고 건조대에 걸리는 전압이 낮은 부분에는 방전이 발생하지 않고 누설 전류는 점차 감소되어 절연성이 회복된다. 그러나 오손의 정도가 높은 부분에서는 최초에 흐르는 전류가 크고 건조 작용이 강하므로 건조대에 걸리는 전압이 높아져서 국부적인 아크(arc)가 발생하게 된다.

④ 국부적인 아크의 발생에 의해 건조 부분이 단락되고 아크 방전의 전류를 제한하는 것은 나머지 습윤 부분의 저항만으로 되어 아크 발생과 동시에 누설 전류는 급격하게 증가하게 된다.

⑤ 한편, 가열 건조 효과도 증대되므로 전류는 감소되고 국부적인 아크도 소멸된다. 그리고 재차 표면이 습윤하게 된다.

⑥ 이와 같이, 누설 전류 서지(surge)가 반복되며 그 결과, 애자 표면의 전압 분포는 점점 불균등하게 되고 전압의 대부분은 건조 부분에 걸리게 되며 아크 방전의 강도는 더하게 된다. 결국에는 습윤 부분의 저항이 전류를 억제할 수 없게 되어 일정치에 도달하면 섬락 (flash-over)으로 이행된다.

(2) 오손 구분

1) 오손 구분의 추정치

염해 지역에서 과절연 시행 정도를 판단하기 위해서는 우선, 태풍, 계절풍 등에 의한 오손 도를 파악해야 한다. 태풍시에 해안선에서 내륙으로의 거리를 5구분(A, B, C, D 및 E)하 여 염해 오손치를 추정하여 이를 표준적 염해 오손 구분 기준으로 하여 절연 설계에 적용하 고 있다. 오손 구분의 개략치는 다음의 [표 10.4]와 같다.

[표 10.4] 오손 구분의 개략치(일본 전기협동연구회)

오손 구분		A	B	C	D	E
최대 상정 등가 염분 부착량(mg)		50	100	200	400	• 해수의 물보라가 직접 걸리는 경우에 3.0% 염수, 0.3 mm/min(수평분)의 주수를 상정
최대 염분 부착 밀도 (mg/cm^2)	현수 애자	0.063	0.125	0.250	0.500	
	장간 애자	0.030	0.060	0.120	0.350	
해안에서의 거리 (km)	태풍	일반 지역 5~10 km	1~10 km	0~3 km		• 해안의 지형 구조에 따라 0~300 m 또는 0~500 m
	계절풍	일반 지역 1~5 km	0.5~2 km	0~1 km		• 해안의 지형 구조에 따라 0~300 m

2) 염진 오손 구분

지역별 애자의 염진 오손 구분은 다음에 의한다.

• 일반 지역 : 해안에서 떨어진 산간, 평야 등에서 특히, 염해에 대하여 고려할 필요가 없는 지역
• 오손 지역 : 해안에서의 거리, 지형, 풍향, 태풍의 내습 빈도 및 송전선의 염해 사고 등의 면에서 상당량의 염해가 예상되는 지역

염진 오손 구분 및 애자의 표준 사용 구분은 다음 [표 10.5]와 같다.

[표 10.5] 애자의 표준 사용 구분(JIS 기준)

애자 구분	직 류	교 류(AC 25 kV)	
	–	일반 지역	오손 지역
현수 애자	180 mm, 2개	250 mm, 4개	250 mm, 5개
장간 애자	직류용 (DC형)	고속철도용 (SK형)	고속철도용 (SK형)

화학 공장의 배연 등에 의해 오손을 받는 장소는 경험에 따라 준용한다. 해수의 물보라, 거품 등의 영향을 받는 장소 또는 염분을 포함한 눈이 부착되는 장소 등 특히, 오손이 심하고 급속한 오손이 예상되는 장소에 대해서는 이에 필요한 염해 방지 대책을 시행하여야 한다.

• 직류 구간에서는 오손보다는 오히려, 유도뢰에 의한 절연 파괴가 문제가 된다. 그래서, 현수 애자는 180 mm×2개련, 장간 애자는 뇌 임펄스 내전압이 현수 애자 180 mm×2개 련 상당의 DC형 애자의 사용을 표준으로 하고 있다. 그러므로 직류 구간에서는 오손 구분 에 의한 애자 종류 및 개수의 사용 구분을 하지 않는다.
• 교류 구간에서는 종래, 오손 구간을 일반 지역, 중(中) 오손 지역 및 중(重) 오손 지역의 3단계로 하고 장간 애자의 종류도 일반용, 중(中) 오손용 및 중(重) 오손용의 3종류로 구 분하여 적용하여 왔다.

그러나 최근에는 해안에서 거리가 먼 곳에서도 염분 부착량이 많은 경우가 발생하였으므로 애자의 오손 특성, 경제성 및 표준화의 관점에서 종래의 중(中) 오손 지역을 일반 지역으로 하고 중(重) 오손 지역을 중(中) 오손 지역으로 하게 되었다.

즉, 오손 구분을 일반 지역과 오손 지역(중(中) 오손 지역＋중(重) 오손 지역)의 2단계로 구분하고 있는 것이다.

오손 구분과 교류 20 kV급 현수 애자의 적용은 다음의 [표 10.6]과 같다.

[표 10.6] 오손 구분과 교류 20 kV급 현수 애자의 적용(일본의 경우)

오손 구분	일반 지역	오손 지역		
애자 사용 개수	3개	4개		
설계 내전압(kV/Ea)	10.3	8.9	7.8	6.8
최대 등가 염분 부착량(mg/cm^2)	0.063	0.125	0.25	0.5

오손 구분과 교류 20 kV급 장간 애자의 적용은 다음의 [표 10.7]과 같다.

[표 10.7] 오손 구분과 교류 20 kV급 장간 애자의 적용(일본의 경우)

오손 구분	일반 지역	오손 지역		
장간 애자의 적용	M형	H형		
최대 등가 염분 부착량(mg/cm^2)	0.03	0.06	0.12	0.35

[주] : 1. 부호 표시
   M형 : 기존 중(中) 오손용
   H형 : 기존 중(重) 오손용

그리고 터널에서는 우수에 의한 세정 효과가 없고 점검 및 청소가 곤란한 것을 고려하여 장간 애자는 누설 거리가 큰 터널용 장간 애자, 현수 애자는 250 mm×4개련 상당 이상의 것을 사용하여 오손 지역에 준하는 설비로 할 필요가 있다.

고속철도의 절연 설계는 당초에 해안에서 3 km 이내의 구간을 중오손 지역으로 하고 기타의 구간을 일반 구간으로 하였으며 현수 애자의 연용 개수는 중오손 지역에서는 250 mm×4개련, 일반 지역에서는 250 mm×3개련으로 적용하여 왔다.

그러나 일반 지역에 대해서 4개련화가 적용되면서 이후에는 무보수화를 고려하여 현재의 표준으로 적용하게 되었다. 또한, 장간 애자의 소요 누설 거리는 25 kV의 경우에 30 kV를 적용하고 있다.

고속철도의 오손 구분은 다음의 [표 10.8]과 같다.

[표 10.8] 고속철도의 오손 구분

오손 구분	일반 지역	오손 지역
최대 등가 염분 부착량(mg/cm^2)	0.1	0.3

(3) 급속 오손

태풍, 계절풍 등에 의해 바다로부터 해염 입자가 날아와서 단시간에 애자가 오손되는 현상을 급속 오손이라고 한다. 태풍에 의한 것은 바다로부터 수십 km까지 미치는 경우도 있으며 태풍의 중심이 통과하는 우측 지역에 특히, 피해가 많이 발생한다. 이러한 현상은 태풍의 우측 지역에 강수량이 적은 이유에 기인한다.

계절풍은 겨울(12월~2월)과 여름(4월~8월)에 발생하며 그 피해는 해안에서 5 km 이내에 많이 발생하고 있다. 애자의 등가 염분 부착 밀도는 태평양 쪽에서 태풍이 불어오거나 동해측에서는 겨울 계절풍이 불어오는 때에 최대로 되는 경우가 많다. 그리고 오손 후에는 안개, 이슬비, 결로 등에 의한 습기가 가해졌을 때에 섬락(flash-over)이 많이 발생한다.

태풍 또는 계절풍이 강우를 동반하는 경우에는 그 피해가 적으며 강우가 없는 바람, 태풍 등의 경우 또는 강우가 있어도 바람과 비의 시간적인 차이가 있을 때에는 우수 세정 효과를 기대하기 어려우므로 피해가 발생하기 쉽다.

태풍의 염해에 의한 염분 부착량의 예는 다음의 [표 10.9]와 같다.

[표 10.9] 태풍의 염해에 의한 염분 부착량의 예(250 mm 현수 애자의 경우)

태풍 상태	상 면(mg/cm^2)			하 면(mg/cm^2)		
	최대	최소	평균	최대	최소	평균
강우 없음	0.2050	0.1120	0.1650	0.2860	0.0310	0.1220
강우 있음	0.1000	0.0090	0.0228	0.1630	0.0190	0.0630
소량의 강우 있음	0.2460	0.0130	0.0887	0.1670	0.0200	0.0637

그리고 겨울 계절풍에 의한 급속 오손은 강풍이 수일간 계속 불어서 태풍과 같은 피해를 주는 경우도 있다. 또한 일반적으로, 등가 염분 부착 밀도의 최대 증가 속도는 해안에서 100~1,000 m의 범위 내에서 1시간당 $0.075\,mg/cm^2$ 정도로 된다.

 4 절연 설계

(1) 직류 전차선로용 애자의 절연 설계

애자는 우수 세정 효과 등에 의해 보통 $0.3\,mg/cm^2$ 이상의 착염은 없는 것으로 간주된다. 그리고 직류 전차선로용 애자의 경우에 등가 염분 부착량이 $0.3\,mg/cm^2$로 되어도 오손에 의

한 애자 섬락의 발생은 고려할 필요가 없으며 누설 전류에 의한 전식, 편열 파괴 및 뇌격에 대해서만 고려하면 된다.

직류 전차선로는 구조상, 뇌격에 의해 절연이 위협을 받는 경우가 많다. 이 경우, 직격뢰보다 유도뢰에 의한 이상 전압의 발생 빈도가 많고 그 파고치는 수십 kV 정도가 대부분이며 파고치 200 kV를 초과하는 경우는 매우 드물게 발생하고 있다.

180 mm 현수 애자 2개련의 50% 섬락 전압은 185 kV로 피뢰기의 방전 개시 및 제한 전압에 비하여 상당한 여유도를 가지고 있으며 대부분의 유도뢰 진행파의 파고치보다 높은 특성을 가지고 있다.

그러므로 직류 전차선로에서는 180 mm 현수 애자 2개련을 사용하여 유도뢰에 의한 절연 사고 방지를 도모하고 있다. 이에 기준하여 장간 애자도 180 mm 현수 애자 2개련 상당의 직류형의 사용을 표준으로 하고 있다.

직류 1,500 V 전차선로용 애자의 오손 특성은 다음의 [그림 10.8]과 같다.

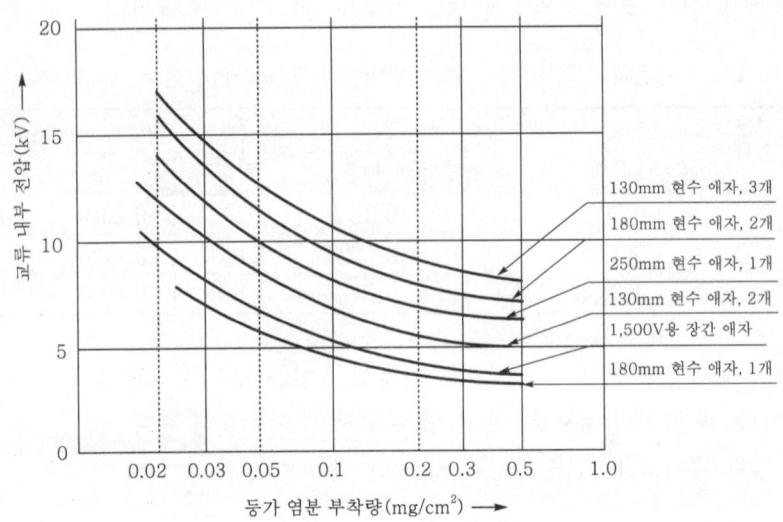

[그림 10.8] 직류 1,500V 전차선로용 애자의 오손 특성

180 mm 현수 애자의 연용 특성은 다음의 [표 10.10]과 같다.

[표 10.10] 180 mm 현수 애자의 연용 특성(JIS C 3811 기준)

연용 수량	섬락 전압(kV)		50% 충격 섬락 전압(kV)	
	건 조	주 수	정극성(+) 파형	부극성(−) 파형
2	110	60	190	185
3	155	85	270	265

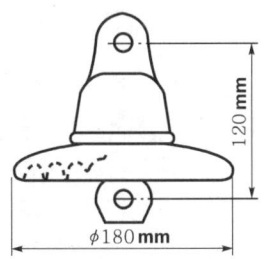

[애자의 구조도]

(2) 교류 전차선로용 애자의 절연 설계

교류 전차선로용 애자는 오손 열화로 인한 섬락 사고 방지를 기준으로 하여 절연 강도를 지정하고 있다.

교류 전차선로용 애자의 오손 특성을 보면 일반적으로, 250 mm 현수 애자 3개련의 경우는 $0.3\,\mathrm{mg/cm^2}$의 염분 부착 시에는 섬락이 발생한다.

교류 전차선로용 애자의 오손 특성은 다음의 [그림 10.9]와 같다.

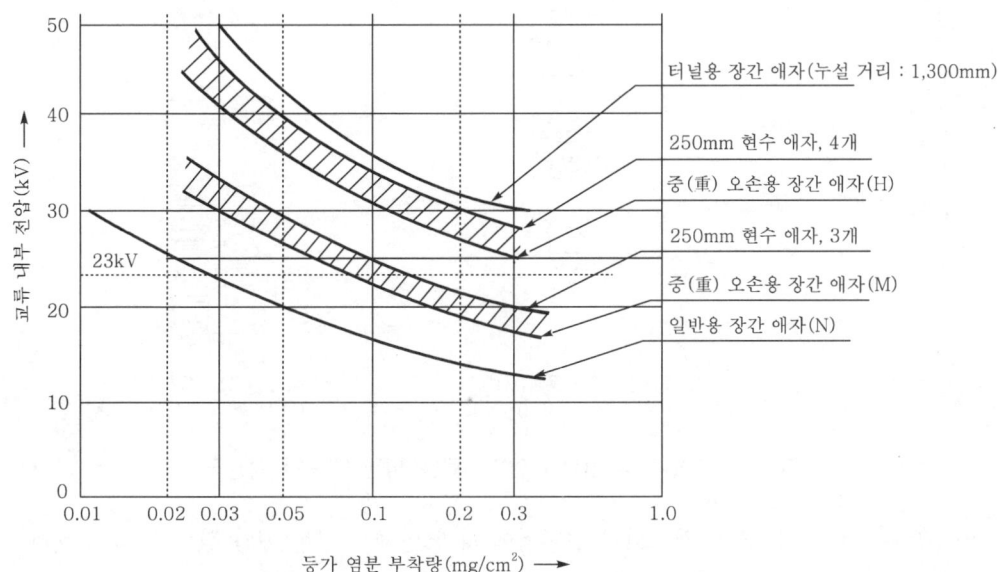

[그림 10.9] 교류 전차선로용 애자의 오손 특성

250 mm 현수 애자의 연용 특성은 다음의 [표 10.11]과 같다.

[표 10.11] 250 mm 현수 애자의 연용 특성(JIS C 3810 기준)

연용 수량	섬락 전압(kV)		50% 충격 섬락 전압(kV)	
	건 조	주 수	정극성(+) 파형	부극성(−) 파형
2	155	90	255	255
3	215	130	355	345
4	270	170	440	415
5	325	215	525	495
6	380	255	610	585

교류 전차선로용 애자의 적용 기준에 대해서 교류 전철화 초기 이래로 다방면의 조사, 시험, 연구 등을 수행하여 그 결과에 따라 변경 또는 애자의 개량 등을 거듭하여 왔다. 이전의 오손 설계는 주로, 증기 기관차의 매연 오손에 중점을 두었으며 염해에 대해서는 애자 청소를 전제로 하는 보수 작업 시행으로 대체하여 왔다. 따라서 전차선로용 장간 애자의 적용 구분도 일반용과 터널용의 2종류로만 되어 있었다.

교류 20 kV급 전차선로용 장간 애자의 외형도는 다음의 [그림 10.10]과 같다.

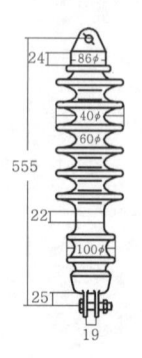
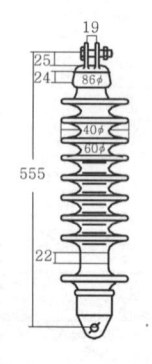
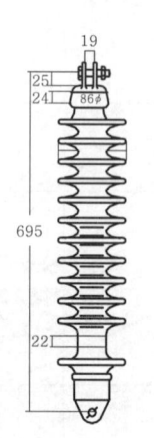

(단위:mm)

(a) 일반용(AN)
(누설 거리 : 600mm)

(b) 중(中) 오손용(AM)
(누설 거리 : 800mm)

(c) 중(重) 오손용(AH)
(누설 거리 : 1,100mm)

[그림 10.10] 교류 20 kV 전차선로용 장간 애자의 외형도

이와 같은 상황에서, 교류 전철화가 진전됨에 따라 염해로 인한 애자 섬락(flash-over) 사고가 빈번하게 발생하게 되었다. 그래서 교류 전차선로용 장간 애자의 설계 조건에 해당 지역의 염분 오손을 고려하도록 하였다. 연선의 등가 염분 부착량, 오손 환경, 오손 상태 등을 조사하여 오손 지도(map)를 작성하는 데에는 장기간에 걸친 측정 등이 필요하므로 송전선의 오손 구분을 준용하여 설정하였다.

교류 20 kV급 전차선로의 오손 구분 및 장간 애자의 적용 구분은 다음의 [표 10.12]와 같다.

[표 10.12] 교류 20kV급 전차선로의 오손 구분 및 장간 애자의 적용 구분(등가 염분 부착량 기준)

오손 구분	일반 지역	중(中) 오손 지역		중(重) 오손 지역
	A	B	C	D
상정 최대 등가 염분 부착량 (mg/cm^2)	0.03	0.06	0.12	0.35
kV당 소요 누설 거리 (mm/kV)	26.0	30.0	33.5	43.5
소요 누설 거리(mm)	600	665	780	1000
장간 애자의 적용	일반용 26(mm/kV)	중(中) 오손용 34(mm/kV)		중(重) 오손용 43.5(mm/kV)

[주] : 1. 지역 구분
　　　　일반 지역 : 염해를 고려할 필요가 없는 지역
　　　　중(中) 오손 지역 : 상당한 염해가 예상되는 지역
　　　　중(重) 오손 지역 : 특별히 염해가 격심한 지역

전차선로용 장간 애자의 설계에 있어서는 상정 등가 염분 부착량의 다소에 따라 일반용, 중(中) 오손용 및 중(重) 오손용의 3단계로 구분하고 섬락(flash-over) 전압 방지에 필요한 누설 거리를 확보하도록 고려하고 있다.

최근에는 애자의 오손 특성, 표준화 및 경제성의 관점에서 종래의 중(中) 오손용을 일반 지역에 사용하고 중(重) 오손용을 중(中) 오손 지역까지 사용하는 것으로 하고 있다. 즉, 오손 구분을 일반 지역 및 오손 지역(중(中) 오손 지역＋중(重) 오손 지역)의 2단계로 하고 있다.

(3) 고속철도 전차선로 애자의 절연 설계(일본 사례)

1) 도카이도(東海道) 신칸센의 전차선로 애자

애자의 절연 설계 기준으로 해안에서 3 km 이내의 구간을 중(重) 오손 지역, 기타 구간을 일반 지역으로 하고 현수 애자의 연용 개수는 중(重) 오손 지역에는 250 mm×4개련, 일반 지역은 250 mm×3개련을 적용하고 있다.

장간 애자는 급전 전압이 25 kV로 승압되었으므로 오손 내전압 30 kV에 적합한 소요 누설 거리를 적용하고 전차선의 장력, 풍압 하중도 커져서 이에 대응하여 강화되어 있다.

즉, 애자의 굽힘 파괴 강도를 보면 일반 철도용이 130 kgf(통 직경 60 mm)이나 이 신칸센에서는 350~400 kgf(통 직경 80 mm)로 강화되어 있다. 그 종류로는 단면 형태면에서 인장용(통 직경 65 mm)과 방장용(통 직경 80 mm)으로 구분되고 오손 구분면에서 일반용(9 sheds)과 중(重) 오손용(11 sheds)으로 구분되어 있다.

신칸센 장간 애자의 외형도는 다음의 [그림 10.11]과 같다.

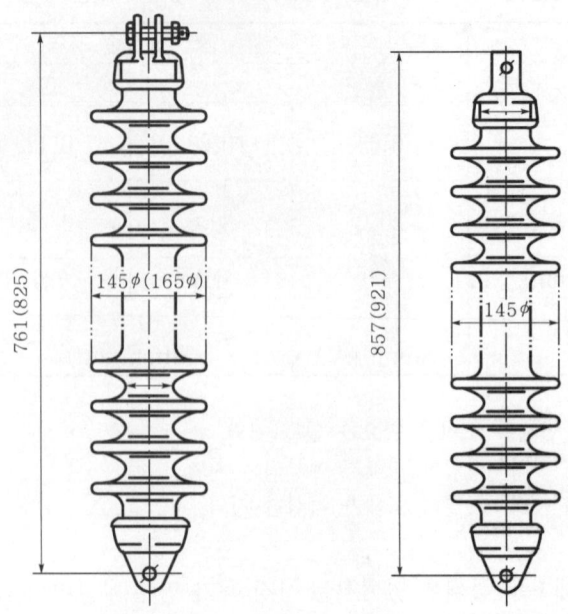

[그림 10.11] 신칸센 장간 애자의 외형도

그리고 섬락 보호 방식이 차량 기지, 변전소의 인출 철구조물 등을 제외하고는 이중 절연 방식을 적용하고 있으므로 장간 애자의 부극성(−) 측에 이중 절연(6호 절연)의 세드(shed)를 2개 설치하여 애자 섬락으로 인한 사고 전류의 차단을 확실하게 하고 있다.

2) 산요(山陽) 신칸센의 전차선로 애자

이 신칸센은 전 구간이 해안으로부터 약 10 km 이내에 위치하고, 내오손 설계는 도카이도 신칸센의 중(重) 오손 지역과의 협조를 도모하기 위하여, 등가 염분 부착량 0.3 mg/cm^{2}로 적용하고 있다. 그리고 현수 애자에 대해서는 설치 용이성과 무보수화를 고려하여 250 mm×5개 련을 적용하고 았다. 또한, 전차선이 헤비 콤파운드 커티너리(heavy compound catenary) 방식으로 되어 있어 장간 애자의 하중이 크고 AT 급전 방식으로 초고압 계통에서 직접 수전하고 있어 사고 전류가 커서 20 kA를 초과하는 경우도 있다. 그래서 장간 애자의 통 직경을 아크(arc)에 의한 절단을 고려하여 90 mm로 확대 적용하여 내 아크 성능의 향상을 도모하고 굴곡 파괴 강도도 450 kgf로 강화시켜 적용하고 있다.

오손 구분은 해안선로이므로 중(重) 오손용(11 sheds)을 적용하는 중(重) 오손 지역으로만 구분하고 있다.

3) 도호쿠(東北) 신칸센의 전차선로 애자

이 신칸센의 선로는 해안 및 내륙을 모두 경유하고 있어 해안에서의 거리에 관계되는 염해 오손 구분상의 각 지역을 통과한다. 그러므로 각 경로에 해당되는 지역의 오손 지도(map) 및 일반 철도의 기존 설비, 전력 회사 송전선의 과거 염해 상태, 현수 애자의 연용 수량과 장간 애자의 절연 협조, 애자 섬락 시의 내 아크 성능 등을 종합적으로 평가하고 감안하여 애자의 적용 기준을 설정하고 있다. 그 결과, 현수 애자의 연용 개수는 오손 지역에는 250 mm×5개련, 일반 지역에는 250 mm×4개련으로 적용하고 장간 애자는 표준화의 면에서 산요 신간선과 동일한 종류를 오손 지역 및 일반 지역에 그대로 사용하고 있다.

이 신칸센의 장간 애자 특성은 다음의 [표 10.13]과 같다.

[표 10.13] 신칸센의 장간 애자 특성

종류		통직경 (mm)	세드직경 (mm)	세드 수량		내전압(kV)		하중(kgf)		표면 누설 거리 (mm)	중량 (kg)
				(+) 측	(−) 측	주수 내전압	충격 내전압	굽힘 파괴 하중	인장 내하중		
일반용	인장(25A−1)	65	145	9	2	155	330	−	3,600	1,020	16.0
	방장(25B−1)	80	165	9	2	155	330	400	3,600	1,040	22.5
중(重) 오손용	인장(25A−2)	65	145	11	2	180	380	−	3,600	1,220	17.5
	방장(25B−2)	80	165	11	2	180	380	350	3,600	1,250	26.0
	SK type	90	175	11	2	180	380	450	3,600	1,250	27.0

⑤ 애자의 오손 대책

애자의 오손 대책으로서는 과절연, 애자 청소, 발수성 물질의 도포 등이 있다. 일반적으로, 선로 구간의 중요도, 환경 조건, 보수 체계, 경제성 등을 고려하여 가장 적합한 방법을 단독 또는 병용하여 적용하고 있다.

(1) 과절연 설계

매연, 분진, 염분 등의 오손을 고려하여 사전에 애자의 연면 절연을 강화하여 오손 상태에서의 섬락 사고(flash-over)를 방지하는 방법이다. 과절연 설계에서는 애자의 연용, 표면 누설

거리가 긴 특수 애자의 사용 등이 있으나 오손 애자의 섬락 전압은 애자의 표면 누설 거리에 거의 비례하여 상승하므로 애자의 연용 수량을 증가시키는 방법이 주로 적용되고 있다.

(2) 애자 청소

이 방법은 애자의 오손 섬락 사고를 방지하기 위하여 애자를 수시 또는 정기적으로 청소를 시행하는 것이다.

애자 청소에는 다음과 같은 방법이 있다.

- 인력 수작업에 의한 방법
- 활선 애자 청소기에 의한 방법
- 활선 청소 장치에 의한 방법

일반적으로, 전차선로를 정전시키고 인력에 의해 수작업으로 청소를 수행하고 있다.

(3) 발수성 물질의 도포

애자의 오손 시 습기에 의해 표면의 절연이 감소하지 않도록 애자의 표면에 발수성 물질을 도포하여 절연을 유지하도록 하는 방법이다. 발수성 물질에는 실리콘 콤파운드(silicon compound)가 널리 사용되고 있다. 실리콘 콤파운드는 실리콘 유(silicon oil)에 미세한 실리카(silica) 분말을 배합한 그리스(grease) 상태의 혼합물로 발수성 및 전기적 절연성이 우수하다.

실리콘 콤파운드가 도포되어 있는 애자에 오손물이 부착되면 실리콘 유가 스며나와서 오손물을 둘러싸므로 애자 표면은 발수성이 유지된다. 그리고 애자 표면이 실리콘 층으로 둘러싸인 상태가 되므로 물이 접촉되어도 오손물중의 전해액은 용해되지 않으며 또한, 부착되어 있는 비용해성의 진애가 수분을 유지할 수 없게 된다.

이렇게 하여 애자는 높은 표면 저항을 유지할 수 있게 되므로 섬락 전압의 강하를 방지할 수가 있다. 그러나 이 방법은 해염과 같이 오손 입자가 작은 경우에는 효과가 있으나 매연, 진애 등에 의한 오손 시에는 큰 효과가 없다. 그 이유는, 이러한 오손물이 다량 부착되는 경우에 애자 표면의 발수성이 상실되고 국부적 아크가 발생하기 때문이다. 그러므로 실리콘 콤파운드가 도포된 애자 표면에 국부적 아크 또는 누설 전류의 발생이 감지되는 경우에는 기 도포된 실리콘 콤파운드를 제거하고 재도포를 하여야 한다.

(4) 전차선로용 장간 애자의 주요 특성(IEC 기준)

(IEC Pub. 815 : Guide for the selection of insulators in respect of polluted conditions /Long-rod and traction line insulator)

① 장간 애자 구조에 대한 특성 요소

ⓐ 세드(shed)의 최소 간격(c) : 이 간격은 우수 시에 인접한 2개 세드 간에 교락(브릿징 : bridging)을 방지하는 데에 매우 중요하다. 이 간격은 최소 30 mm 이상이 되어야 한다.

ⓑ 세드 간격과 창출 길이의 비율(s/p) : 이 비율은 세드 창출 길이의 과설계 또는 세드 수량의 과잉 등에 의해 너무 높은 연면 누설 거리를 가지지 않도록 제한하는 것이다. 이 비율은 애자의 자정 작용(self-cleaning property)에 매우 중요하다. 이 비율(s/p)은 0.8 이상이어야 한다. 여기서, 세드 간격(s : spacing)은 인접한 세드의 동일 위치 사이의 수직 거리이며 세드의 창출 길이(p)는 최대 세드의 창출 길이(overhang)이다.

ⓒ 연면 누설 거리와 이격 거리의 비율(l_d/d) : 이 비율(l_d/d)은 부분적 단락을 피하도록 연면 누설 거리의 적용을 규정하며 그 값은 5보다 적어야 한다. 여기서, 이격 거리(d)는 절연부에 위치한 2지점 사이 또는 절연부와 금속체의 임의 지점 사이의 직선 공간 거리이며 연면 누설 거리(l_d)는 상기의 2지점 간의 누설 통로 거리이다.

ⓓ 교번 배치 세드(alternating sheds) : 2개 인접한 세드 창출 길이(overhang)의 차이 (p_1-p_2)는 우수 시에 세드 간의 교락을 방지하는 데에 매우 중요하다. 이 길이 차이 (p_1-p_2)는 15 mm 이상이어야 한다. 여기서, p_1은 큰 세드의 창출 길이이며 p_2는 작은 세드의 창출 길이이다.

ⓔ 세드의 경사(inclination of sheds) : 세드의 경사는 애자의 자정 작용(self-cleaning property)에 매우 중요하다. 세드의 최상부에 대해서 세드의 최소 경사각(α)은 5°보다 커야 한다. 세드의 하부에 대한 최소 경사각은 지정되지 않는다. 그러나 하부에 리브(rib)가 없으면 최소 경사각은 2°가 권장된다.

ⓕ 애자 전체에 대한 특성 요소

• 누설 계수($C.F$: Creepage Factor)

$$C.F = L_l / S_l$$

여기서, L_l : 애자의 연면 누설 거리의 합계

S_l : 정격 전압이 인가되는 금속체 부분 사이에 애자 외부의 기중 최단 아크 거리

누설 계수($C.F$)에 대해서 다음의 값이 권장된다.

오염 레벨 Ⅰ 및 Ⅱ : $C.F \leq 3.50$
오염 레벨 Ⅲ 및 Ⅳ : $C.F \leq 4.00$

• 단면 계수($P.F$: Profile Factor)

$$P.F = (2p + s)/l$$

여기서, p : 세드의 창출 길이

s : 세드의 이격 거리

l : 세드간 절연 누설 통로의 연면 누설 거리

단면 계수($P.F$)에 대해서 다음의 값이 권장된다.

오염 레벨 Ⅰ 및 Ⅱ : $P.F > 0.8$

오염 레벨 Ⅲ 및 Ⅳ : $P.F > 0.7$

㊊ 장간 애자의 구조도

• 세드간 최소 거리([그림 10.12] 참조)

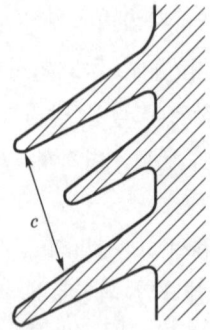

[그림 10.12] 세드간 최소 거리(Min. distance between sheds(c))

• 세드의 경사 구조([그림 10.13] 참조)

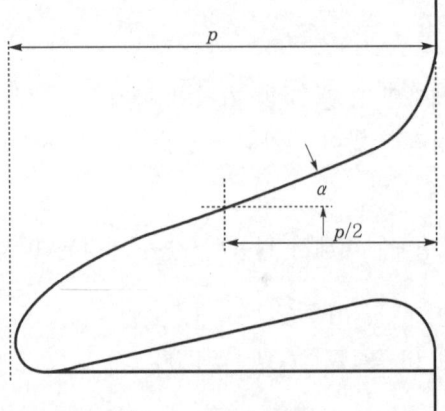

[그림 10.13] 세드의 경사 구조(Inclination of sheds)

• 기준 세드의 구조([그림 10.14] 참조)

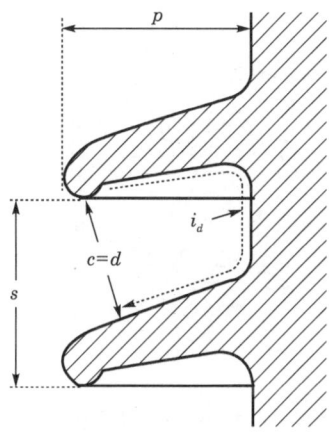

[그림 10.14] 기준 세드의 구조(Normal sheds)

• 교번 배치 세드의 구조([그림 10.15] 참조)

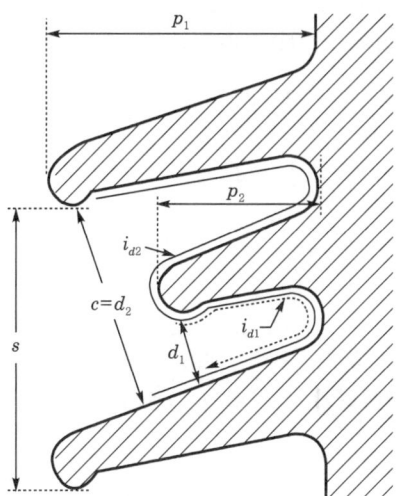

[그림 10.15] 교번 배치 세드의 구조(Alternating sheds)

• 하부 리브형 세드([그림 10.16] 참조)

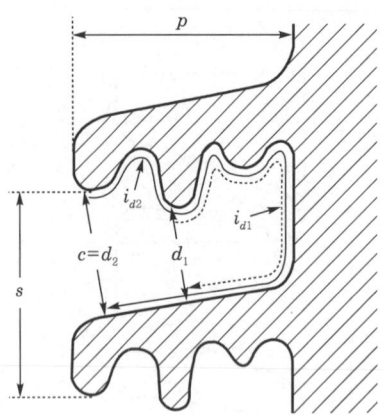

[그림 10.16] 하부 리브부 세드(Underrib sheds)

② **연면 누설 거리의 적용(Specific creepage distance)**

ㄱ 애자 구조에 대한 특성 요소

장간 애자는 다음의 요소에 의해 주요 구조가 결정된다.

• 세드간 최소 거리(c)
• 세드 간격과 세드 창출 길이의 비율(s/p)
• 연면 누설 거리와 이격 거리의 비율(l_d/d)
• 교번 배치 세드
• 세드의 경사
• 애자 전체 구조에 대한 특성 요소

　－누설 계수($C.F$)
　－단면 계수($P.F$)

ㄴ 애자 위치의 영향

수직 사용 애자의 수평 또는 경사 사용 시에 다소 성능의 변화가 있을 수 있다. 그러나 특별한 성능 관련 데이터가 지정되지 않으면 애자의 위치에 따른 성능의 변화는 무시한다.

ㄷ 직경의 영향

장간 애자의 오염 성능은 애자의 평균 직경이 증가하면 감소한다.

평균 직경(D_m)에 대한 누설 거리의 증가 계수 k_D는 다음과 같이 적용한다.

$$D_m < 300\,\mathrm{mm} : k_D = 1.0$$
$$300 \leq D_m \leq 500\,\mathrm{mm} : k_D = 1.1$$

$$D_m > 500 \text{ mm} : k_D = 1.2$$

평균 직경(D_m)은 다음 식으로 구한다.

• 규정 세드(regular sheds)

$$D_m = (D_e + D_i)/2$$

• 교번 배치 세드(alternating sheds)

$$D_m = (D_{e1} + D_{e2} + 2D_i)/4$$

㉣ 연면 누설 거리의 결정

현장의 오염 레벨에 따른 상−대지간 애자의 최소 정격 누설 거리는 다음 식에 의거한다.

$$(최소 \ 정격 \ 누설 \ 거리) = (최소 \ 지정 \ 누설 \ 거리) \times (최대 \ 상전압) \times k_D$$

• 규정 세드(regular sheds) : ([그림 10.17] 참조)

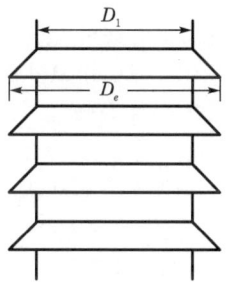

[그림 10.17] 규정 세드(regular sheds)

• 교번 배치 세드(alternating sheds) : ([그림 10.18] 참조)

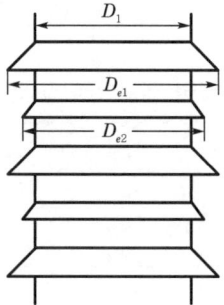

[그림 10.18] 교번 배치 세드(alternating sheds)

③ 오염도 기준 및 적용

표준적인 4등급의 오염 레벨(Light~Very Heavy)이 지정되며 이는 다음의 [표 10.14]와 같다.

[표 10.14] 오염 등급과 환경

오염 등급	오염 환경
Ⅰ : Light	• 산업 공장이 없고 난방 플랜트를 가지는 가옥 저밀도 지역 • 산업 공장 또는 가옥의 저밀도 지역으로 잦은 바람 또는 우수 지역 • 농경 지역 • 산악 지역 • 바다에서 최소 10~20 km에 위치하고 해풍에 직접 노출되지 않는 지역
Ⅱ : Medium	• 오염 연기를 생성하지 않는 산업 공장 또는 난방 플랜트를 가지는 가옥의 평균 밀집 지역 • 가옥 또는 산업 공장의 고밀도 지역으로 잦은 바람 또는 우수 지역 • 해풍에 노출되지만 해안에 너무 근접하지 않는 지역(바다에서 최소 수 km 거리)
Ⅲ : Heavy	• 산업 공장의 고밀도 지역 또는 오염 물질을 생성하는 고밀도 난방 플랜트를 가지는 대도시 교외 지역 • 바다에 근접한 지역 또는 상대적으로 강한 해풍에 노출되는 지역
Ⅳ : Very Heavy	• 특별히 두꺼운 도전성 축적물을 생성하는 도전성 먼지 및 산업 공장 연기가 전반적으로 확산되는 지역 • 바다에 매우 근접하고 해일 또는 강한 오염 해풍에 노출되는 지역 • 장기간 가물고 모래와 소금을 포함하는 강한 바람에 노출되며 정기적으로 축적되는 사막 지역

④ 오염 레벨과 연면 누설 거리의 관계

오염 레벨에 대해서 최고 전압에 대한 최소 연면 누설 거리는 다음의 [표 10.15]와 같다.

[표 10.15] 오염 레벨별 최소 연면 누설 거리

오염 레벨	최소 연면 누설 거리(mm/kV)
Ⅰ : Light	16
Ⅱ : Medium	20
Ⅲ : Heavy	25
Ⅳ : Very Heavy	31

⑤ 오염 레벨과 염분 부착량의 관계

장간 애자의 오염 레벨과 시험에 의한 염분 부착량(SDD ; Salt Deposit Density)과의 관계는 다음의 [표 10.16]과 같다.

[표 10.16] 오염 레벨과 염분 부착량

지정 누설 거리 (mm/kV)	인위적 오염 시험 상−대지 전압에 대한 허용치		
	연무법 (Salt fog method) (kg/m³)	고형층법 (Solid−layer method)	
		SDD (mg/cm²)	층 도전성 (Layer conductivity) (μs)
16	5~14	0.03~0.06	15~20
20	14~40	0.10~0.20	24~35
25	40~112	0.30~0.60	36
31	>160	−	−

memo

Contact Lines for Electric Railways

제11장

전차선로 지지물

1. 전주
2. 지선 및 지주
3. 전주의 기초
4. 빔(beam)

1 전주

(1) 콘크리트주(concrete pole)

콘크리트주는 수명이 반영구적이고 보수 작업이 거의 없고 또한, 제작하는 데에 있어서 시멘트, 자갈, 모래 등의 자연 자원을 이용하는 등 목주에 비해서 각종 장점이 있다. 그래서 초기에는 현장에서 형틀을 조립하고 콘크리트를 타설하였으며 이후, 원심력 공법의 발달에 따라서 형틀에 철근을 조립하고 여기에 장력을 걸어 콘크리트를 부어 넣은 뒤에 콘크리트가 고착된 후에 장력을 내리는 공법에 의한 방법이 취해지고 있다. 그리고 보다 외력에 대해서 강도가 있는 새로운 콘크리트주가 개발되어 사용되고 있다.

콘크리트주는 수명이 길고 부분적인 부식의 발생이 없고 품질 형태를 필요에 따라서 제작 가능한 장점이 있다.

전차선로에 사용되는 콘크리트주는 전차선, 급전선, 귀선을 지지하는 시설이므로 지지물이라 부른다. 전차선로에 사용된 콘크리트주는 사용 목적에 따라서 여러 형태 및 종류가 있으며 강도, 길이, 형태 등에 따라서 분류된다.

콘크리트주는 종류가 다양하고 제조, 설계, 제작의 면에서 매우 복잡하므로 자재 관리의 면에서 규격의 표준화가 시행되어 현재는 그 형식이 N형, T형의 2개 형식으로 되어 있고 종류도 통일되어 있다.

콘크리트주의 표준화에 의한 특성으로서는 다음과 같은 것이 있다.
- 표준화에 의한 종류의 감소 및 비 테이퍼화(non-taper)에 의해서 제조 및 사용면의 합리화와 경제화가 도모된다.
- 균열 및 이도를 작게 하는 것이 가능하고 강도가 대폭으로 확대된다.
- 형태가 비 테이퍼화(non-taper)되므로 전주 밴드도 표준화가 가능하다.

콘크리트주의 사용 구분은 [표 11.1], 표준 적용 구분은 [표 11.2]와 같다.

[표 11.1] 콘크리트주의 사용 구분

길 이 (m)	하중점의 높이 (m)	지지점의 높이 (m)	지지점의 설계 휨 모멘트(kg·m)		
			N형	T형	
			직경 35 cm	직경 30 cm	직경 35 cm
9	7.25	1.5	–	4,500	5,000 6,500
10	8.05	1.7	5,000	–	5,000 7,500
11	8.85	1.9	5,000 6,500	–	5,000 6,500

[주] : 1. 콘크리트주의 명칭은 길이(m)−말구경(cm)−형태별 기호 및 설계 휨 모멘트 (kg·cm)로 표기된다.

    [예] 10−35−N 5,000

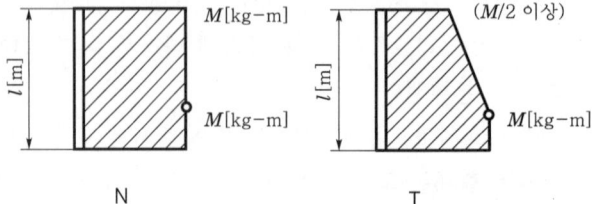

[휨 모멘트의 크기 및 분포도]

[표 11.2] 콘크리트주의 표준 적용 구분

전차선로의 종류	적용 개소	전주 길이(m)
직류 전차선로	정차장 간 − 직선	9
	정차장 간 − 곡선	
	정차장 구내 − 승강장 상	
	정차장 구내 − 승강장 외	10
교류 전차선로 (BT 급전 방식)	정차장 간 − 직선	10
	정차장 간 − 곡선	
	정차장 구내 − 승강장 상	
	정차장 구내 − 승강장 외	11
교류 전차선로 (AT 급전 방식)	정차장 간 − 직선	10/11
	정차장 간 − 곡선	
	정차장 구내 − 승강장 상	
	정차장 구내 − 승강장 외	

(2) 좌판형 콘크리트주

좌판형 콘크리트주는 고가, 교량 등에 사용하는 것을 목적으로 한 전주이며 원심력을 응용한 프리 스트레스트 콘크리트(pre-stressed concrete) 공법에 의해 제작된 철근 콘크리트주이다.

프리 스트레스트(pre-stressed) 콘크리트주의 종류는 다음의 [표 11.3]과 같다.

[표 11.3] 프리 스트레스트(pre-stressed) 콘크리트주의 종류

길 이 (m)	하중점의 높이. (m)	지지점의 높이 (m)	지지점의 설계 휨 모멘트(kg·m)				
			N형		T형		
			직경 35 cm	직경 40 cm	직경 30 cm	직경 35 cm	직경 40 cm
9	7.25	1.5	—	—	4,500	5,000 6,500	—
10	8.05	1.9	5,000	—	—	5,000 7,500	9,000 1,000 5,000
11	8.85	1.9	5,000 6,500	—	—	5,000 6,500	9,000 11,000
12	9.75	2.0	—	15,000	—	—	11,000 13,000
13	10.55	2.2	—	15,000	—	—	9,000 11,000 13,000 15,000
14	11.35	2.4	—	15,000	—	—	13,000 15,000

강도 조건을 만족하는 범위 내에서 앵글 철주, 강관주 대신에 사용될 수 있어 향후, 많은 경제적 효과가 기대된다. 좌판 부분은 모르터(mortar) 등으로 피복되며 특히, 진동이 많은 개소에서는 접착제를 사용하여 모르터를 피복한다.

좌판부 콘크리트주의 형식과 종류 및 구조는 [표 11.4]와 같다.

[표 11.4] 좌판부 콘크리트주의 종류

길 이 (m)	하중점의 높이 (m)	지지점(좌판과 콘크리트주의 접속부)의 설계 휨 모멘트(kg·m)					
		N형			T형		
		직경 35 cm	직경 40 cm	직경 45 cm	직경 35 cm	직경 40 cm	직경 45 cm
8	7.75	5,000	9,000 12,000		5,000 7,500	9,000 12,000	15,000
9	8.75	5,000 6,500	12,000		5,000 6,500	12,000	15,000
10	9.75			15,000		12,000	15,000
11	10.75			15,000		12,000	15,000
12	11.75			15,000		12,000	15,000

[주] : 1. N형 및 T형은 휨 모멘트의 분포에 따라서 구분된 형태별 기호임.

좌판부 콘크리트주의 건주 구조는 다음의 [그림 11.1]과 같다.

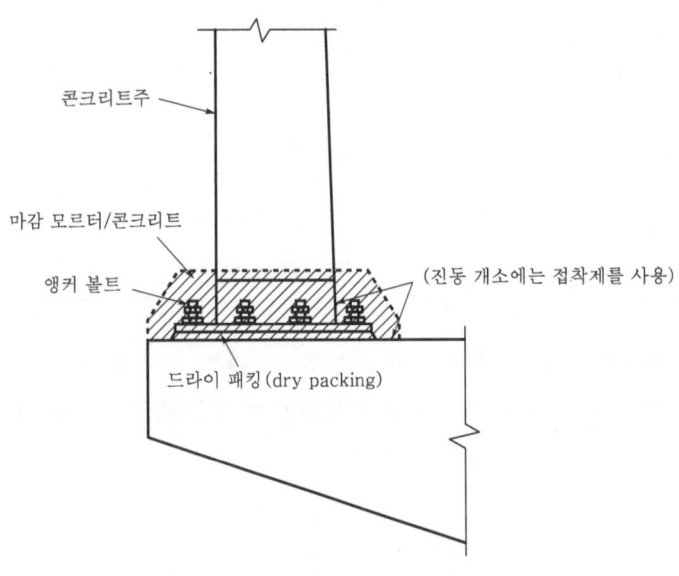

[그림 11.1] 좌판부 콘크리트주의 건주 구조

좌판부 콘크리트주의 구조는 다음의 [그림 11.2]와 같다.

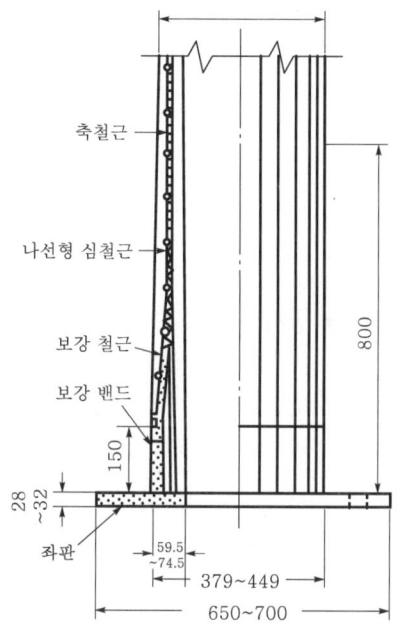

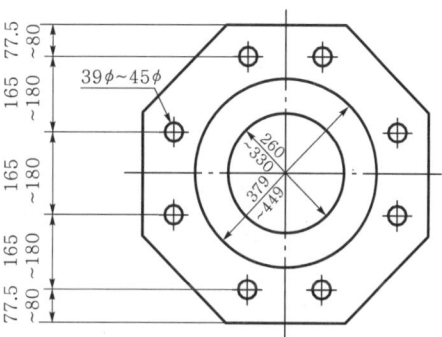

[주] : 1. 설계 휨 모멘트 15,000kg의 경우
비테이퍼주로 된다.

(a) 구조도

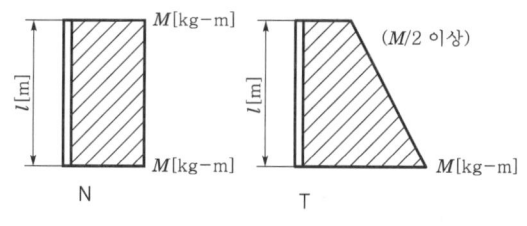

(b) 모멘트 분포도

[그림 11.2] 좌판부 콘크리트주의 구조

(3) 철주

철주에는 많은 종류가 있고 전차선로에 사용되고 있는 것은 대부분이 4각주이며 기타 채널(channel)주, 강관주 등이 있다. 철주는 역 구내 등에서 많은 가선이 설치되고 중량, 풍압 등에 의해 중하중으로 되는 개소에 적용 가능한 콘크리트주가 없는 경우에 사용된다.

또한, 건축 한계의 여유가 작은 개소에서는 폭이 좁은 채널주를 사용한다. 철주 등의 강구조물은 애자로부터의 누설 전류가 있는 경우 또는, 애자 섬락에 의해 고전압이 가압된 경우 등에 불완전 접지로 되면 대지에 대해서 고전위로 되며 사람이 여기에 접촉하면 위험하므로 접지를 양호하게 할 필요가 있고 접지 저항 100Ω 이하의 접지를 시행한다.

그리고 철주는 아연 도금을 시행하여 녹을 방지한다.

1) 조합주

조합주에는 주재로 산형강, 사(斜)재로 산형강 또는 평강을 사용한 4각주 및 주재에 구조형강, 사(斜)재에 산형강 또는 평강을 사용한 구조 형강 조합 철주가 있다.

궤도 중심간의 사이가 좁은 개소에 지지물을 건주하는 경우에 콘크리트주는 지장이 있으므로 채널주를 사용한다.

(4) 목주

현재, 목주는 거의 사용되지 않고 있으며 전차선에서는 개량 공사 등의 가설 설비로 사용된다. 현재, 설치되어 있는 목주는 대부분이 삼목재로 9~10년 정도에서 부식되어 버리므로 방식을 위하여 크레오소트(creosote)를 주입하여 내구력을 증대시키고 있다. 건주 방법으로는 전장의 1/6 이상을 지중에 매입하고 전도되는 것을 방지하기 위하여 근가를 설치한다.

목주의 매입 구조도는 다음의 [그림 11.3]과 같다.

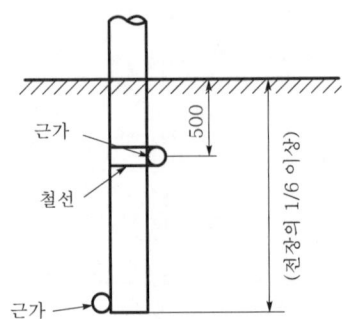

[그림 11.3] 목주의 매입 구조도

(5) 전주의 유지 보수

1) 콘크리트주

콘크리트주는 설계 휨 모멘트(moment)를 가한 경우에 폭 0.25 mm를 초과하는 균열이 발생되지 않아야 한다. 설계 하중 또는 설계 휨 모멘트까지 하중을 가한 경우, 허용 균열 폭은 0.25 mm이며 이것을 초과하면 우수의 침입에 의한 철근의 부식 원인으로 된다.

그리고 균열 0.1 mm 이상으로 되면 습기의 흡인 피해를 받을 우려가 있다. 단, 프리 스트레스트 콘크리트주(pre-stressed concrete pole : N형)에서 균열은 허용되지 않는다. 따라서 만곡, 균열 손상, 경사 등에 주의하여야 한다.

2) 철주

철주는 전차선로나 배전 선로의 지지물로서 사용되고 있다. 철주의 강재류는 전부 아연 도금을 시행하고 각 부재의 결합에 볼트 또는 용접을 하고 있지만 각 부재의 부식, 손상, 용접부의 이상, 볼트류의 이완, 절손, 탈락, 만곡, 경사 등에 의한 지장의 유무에 주의를 해야 한다.

② 지선 및 지주

지선은 전차선(조가선, 보조 조가선, 트롤리선), 급전선 등의 인류 장치를 설치하는 전주 또는 스팬선(span)식 진동 방지 장치, 곡선 인류 장치 등의 설치 개소에서 상시 횡방향으로 인장하는 힘 즉, 횡장력이 가해지는 전주에 설치된다.

지선의 역할은 인류되고 있는 가선의 장력 또는 곡선 인류 장치 등의 설치 장소의 횡장력에 의해서 전주가 경사지거나 부분적으로 만곡하지 않도록 항상 일정한 장력에 의해서 인장하는 것이다. 지선의 인장력이 약해지면 전주는 경사지게 되고 이어서 가선의 장력이 약해지거나 트롤리선의 편위가 허용 범위를 초과하는 등 가선 설비에 각종 지장이 발생한다.

(1) 지선의 종류

지선은 사용 목적에 따라 단지선, V지선, 2단 지선, 수평 지선, 매칭 지선이 있다.
지선의 종류는 다음의 [그림 11.4]와 같다.

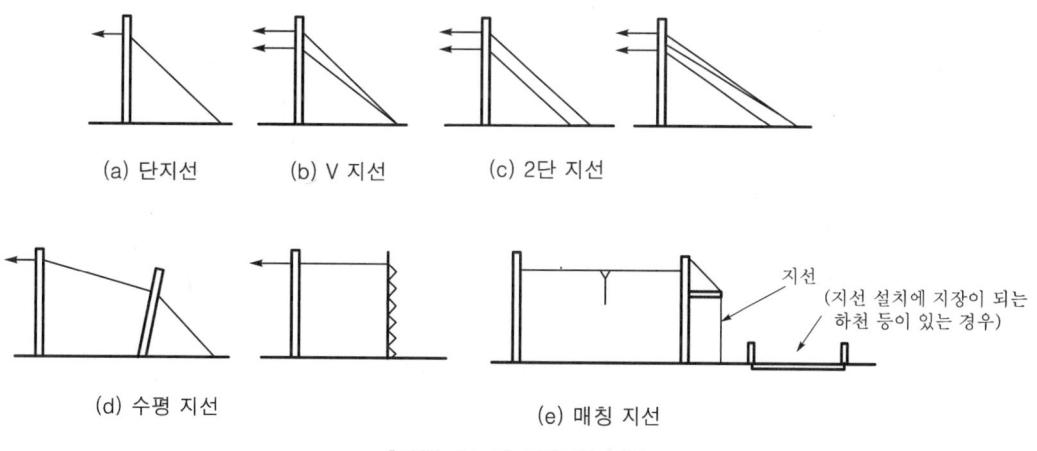

[그림 11.4] 지선의 종류

(2) 설치 각도

지선이 전주와 이루는 각도는 45°를 표준으로 하고 최저 30°로 한다.

(3) 전선의 규격

지선은 $135 \, mm^2$, $90 \, mm^2$ 또는 $55 \, mm^2$의 아연 도금 강연선을 사용하고 스팬선식 및 고정 빔식의 주의 표시에는 아연 도금 철연선을 사용한다.

(4) 지선의 절연

직류 전차선로의 콘크리트주 및 목주의 지선에는 전주에의 설치점으로부터 약 1.5 m의 위치에 애자를 삽입하고 교류 전차선로에서는 필요에 따라 시설한다.

(5) 지주

지주는 가설 설비에 사용되고 지선을 설치하고자 하나 토지 기타의 조건에서 설치 불가능한 경우에 그 대용으로서 설치된다.

(6) 스텝 로크(step lock)

지선을 매설하는 경우, 선단에 기초를 설치하며 이것을 스텝 로크라고 하고 그 형태는 번호에 따라 구별된다.

스텝 로크(step lock)의 종류 및 규격은 다음의 [그림 11.5]와 같다.

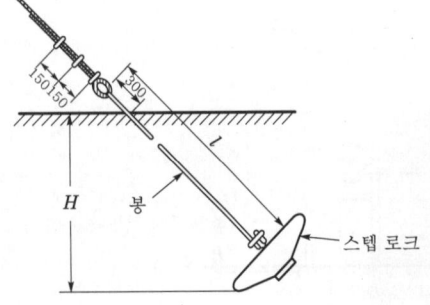

스텝 로크 (step lock)	L (mm)	ϕ (mm)	로드(rod)의 인장 강도(kg)	매입 깊이 H (45°)
3호	2,300	19	6,000	약 1,600
4호	2,500	19	6,000	약 1,750
5호	2,700	22	8,000	약 1,850
6호	3,000	25	14,000	약 2,000

[그림 11.5] 스텝 로크(step lock)의 종류 및 규격

(7) 지선의 강도 계산

전차선로에 사용하는 지선의 안전율은 2.5 이상으로 하고 허용 인장 하중의 최저치는 500kg 으로 하고 있다.

지선의 장력 분포도는 다음의 [그림 11.6]과 같다.

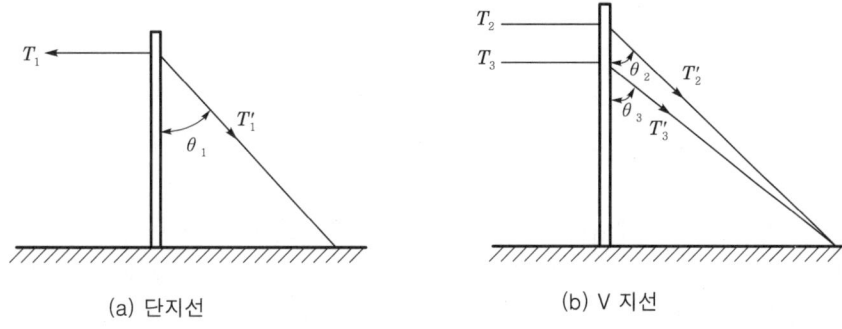

(a) 단지선	(b) V 지선

[그림 11.6] 지선의 장력 분포도

1) 단지선의 경우

$$P_1 \geq 2.5\,T_1 \cdot \frac{1}{\sin\theta_1}$$

2) V지선의 경우

$$P_2 \geq 2.5\,T_2 \cdot \frac{1}{\sin\theta_2}$$

$$P_3 \geq 2.5\,T_3 \cdot \frac{1}{\sin\theta_3}$$

여기서, T_1, T_2, T_3 : 수평 외력(kg)

T_1', T_2', T_3' : 지선에 작용하는 장력(kg)

P_1, P_2, P_3 : 지선용 재료의 항장력(kg)

θ_1, θ_2, θ_3 : 지선의 전주와의 각도($^\circ$)

3 전주의 기초

일반의 전주는 풍압 기타의 하중이 지지물에 가해지는 경우, 전주의 최하부 고정 부분에 큰 굽힘 모멘트가 걸리고 전주 기초의 저항 모멘트가 이것에 대응하지 못하면 전주는 경사 또는 전도된다. 따라서 전주 기초는 하중, 토질, 지형 등을 고려하여 경사 및 전도가 없도록 견고하게 설치하여야 한다.

(1) 일반의 전주 기초

콘크리트주의 근입(지중 매입)은 일반적으로 전장의 1/6 이상으로 하고 사면, 축제 또는 연약 토질로 붕괴의 우려가 있는 경우에는 근입을 깊게 하든지 토류 등을 시설한다.

전주의 기초에는 쇄석 기초, 콘크리트 기초가 있고, 콘크리트 기초는 콘크리트주 및 철주에 적용되며 그 종류에는 원주형 기초, 차양부 기초, 각주형 기초 등이 있다.

1) 쇄석 기초

쇄석 기초는 굴착 공극에 굴토를 혼입한 쇄석을 되메우고 그 다음에 기초를 고정시키는 것이다. 쇄석 기초의 구조는 다음의 [그림 11.7]과 같다.

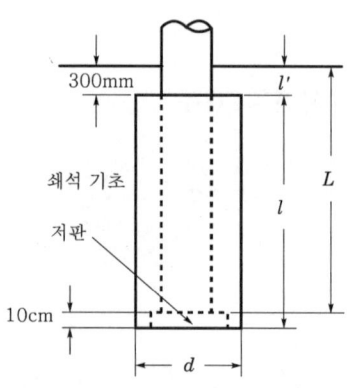

직경, d(cm)	전주 직경의 1.8~2배
길이, l(cm)	전주 길이의 1/6 또는 전주 직경의 6배
상부 성토 깊이, l'(cm)	10~30

[그림 11.7] 쇄석 기초의 구조

2) 콘크리트 기초

① 원주형 기초

굴착공에 콘크리트를 직접 타설하는 방식으로 토류 방지용 철제 형틀, 정(井)자형 통 등을

사용하고 콘크리트 직접 타설 또는 매입하는 것이 있다.

원주형 기초는 전류(pole) 직매 기초에 비해서 기초의 폭이 크므로 기초 주면의 지반의 수평 저항이 크고 기초의 중량 및 하부 면적이 커서, 기초 하부면의 마찰 저항력이 크다. 또한 기초체의 강성이 크므로 소성 영향이 없는 강체로 간주하여 근입 깊이 또는 기초폭을 증대하면 저항 모멘트가 $10\,\mathrm{t \cdot m}$ 이상에 달하는 것도 설계 가능하다.

그리고 기초의 저항 모멘트를 더욱 증대시킬 경우에는 차양부 콘크리트 기초를 사용하고 또한 기초의 지지력을 증대시키는 경우에는 푸팅(footing) 기초, 항타 기초를 사용하는 것이 유리하다.

원주형 기초의 구조는 다음의 [그림 11.8]과 같다.

형 태	원형주	각 주
직경 또는 폭 d(cm)	$60\sim80$	$80\sim130$
길이 l(cm)	전주 길이의 1/6 이상 또는 250	전주 폭의 2배 이상 또는 250
상부 성토 깊이 l'(cm)	$10\sim40$	$10\sim40$

[그림 11.8] 원주형 기초의 구조

② 차양부 기초

원주 기초의 상부 지면 부분에 직사각형의 차양 형태의 판을 설치하고 콘크리트를 타설한 것이다. 폴(pole)의 기초 지반의 약점은 일반적으로 지표하 수십 cm의 토양의 저항 토압이 작은 부분에 있고 기초체의 근입 깊이나 폭을 크게 하지 않으면 큰 저항 모멘트가 얻어지지 않는다.

차양부 기초는 이 저항이 약한 표토를 현장 타설 콘크리트 후판의 차양으로 설치 교체하고 동시에 차양이 폴과 일체가 되도록 설치하는 것이다. 차양은 1변의 길이 $1.4\,\mathrm{m}$ 전후의 사각형으로 두께 $0.4\,\mathrm{m}$ 전후의 것을 약한 표토를 절취하여 양호한 지반이 노출된 위에 설치하며, 폴 직매 기초나 원주형 콘크리트 기초에 비해서 저항 모멘트를 2배 정도까지 증대 가능하다.

차양부 기초의 구조는 다음의 [그림 11.9]와 같다.

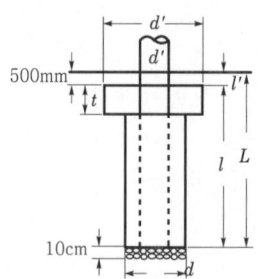

직경, d(cm)	50~80(50~70)
차양의 둘레 길이, d'(cm)	$2d$ 이상 또는 140
차양의 평균 두께, t(cm)	40
길이, l(cm)	전주 길이의 1/6 이상 또는 250(전주 직경의 6배)
상부 성토 길이, l'(cm)	10~50(10~50)

[주] : 1. ( ) 내의 수치는 쇄석 기초의 경우임.

[그림 11.9] 차양부 기초의 구조

③ 각주형 기초

직사각형 형태의 형틀에 콘크리트를 타설한 것이며 그 치수는 원주형 기초에 준한다.
각주형 기초의 구조는 다음의 [그림 11.10]과 같다.

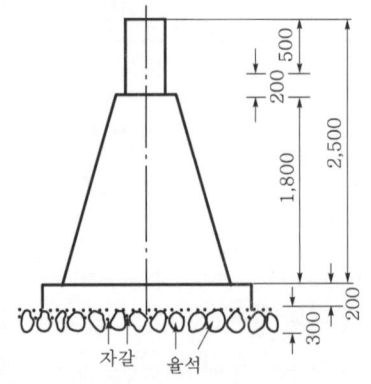
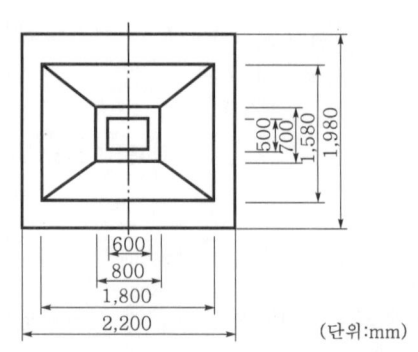

(단위:mm)

[그림 11.10] 각주형 기초의 구조

④ 푸팅(footing) 기초

기초체의 하부 면적을 확대한 푸팅을 설치한 기초를 푸팅 기초라고 한다. 푸팅 기초는 수직 하중에 대한 지지력을 증대하기 위하여 고안된 것으로 동시에 기초의 저항 모멘트를 증강시키는 효과도 가지고 있다.

그리고 연약 지반에 있어서 지선부 인류주와 같이 지내력이 작은 지반에 있어서 큰 지지력을 얻고자 하는 경우에 적합한 형식이다.

푸팅(footing) 기초의 구조는 다음의 [그림 11.11]과 같다.

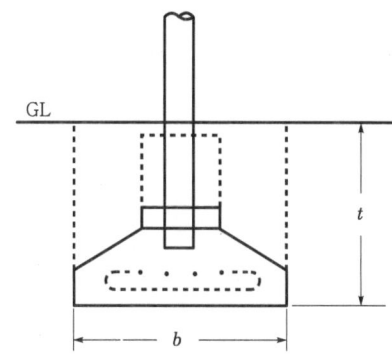

[그림 11.11] 푸팅(footing) 기초의 구조

4 빔(beam)

전주를 지지하기 위하여 2개의 전주에 걸쳐서 건너는 보를 빔이라 한다. 전주에 설치된 편지지보를 브래킷(bracket)이라 한다. 이들은 사용 목적 및 구조에 따라서 장주별로 분류된다. 빔(beam)의 종류는 다음의 [그림 11.12]와 같다.

A형 단주	B형 고정 브래킷	C형 가동 브래킷	D형 크로스 빔	E형 문(門)형 고정 빔
F형 스팬선 빔		G형 가압 빔식 고정 빔	H형 가동 브래킷식 고정 빔	

[그림 11.12] 빔(beam)의 종류

(1) 단독주(A형)

전차선의 인류 지지에서 단독으로 인류하는 인류주, 본선 전주 사이에 있어서 곡선 인류 장치를 설치하지 않으면 전차선의 지정 편위가 취해지지 않는 경우 또는 급전선을 별도 경로로 가선하는 경우 등의 특수한 개소에만 사용된다.

(2) 고정 브래킷(B형)

현재, 선로의 단선 구간의 역간, 역 구내 등에서 편측 1선에 전차선을 지지하는 개소 등에 설치되고 있다. 일반적으로, 등변 산형강을 편측 지지보로 하고 보조 지지재에 의해 빔을 수평으로 지지하고 있다.

또한 전주가 긴 경우에는 장력봉(tension rod)을 사용하는 경우도 있다.

(3) 가동 브래킷(C형)

교류 전철화 구간 및 직류 전철화 구간에서 중부하 구간을 제외한 개소에 사용된다.

가동 브래킷은 온도 변화에 따라서 전선이 신축하므로 전선의 이동과 동시에 그 방향으로 이동 가능한 구성으로 되어 있다.

가동 브래킷의 장점은 다음과 같다.
- 지지점이 선로 방향으로 이동이 가능하므로 온도가 변화하는 경우에 가선 커티너리의 구조가 유지되므로 고속 가선에 적합하다.
- 지지점의 회전 저항이 작으므로 선로 방향에 대해서 장력의 변동이 작다.
- 절연 애자가 전주면에 설치되므로 곡선 인류, 진동 방지 장치는 단독으로 절연할 필요가 없고 장치의 하중에 의한 트롤리선의 결점을 적게 하는 것이 가능하다.
- 조가선이 절연 애자에 의해서 지지되지 않으므로 지지물의 높이가 감소하고 지지점에서 풍압 편위가 작게 된다.
- 지지 빔의 선로 방향의 하중에 대한 응력은 고려할 필요가 없으므로 빔이 경량으로 된다.
- 빔 전체가 절연되고 접지부와의 이격 거리가 커서 활선 작업의 안전도가 높다.
- 절연 애자를 전주면에 설치하므로 보호 설비의 배선이 용이하다.

가동 브래킷의 단점은 다음과 같다.
- 가동 브래킷은 선로 방향으로 이동하는 구조이므로 열차 운행 시에는 회전에 의해 트롤리선이 궤도 중심으로부터 편위된다. 가동 브래킷이 허용 편위를 초과하게 되면 트롤리선으로부터 팬터그래프가 이탈할 우려가 있으며 표준 상태에서 편위를 작게 선정하여야

한다.

선로장 1,500 m의 밸런서 양측 인류의 경우, 30℃의 온도 변화에서 편위는 20 mm가 된다.

- 가동 브래킷을 사용하는 경우에는 일반적으로 지지주와 단독주로 구성되므로 풍압 등의 하중에 대해서 그 기초를 견고하게 하여야 한다.
- 가동 브래킷 방식은 복잡한 구내 선로에는 사용하기 곤란하다.
- 장간 애자를 사용하고 있으므로 자기 부분의 통 절단이 야기되는 경우에는 빔이 탈락하게 된다.

가동 브래킷은 직선용, 곡선용, 평행용(섹션용)의 3종류로 대별된다.
- 직선용은 곡선 반경 2,200 m 이상의 선로에 사용되고 진동 방지 장치를 전주측에 설치한 것을 I형, 전주와 반대측에 설치한 것을 O형이라 한다. 일반적으로, 직선 구간에서는 I형, O형을 일정 간격마다 교대로 사용하고 트롤리선을 궤도 중심으로부터 각각 반대측으로 편위시키고 있다.
- 곡선용은 곡선 반경 300 m에서 2,200 m 미만의 선로에 사용되고 O형 및 I형이 있다. 그리고 (곡선)−O형, (곡선)−I형 이외에 곡선 반경이 작고 브래킷 지지재에 압축력이 걸려도 가동 브래킷이 변형되지 않도록 고려된 (곡선)−O−C형이 있다.
- 평행용은 에어 섹션(air section), 에어 조인트(air joint) 등의 트롤리선 평행 개소에서 곡선 반경 800 m 이상의 개소에 사용되고 그 종류에는 (평행)−O형, (평행)−I형이 있다.

이상과 같이, 가동 브래킷의 용도별 종류가 분류되어 있으며 선로 조건 및 가선 구조에 따라 사용이 구분된다.

가동 브래킷의 종류를 요약하면 다음과 같다.
- 일반용 : O형, P형, I형 / 특O형, 특P형, 특I형
- 염해용 : O형, P형, I형
- 고속철도용
  - 일반 지역용 : 고속 O형, 고속 P형, 고속 I형
  - 터널용 : 고속 TO형, 고속 TI형, 고속 TP형

가동 브래킷의 적용 예는 다음의 [그림 11.13]과 같다.

① 일반용, I형

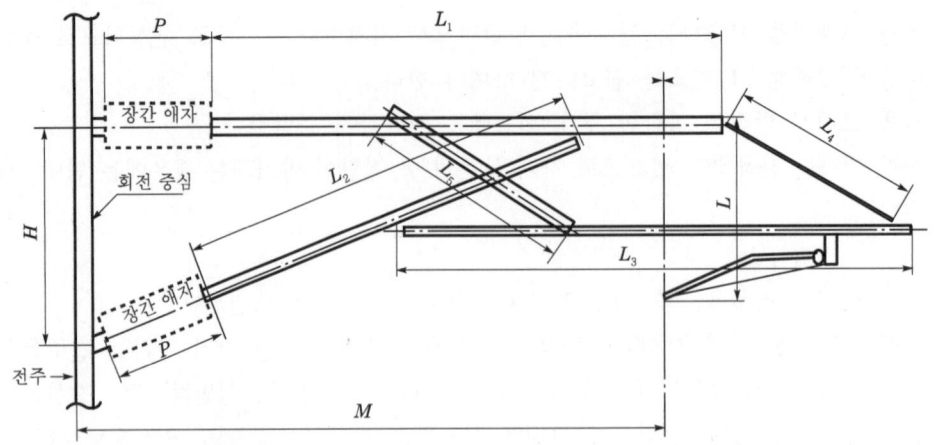

② 일반용, O형 & P형

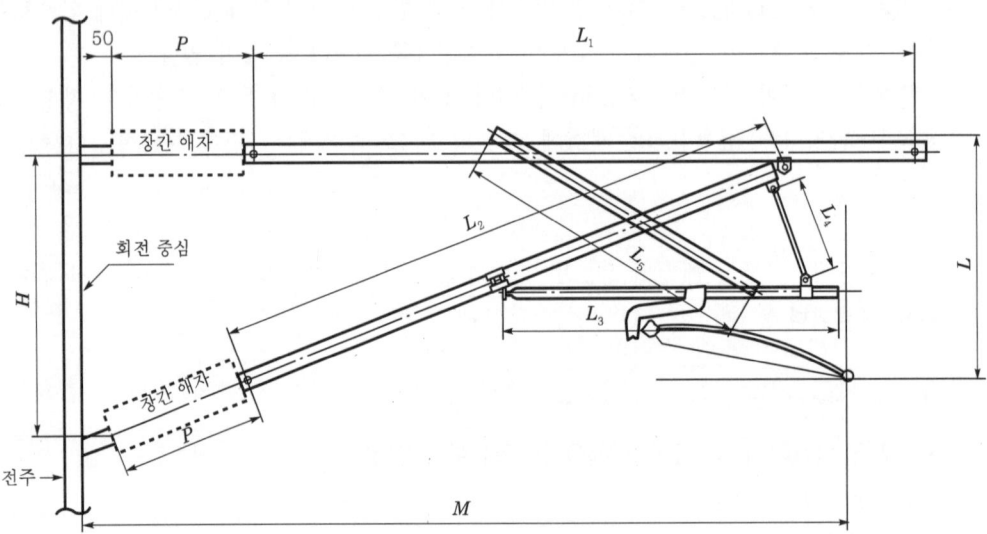

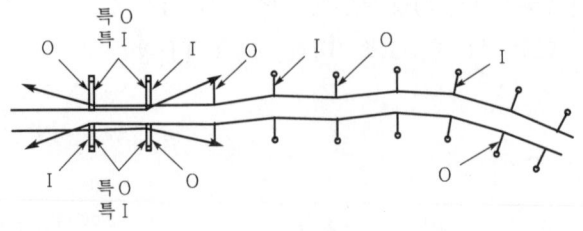

[그림 11.13] 가동 브래킷의 적용 예

(4) 크로스(cross) 빔(D형)

산형강을 포함한 빔으로 장력선(tension wire)에는 아연도금 강연선($90\,mm^2$) 또는 봉(rod)으로 원형강을 사용한다. 동일 장주에 첨가물이 있어서 봉의 사용이 불가능한 경우에는 협소재로 산형강을 사용하는 경우가 있다.

빔(beam)의 구조는 다음의 [그림 11.14]와 같다.

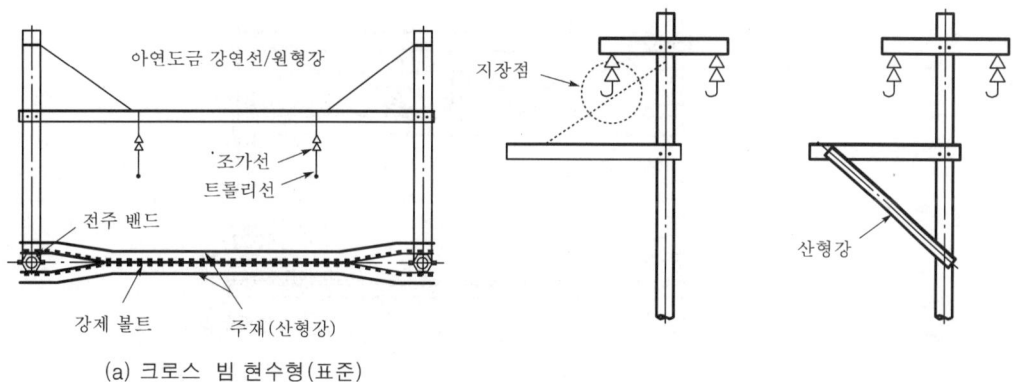

(a) 크로스 빔 현수형(표준)

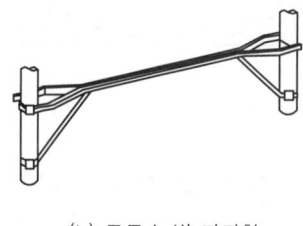

(b) 크로스 빔 지지형

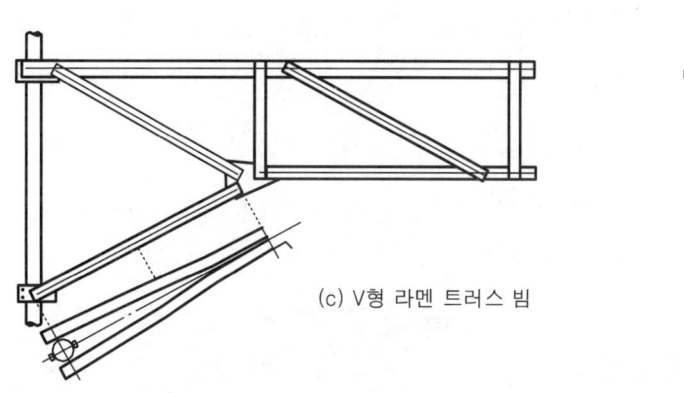

(c) V형 라멘 트러스 빔

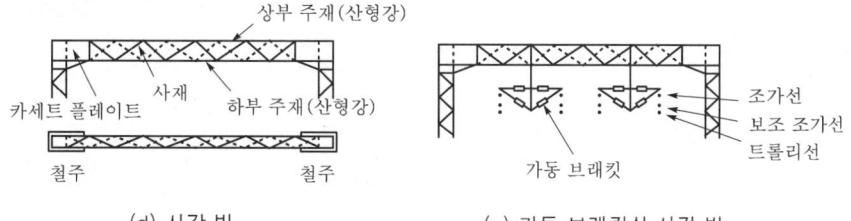

(d) 사각 빔   (e) 가동 브래킷식 사각 빔

[그림 11.14] 빔(beam)의 구조

(5) 문(門)형 고정 빔(E형)

문형 고정 빔의 종류에는 다음과 같은 것이 있다. 즉, 평면 트러스(truss) 빔, V형 트러스 빔, V형 라멘(Rahmen) 트러스 빔, 상자형 빔, 홈형 빔이 있다.

문(門)형 고정 빔의 구조는 다음의 [그림 11.15]와 같다.

주재(산형강)

사재(평강)　　　　연결재(산형강)

(a) 평면 트러스 빔

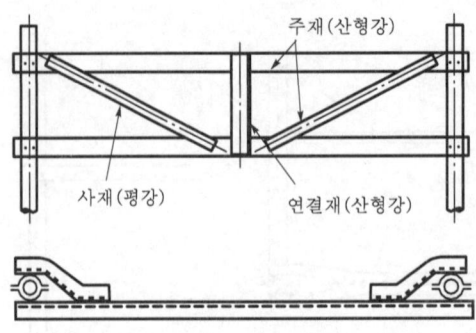

[정면도]

[측면도]

전주 밴드

사재

강제 볼트

트러스 빔 강판
상부 주재(산형강)

연결재(산형강)

하부 주재(산형강)

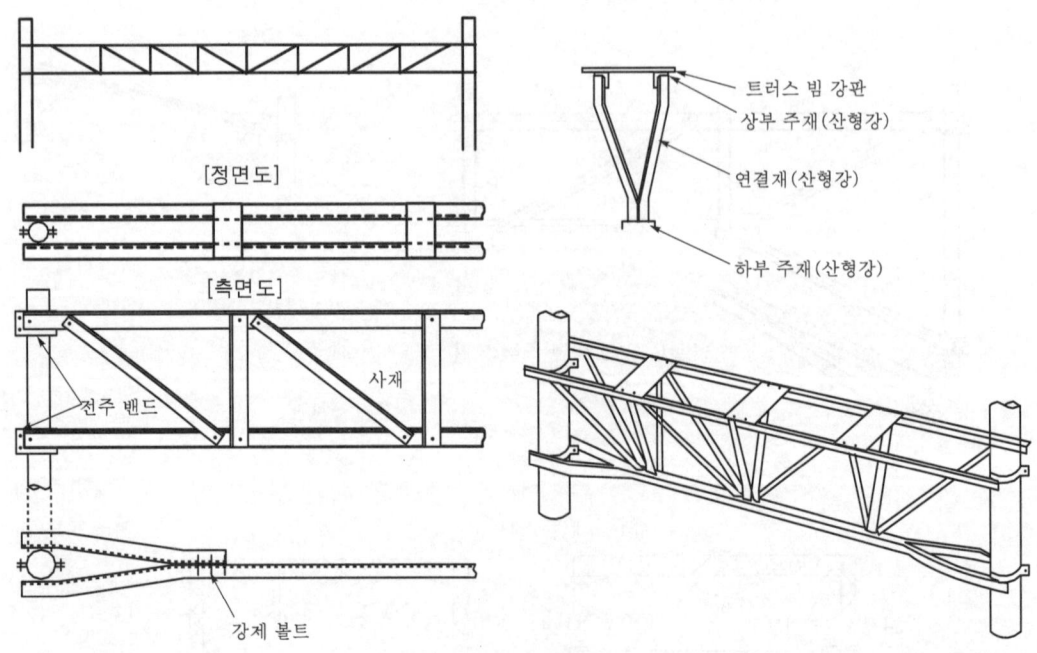

(b) V형 트러스 빔

[그림 11.15] 문(門)형 고정 빔의 구조

1) 평면 트러스 빔(truss beam)

등변 산형강 2본을 상하로 배치하고 이것을 주재로 하여 별도의 산형강 및 평강으로 조립한 것이다.

2) V형 트러스 빔

주재로 등변 산형강 3본을 사용하며 상부는 전주를 끼워서 2본, 하부는 1본을 배치하여 전주의 상하로 지지한다. 여기에 별도의 등변 산형강, 평강, 강판 등을 설치하여 조립한 것으로 상하 주재의 간격은 1 m를 표준으로 하고 있다.

3) V형 라멘 트러스 빔(Rahmen truss beam)

V형 라멘 트러스 빔의 구조는 V형 트러스 빔과 동일하지만 전주와의 설치 구조가 크게 다르다. 전주면의 설치 폭이 크면 전주에 전도시키려는 힘이 작용하는 경우에 그 하중을 전주 근가와 빔 설치점으로 분산하는 것이 가능하므로 장대 빔이나 중하중 빔에 적합하다.

4) 격자형 빔

주재로 등변 산형강 4본을 단형의 각 정점에 배치하고 이것을 별도의 등변 산형강 또는 평강으로 조합한 것을 철주에 대해서 카세트 플레이트(cassette plate)에 의해 완전히 고정시킨 것이다.

(6) 스팬(span)선식 빔(F형)

역 구내 또는 차량 기지 선로 배선에서 전주의 건주 위치가 서로 멀어져 빔이 장대하게 되고 문형 빔으로는 강도적으로 무리한 장소에 사용된다.

스팬선식 빔의 구조는 다음의 [그림 11.16]과 같다.

(7) 가압 빔식(G형)

교류 전철화 구간의 역 구내 등에서는 선로수가 많고 따라서 가선을 현수하는 현수 애자의 수도 다수 필요하게 된다. 그래서 애자의 보수면에서 가능한 한 애자의 수를 적게 하고 간소화한 설비로 하기 위하여 설치된다.

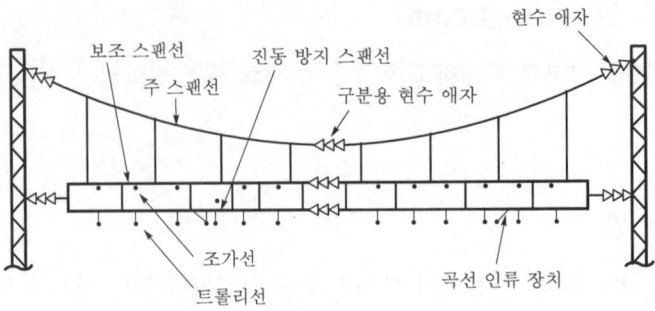

(a) 스팬선 빔

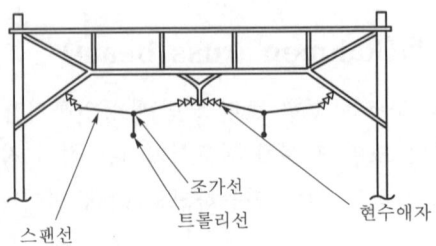

(b) 스팬선 트러스 빔

[그림 11.16] 스팬선식 빔의 구조

애자를 개재하여 고정 빔에 설치한 빔으로 가선 전압이 가압되고 있으므로 가압 빔이라고 부르고 있다. 가압 빔식의 구조는 다음의 [그림 11.17]과 같다.

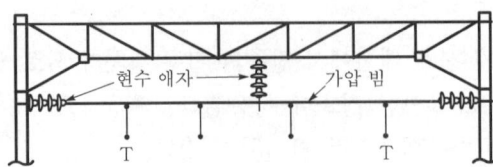

[그림 11.17] 가압 빔식의 구조

(8) 가동 브래킷식 고정 빔(H형)

가동 브래킷 사용 구간에서 역 구내의 본선 등 자동 장력 조정의 전차선을 지지하기 위하여 설치된다.

제12장

강체 전차선로

① 강체 전차선의 개요

(1) 강체 전차선의 기능

강체 전차선은 터널 단면 경감 효과가 현저하여 제3 궤조 방식으로 전철화 초기에 사용되었다. 이후, 대도시의 지하 철도와 일반 지상 철도와의 직결 운행을 위하여 단선의 우려가 없고 유지 보수면에서 양호한 가공 강체 전차선을 사용하게 되었다.

이와 같이, 강체 전차선은 초기에 제3 궤조 방식과 가공 강체 방식으로 발전되어 왔으며 최근에는 경량 전철, 선형 전동기식 철도 등 다양한 강체 전차선이 개발되어 사용되고 있다.

1) 제3 궤조(third rail) 방식

제3 궤조는 주행 레일에 근접하여 설치된다. 그리고 제3 궤조는 전철 변전소에서 전력을 전기차로 급전하는 급전 선로의 기능과 집전자(collecting shoe)가 상시 접촉하여 집전하는 전차 선로의 기능을 수행한다.

2) 가공식 강체 전차선 방식

가공식 강체 전차선은 지하철 등에서 차량의 상부 지붕에 장착된 팬터그래프에 의해 집전이 가능한 강체 전차선을 총칭하는 것이다. 강체의 하부에 트롤리선을 설치한 강체 조가식 전차선은 도전성 강체 레일을 도치시켜 설치하는 방식으로 팬터그래프가 직접 습동 및 집전하는 방식이다. 이러한 방식도 제3 궤조 방식과 동일하게 전력 공급의 급전선과 팬터그래프의 습동 및 집전을 위한 전차선의 기능을 수행한다. 그리고 가공 방식으로 커티너리 가선의 적용도 가능하지만 터널 내부의 사용 조건을 고려하면 강체 전차선이 제3 궤조의 경우와 동일하게 단선이 없는 구조로서의 특성이 유리한 기능이 된다.

(2) 강체 전차선의 종류와 특성

1) 제3 궤조(third rail)

제3 궤조의 설치 구조 예는 다음의 [그림 12.1]과 같다.

이 제3 궤조의 설치 구조를 보면 도전성 레일(50 N type)을 주행 레일과 평행하게 외측에 설치하고 제3 궤조의 최상부를 집전자가 접촉하여 집전하는 방식이다. 일반적으로, 급전 전압은 DC 600V 또는 DC 750V의 2종류이며 열차의 최고 운행 속도는 70~160 km/h 정도의 범위이다.

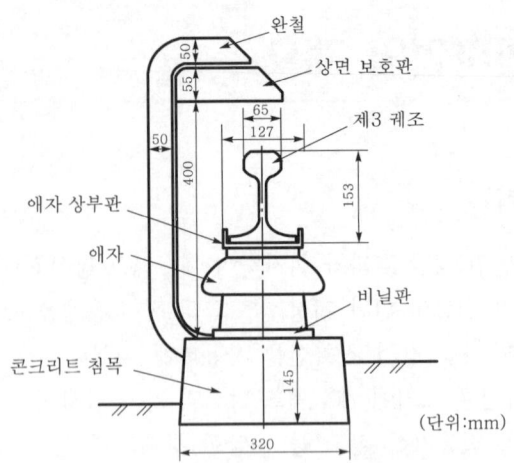

[그림 12.1] 제3 궤조의 설치 구조(예)

제3 궤조는 집전면에 따라 상면 접촉식, 하면 접촉식 및 측면 접촉식으로 분류된다. 그리고 제3 궤조로 알루미늄-스테인리스 스틸 복합 도전성 레일(conductor rail)도 사용되고 있다. 이 Al-SUS 복합 도전성 레일 방식의 구조는 다음의 [그림 12.2]와 같다.

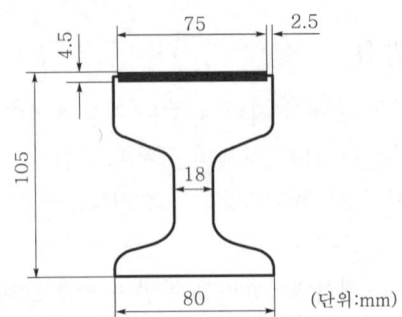

[그림 12.2] Al-SUS 복합 도전성 레일의 구조

제3 궤조 도전성 레일(50 N type)의 화학 성분 및 전기적 특성을 주행 레일과 비교하면 다음의 [표 12.1]과 같다.

[표 12.1] 도전성 레일(50N type)과 주행 레일의 특성 비교

항 목	질량 (kg/m)	단면적 (mm^2)	전기 저항 ($\mu\Omega$/m)	화학 성분 (%)					
				C	Mn	P	S	Cu	Si
제3 궤조	50	6,430	19.3	0.08 이하	0.3 이하	0.03 이하	0.03 이하	0.25 이하	—
주행 궤조	50	6,430	36.0	0.6 0.75	0.7 1.1	0.03 이하	0.04 이하	—	0.1 0.3

2) 가공식 강체 전차선

　1960년대부터 교외 철도와 도심의 지하철과의 직통 운전 등에 대응하여 팬터그래프로 집전하는 강체 전차선이 개발되어 현재까지 사용되고 있다.

　현재, 도시의 지하철 또는 선형 전동기식 철도 등에 T형 또는 R형 알루미늄 강체 전차선이 적용되고 있다.

　T형 알루미늄 강체 전차선의 표준 단면은 다음의 [그림 12.3] 및 [그림 12.4]와 같다.

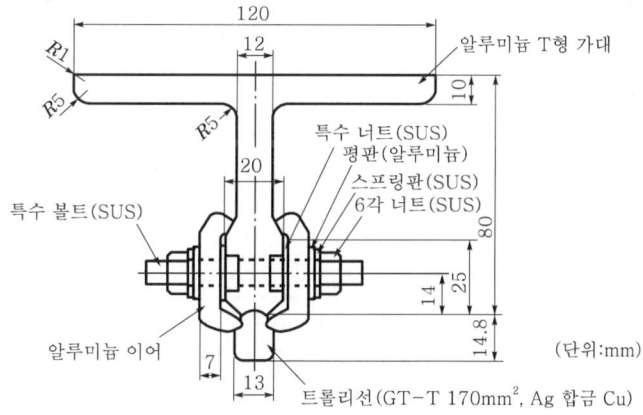

[그림 12.3] T형 알루미늄 강체 전차선(트롤리선 1본)(예)

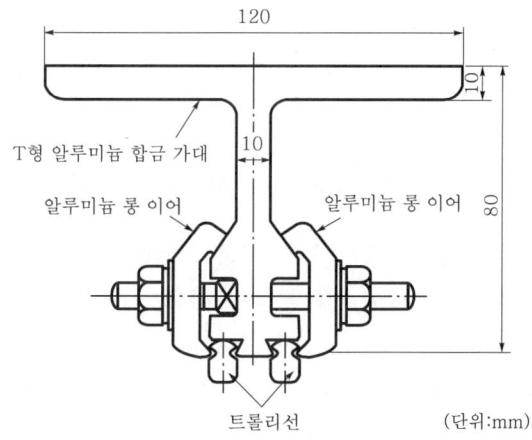

[그림 12.4] T형 알루미늄 강체 전차선(트롤리선 2본)(예)

T형 알루미늄 강체 전차선의 주요 구성은 다음의 [표 12.2]와 같다.

[표 12.2] T형 알루미늄 강체 전차선의 구성

부재 명칭	부재의 재질/기호	표준 치수
알루미늄 T형 가대	A6063S−T5	10 m
알루미늄 롱 이어	A6063S−T6	1 m
제형 트롤리선	T−GT−T170	
이어용 볼트/너트	SUS304	M8−72L

그리고 단면 형태는 거의 동일하지만 동과 알루미늄의 이종 금속 접촉을 피하기 위하여 가대와 롱 이어(long ear)를 전부 동 재질로 한 강체 전차선도 개발되고 있다.

R형 알루미늄 강체 전차선의 단면은 다음의 [그림 12.5]와 같다.

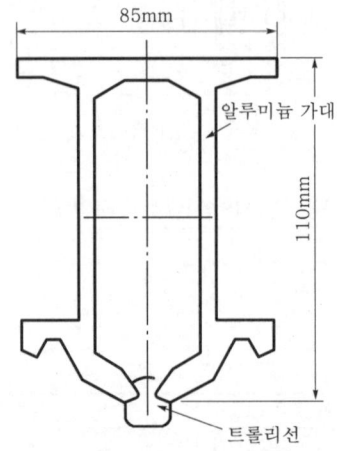

[그림 12.5] R형 알루미늄 강체 전차선

R형 알루미늄 강체 전차선은 트롤리선을 설치하기 위한 나사를 사용하지 않으며 알루미늄의 본체 부리에 트롤리선을 끼워서 삽입하는 구조이다. 이 강체 전차선은 스위스의 심플론 터널(Simplon Tunnel)에 최초로 시험 설치되었다.

트롤리선을 설치하지 않고 직접 레일면을 습동하는 형태의 도전강 레일을 사용하는 도전성 레일 강체 전차선은 다음의 [그림 12.6]과 같다.

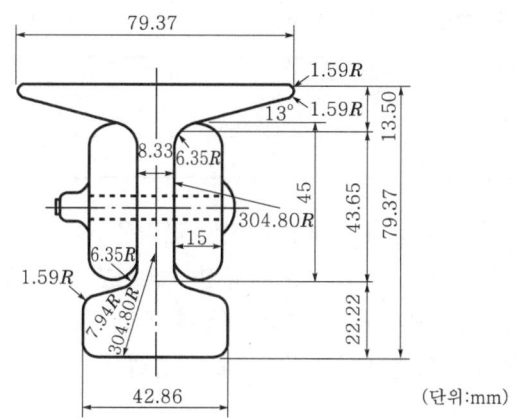

[그림 12.6] 도전성 레일 강체 전차선(예)

이 도전성 레일형 강체 전차선은 도전강 레일(예 : 15 kg/m)을 터널의 천장부에 거꾸로 매어 달고 레일의 상부면을 팬터그래프가 습동하는 방식으로 전류 용량의 부족분을 보충하기 위하여 보조 도체로 알루미늄 또는 동의 평각 도체를 레일의 양 측면에 설치하고 있다.

제3 궤조에도 사용되고 있는 방식으로 알루미늄과 스테인리스 스틸의 일체형 복합 재질로 구성되는 Al−SUS 복합 도전 레일형 강체 전차선은 다음의 [그림 12.7]과 같다.

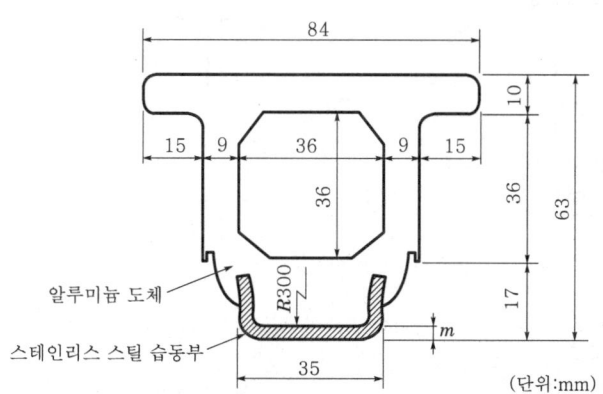

알루미늄 도체
스테인리스 스틸 습동부

[그림 12.7] Al−SUS 복합 도전 레일형 강체 전차선(예)

Al−SUS 복합 도전 레일형 강체 전차선의 구조는 선로 구간의 전류 용량과 팬터그래프의 누적 습동 횟수를 고려하여 다양한 종류가 개발되어 사용되고 있다.

이 방식에서 알루미늄부는 통전재로 사용되고 스테인리스 스틸부는 습동재로서의 기능을 수행한다.

Al−SUS 복합 도전 레일형 강체 전차선의 구성은 다음의 [표 12.3]과 같다.

[표 12.3] Al-SUS 복합 도전 레일의 주요 구성

부재의 명칭	부재의 재질/기호	표준 치수
알루미늄 가대	A6063S	10 m
스테인리스 스틸 습동재	SUS304	10 m

Al-SUS 복합 도전 레일형 강체 전차선도 지지 간격은 5 m이며 지지점 간의 자중에 의한 처짐은 3~5 mm 정도이다. 일반적으로, 철도 규정에 의하면 강체 전차선의 지지 간격은 6 m 까지 허용되며 특수한 경우를 제외하고는 거의 대부분이 5 m를 적용하고 있다. 그리고 일반적으로, 강체 전차선의 급전 전압은 DC 1,500V를 적용하고 있다.

3) 경량 전철의 강체 전차선

일반적으로 경량 전철의 차량에 공급되는 전원은 직류 1,500V, 750V 또는 3상 교류 600V 가 많다. 경량 전철에 사용되는 강체 전차선은 다양하며 Al-SUS와 동제의 L형 강체 전차선 이 가장 대표적으로 사용되고 있다. 경량 전철용 강체 전차선의 종류는 다음의 [그림 12.8]과 같다.

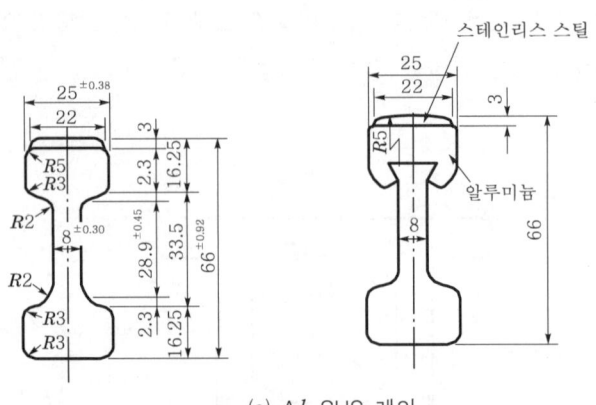

(a) Al-SUS 레인

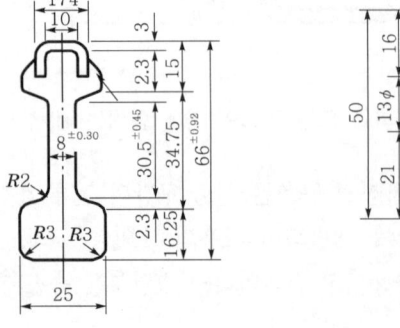

(b) 동 레인

(단위 : mm)

[그림 12.8] 경량 전철용 강체 전차선의 종류(예)

(3) 강체 전차선의 적용 유의 사항

1) 시공 정밀도

강체 전차선의 속도 특성은 그 시공 정밀도에 좌우되므로 가능한 한 습동면의 요철 형태를 경감하는 구조로 되어야 하며 시공 방법을 충분히 검토하여 적용하여야 한다. 특히, 형재의 접속은 용접, 볼트 체결을 막론하고 V형 또는 역V형으로 되지 않도록 주의하여야 한다.

2) 이종 금속 접촉

가공의 T형 알루미늄 강체 전차선은 동 또는 동합금의 트롤리선이 알루미늄 가대 또는 이어(ear)에 직접 접촉되므로 알루미늄의 부식이 촉진될 우려가 있다. 이에 대응하기 위하여 트롤리선을 주석 도금한 것을 사용하는 등의 대책이 필요하다.

3) 파상 마모

강체 전차선의 습동면에 발생하는 파상 마모의 최대 원인은 습동면의 불량에 기인하여 팬터그래프가 동일 지점에서 아크를 동반하는 이선을 반복하는 현상이다. 이 현상을 방지하기 위해서는 기점이 되는 불량 지점을 제거하고 추수성이 양호한 팬터그래프를 사용하여 이선의 발생확률을 경감시킨다. 또한 팬터그래프 사이의 고압 모선 관통 배선에 의해서 기계적으로 이격되어도 아크의 발생이 없도록 하는 등의 대책이 필요하다.

그리고 파상 마모는 다른 요인에 의해서도 발생하므로 선로 구간의 실태를 충분히 조사하여 대책을 수립하여야 한다.

② T형(T-bar) 강체 전차선

(1) T형 강체 전차선의 주요 특성

1) 개요

강체 전차선은 단선이 없고 간단한 구조로 장력이 필요 없으며 급전선의 기능을 겸비한 합리적이고 안전한 전차선으로 개발된 것이다.

T형 강체 전차선은 T형 구조의 알루미늄 합금 형재에 트롤리선을 설치하는 시스템이다. 그리고 T형 강체 전차선은 5 m 간격으로 지지하며 약 250 m 구간의 중앙 지점에는 전차선 이동 방지 장치가 설치된다. 커티너리 전차선에 비해 지지 간격은 짧지만 곡선 당김 장치, 진동 방지 장치 등의 부속 장치가 필요 없으므로 보수면에서도 유리하다. 또한 강체 전차선의 집전 능력은 열차 운행 속도 약 90 km/h에 대응할 수 있는 성능을 가진다.

2) 일반 특성

T형 강체 전차선의 일반적 특성은 다음과 같다.
- 트롤리선에 장력이 걸리지 않으므로 단선이 발생하기 어렵다.
- 구조상 트롤리선과 애자의 간격을 좁게 할 수 있으므로 설치 공간의 높이를 낮출 수 있다.
- 곡선 당김 장치, 진동 방지 장치 등의 부속 장치가 적게 설치된다.
- 레일면 기준 트롤리선 높이의 등고성에 대해서 시공 정밀도가 필요하다.

3) 집전 특성

강체 전차선은 급전선과 트롤리선을 일체화시킨 구조의 전차선이다. 그러므로 팬터그래프가 통과하는 경우에 T형재와 트롤리선을 밀착시켜 수평을 이루지 않으면 전차선에 요철 즉, 경점과 연점이 발생하여 팬터그래프가 진동 또는 도약하여 아크가 발생하고 트롤리선의 마모를 촉진하게 된다. 따라서 T형 강체 전차선에서는 롱 이어(long ear)로 트롤리선과 T형재를 밀착 고정시킨다.

4) 강체 전차선의 경점과 연점

강체 전차선에서 T형재와 트롤리선을 연속하여 고정하지 않으면 부분적으로 T형재와 트롤리선의 사이에 틈새가 발생하고 트롤리선이 팬터그래프에 의해 부분적으로 압상된다. 이 경우, 압상량이 큰 장소를 경점, 작은 장소를 연점이라고 한다. 경점과 연점 어느 경우이든 팬터그래프의 도약을 야기하여 이선의 원인이 된다.

(2) 설치 기준

1) 일반 기준

강체 전차선의 일반적 설치 기준은 다음과 같다.
- 변전소에서의 급전점, 건널선, 터널 입출구, 검수고 입출구 등에서 전기적으로 급전 구분

이 필요한 장소에는 구분 장치(sectioning device)를 설치한다.

• 강체 전차선은 온도 변화에 따라 신축 현상이 발생하므로 이 신축을 흡수하도록 신축 장치(expansion joint)를 설치한다.

• 강체 전차선의 구배, 팬터그래프의 습동, 온도 변화에 의한 신축 등에 의해 전차선이 이동하지 않도록 일정 구간의 중앙 지점에 이동 방지 장치 즉, 고정점(anchoring device)을 설치한다.

강체 전차선의 설치 평면도는 다음의 [그림 12.9]와 같다.

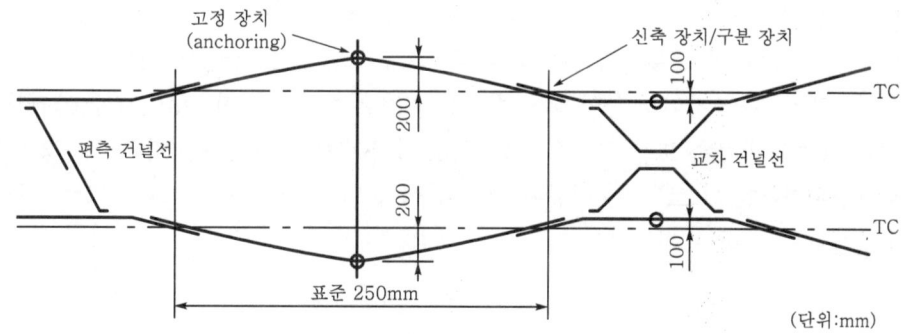

고정 장치
(anchoring)

신축 장치/구분 장치

편측 건널선

교차 건널선

표준 250mm

(단위:mm)

[그림 12.9] 강체 전차선의 설치 평면도(예)

2) 강체 전차선의 표준 길이 및 지지 간격(supporting distance)

T형 강체 전차선의 지지 간격을 5 m로 하고 지지점간의 고저차를 2.5~5.0 mm로 유지하는 경우에 80~110 km/h의 운전 속도가 이론적으로 가능하다. 그리고 실제 시험 결과, 90 km/h의 운전 속도에서 팬터그래프가 트롤리선에서 이선하지 않는 것이 입증되어 있다.

T형 강체 전차선의 표준 길이 및 지지 간격의 기준은 다음과 같다.

• T형 강체 전차선의 길이는 온도 변화에 의한 신축을 고려하여 표준 길이 250 m로 하고 양단에는 램프(ramp)를 설치한다.

• T형 강체 전차선의 지지 간격은 자중에 의한 처짐을 고려하여 5 m 이하로 한다.

3) 강체 전차선의 높이(height)

강체 전차선의 높이는 팬터그래프의 유효 작용 범위 및 접은 높이에 절연상의 보안 이격 거리 등을 고려하여 결정된다. 일반적으로, 터널에서의 전차선의 높이는 팬터그래프의 접은 높이에 250 mm를 더한 높이를 기준치로 하고 있다.

강체 전차선의 기준 높이는 다음의 [표 12.4]와 같다.

[표 12.4] 강체 전차선의 높이 기준 예

팬터그래프의 접은 높이	이격 거리	전차선의 최저 높이	전차선 높이 기준
4,145 mm	250 mm	4,395 mm	4,400 mm 이상

4) 강체 전차선의 편위(deviation)

강체 전차선의 편위는 트롤리선과 궤도 중심선과의 수평 거리이다. 편위가 너무 크면 팬터그래프가 트롤리선에서 벗어나 사고의 우려가 있으므로 일반적으로, 250 mm로 지정된다.

그리고 팬터그래프의 습동판이 균일하게 마모되도록 지그재그(zig-zag) 형태로 설치한다. 즉, 신축 장치 및 구분 장치의 중앙에서 편위를 영(0)으로 하고 고정점(anchoring)에서 50 mm의 여유를 고려하며 우측 또는 좌측으로 200 mm의 편위를 주어 설치한다. 신축 장치 및 구분 장치에서 편위를 영(0)으로 하는 이유는 이 지점에서 팬터그래프의 동요를 가장 적게 하여 원활하게 습동하도록 하기 위해서이다.

5) 강체 전차선의 구배(gradient)

강체 전차선의 레일면에 대한 등고성은 매우 중요하므로 이 구배와 구배 변화는 가능한 한 작게 하는 것이 좋다. 이 선을 방지하기 위해서는 일정 지지점 간의 구배를 1/1,000 이하로 하는 것이 바람직하다.

6) 강체 전차선과 구조물의 이격 거리(clearance)

열차 주행 중, 이선에 의해 아크가 발생하는 경우에 아크와 근접한 접지체에 전이될 우려가 있으므로 강체 전차선과 구조물의 이격 거리는 250 mm 이상이 필요하다.

7) 강체 전차선과 커터너리 전차선의 이행 구간(transition section)

터널의 출입구에는 강체 전차선과 지상부에서 연장되는 커터너리 전차선이 약 40~50 m 정도의 길이로 평행하여 가선되며 이 구간이 이행 구간이다.

이행 구간의 구조는 다음의 [그림 12.10]과 같다.

이행 구간에서 강체 전차선은 팬터그래프에 의한 압상력이 없으므로 커터너리 전차선의 압상량만큼 미리 끌어올린다. 그리고 커터너리 전차선은 지지 간격을 짧게 하여 압상량을 경감하여 팬터그래프의 이행이 원활하도록 하는 구조로 한다.

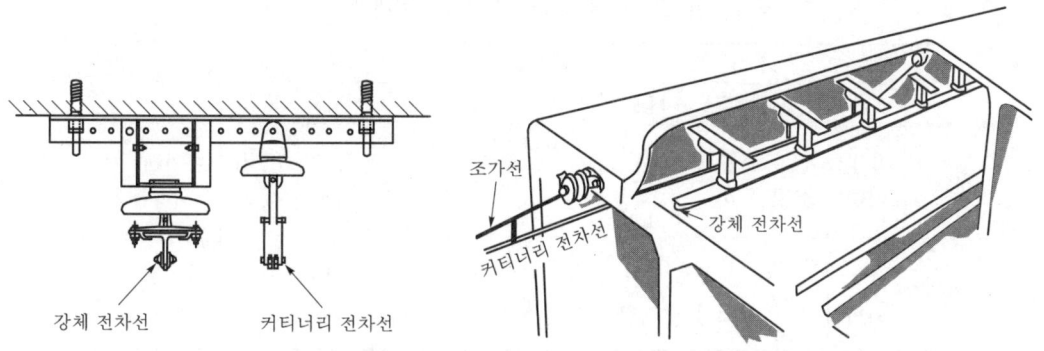

조가선

커티너리 전차선

강체 전차선

강체 전차선   커티너리 전차선

[그림 12.10] 강체 전차선과 커티너리 전차선의 이행 구간 구조

8) 교차 건널선 및 편측 건널선

강체 전차선의 교차 건널선과 편측 건널선 구조는 매우 간단하게 수행된다. 즉, 건널선의 단말부는 램프(ramp)에 의해 본선보다 조금 높게 설치하여 팬터그래프의 습동이 원활하게 되는 구조로 한다. 그리고 전기적으로는 점퍼선(jump wires)으로 접속한다.

교차 건널선 및 편측 건널선의 가선 구조는 다음의 [그림 12.11]과 같다.

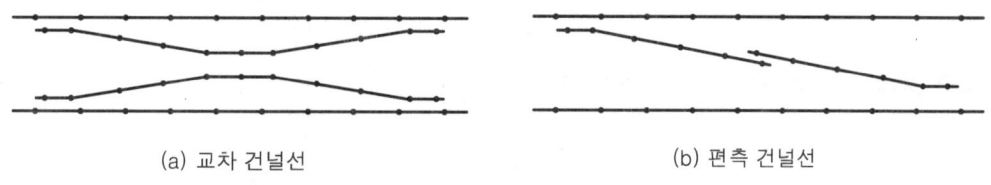

(a) 교차 건널선   (b) 편측 건널선

[그림 12.11] 교차 건널선 및 편측 건널선의 가선 구조

(3) T형 강체의 재질과 단면 구조

1) T형 강체의 재질

강체의 재질로는 도전율이 높고 경량의 알루미늄 합금재가 많이 사용되고 있다. 알루미늄 합금재로 내식성, 기계적 강도가 높은 A5083S와 도전율이 높고 경제적인 A6063S가 주로 사용되고 있다.

알루미늄 합금 강체의 성분과 도전율은 다음의 [표 12.5]와 같다.

[표 12.5] 알루미늄 합금 강체의 성분과 도전율(예)

종 류	화학 성분(%)										도전율 (%)
	Cu	Si	Fe	Mn	Mg	Zn	Cr	Ti	기타	Al	
5083	0.1 이하	0.4 이하	0.4 이하	0.3 ~ 1.0	4.0 ~ 4.9	0.25 이하	0.05 ~ 0.25	0.15 이하	0.15 이하	나머지 양	29
6063	0.1 이하	0.2 ~ 0.6	0.35 이하	0.1 이하	0.4 ~ 0.9	0.1 이하	0.1 이하	0.15 이하	0.15 이하	나머지 양	51

2) T형 강체의 단면 구조

T형 강체의 단면 구조를 결정하는 데에 고려하는 조건은 다음과 같다.

• 강체의 지지가 용이하여야 한다.
• 강체의 지지 간격 5 m의 경우에 중간의 처짐이 적어야 한다.
• 트롤리선의 설치가 용이하여야 한다.
• 강체와 트롤리선이 일체화되어야 한다.
• 급전선으로서 전기 용량이 충분하여야 한다.
• 집전 용량에 대응하는 조수의 트롤리선이 설치될 수 있어야 한다.

T형 강체의 단면 구조는 다음의 [그림 12.12]와 같다.

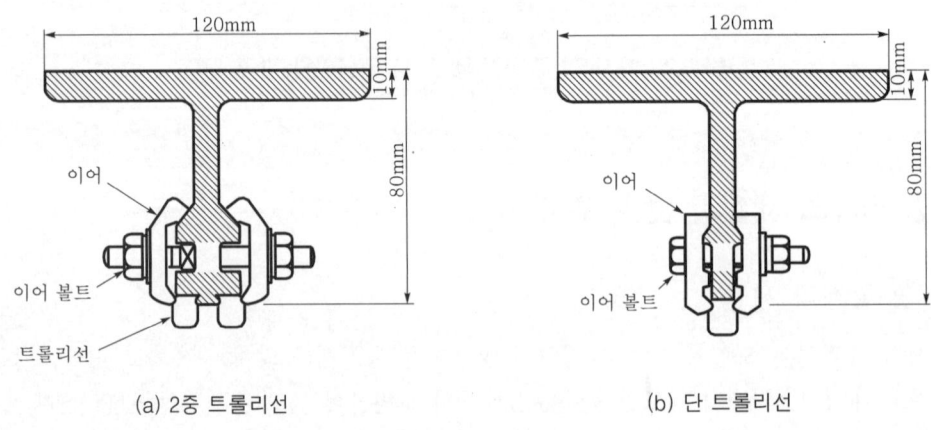

(a) 2중 트롤리선   (b) 단 트롤리선

[그림 12.12] T형 강체의 단면 구조(예)

(4) 강체 전차선의 트롤리선

1) 트롤리선의 재질

강체 전차선에 주로 사용되고 있는 트롤리선에는 경동 트롤리선 및 은입 트롤리선이 있다. 경동 트롤리선은 전기동 재질로 도전율이 높고, 은입 트롤리선은 미량(0.2% 정도)의 전기동에 은(Ag)을 합금시킨 G합금 재질로 내열성 및 내마모성이 높다.

2) 트롤리선의 단면 구조

강체 전차선에 사용되는 트롤리선의 형태는 홈부 원형 및 홈부 제형이 있다. 일반적으로, 홈부 원형이 많이 사용되며 홈부 제형은 팬터그래프의 접촉 면적을 넓혀 초기 마모를 경감시킨 형태이다. 트롤리선의 규격은 $110\,mm^2$, $150\,mm^2$ 및 $170\,mm^2$가 사용되고 있다.

강체 전차선에 사용되는 트롤리선의 단면 구조는 다음의 [그림 12.13]과 같다.

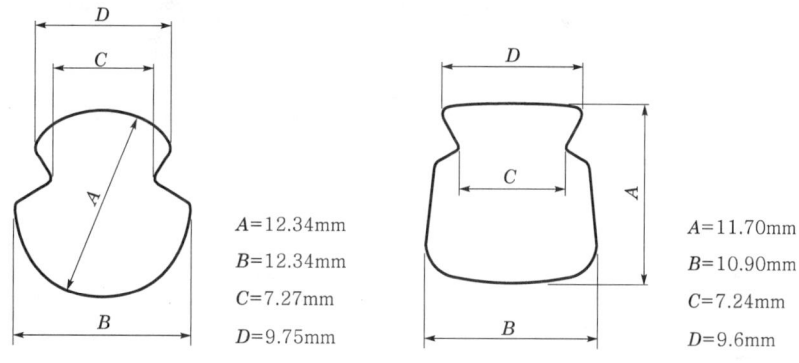

(a) 원형 홈형 트롤리선(110mm²)   (b) 제형 홈형 트롤리선(110mm²)

[그림 12.13] 홈부 원형 및 홈부 제형 트롤리선의 단면 구조

(5) 강체 전차선의 부식

T형 강체 전차선은 알루미늄 재질의 강체와 동 재질의 트롤리선이 서로 접촉하게 된다. 따라서 누수가 많은 터널 내에서 침수에 의해 이종 금속간의 접촉 부식 현상이 발생한다. 즉, 전위가 서로 다른 금속이 접촉하는 경우에 알칼리 성분의 누수가 닿으면 국부 전지가 형성되어 부식이 발생한다. 이 경우, 부식량은 전위차가 큰 금속일수록 많아진다. 따라서 부식 방지 대책으로 중간 전위의 금속을 개재시켜 전위차를 경감시키거나 도료를 도포하여 국부 전지의 형성을 방지한다.

그러므로 다음과 같은 부식 방지 대책이 시행되고 있다.

- 알루미늄 합금재의 T형 강체와 트롤리선과의 접촉면에 부식 방지 도료를 도포한다.
- 트롤리선의 표면에 주석 도금 처리를 시행한다.

(6) 강체 전차선의 지지

1) 지지물

강체 전차선은 궤도면에서의 높이 및 편차를 항상 일정하게 유지하여야 한다. 그러므로 강체 전차선의 지지물은 높이 조정이 용이한 구조로 터널의 천장면 또는 측벽에 설치하고 있다. 대표적인 강체 전차선의 지지물 형태는 다음의 [그림 12.14]와 같다.

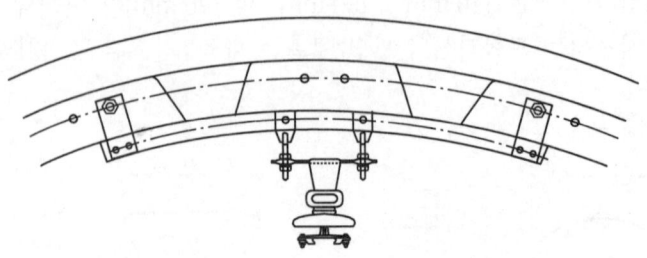

(a) 실드(shield) 구조

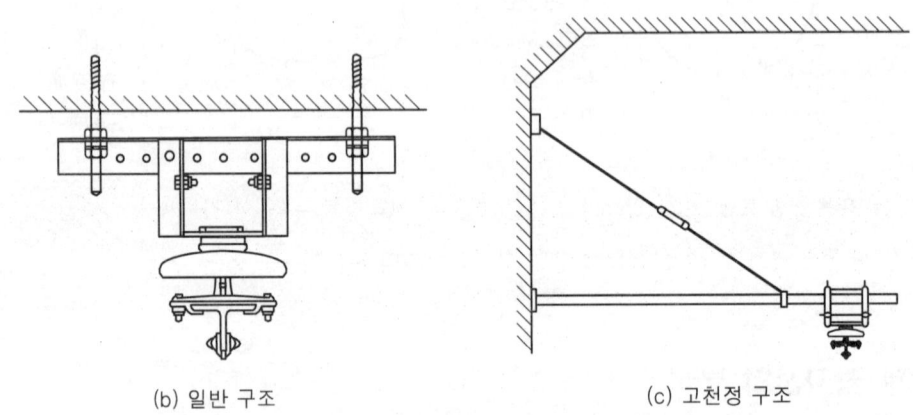

(b) 일반 구조　　　　　　　　　　　(c) 고천정 구조

[그림 12.14] 강체 전차선의 지지물 설치도

2) 지지 애자 및 조가 장치

터널용 특수 애자(250 mm) 및 조가 장치는 애자를 지지 장치 내에서 일정 범위까지 자유롭게 움직일 수 있도록 되어 있다. 그리고 조가 장치는 T형 강체가 신축하는 경우에 자유롭게

미끄러지게 되어 애자에 무리한 힘이 걸리지 않도록 되어 있다. 또한 곡선부에는 레일의 각도에 일치하여 강체의 각도를 조정하거나 높이를 조정할 수 있는 조가 장치도 사용되고 있다.

　T형 강체 전차선의 지지 애자 및 조가 장치 설치도는 다음의 [그림 12.15]와 같다.

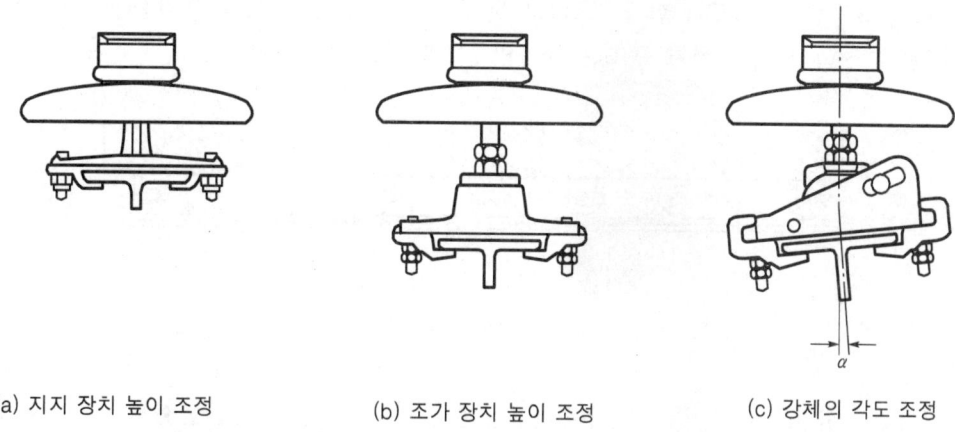

(a) 지지 장치 높이 조정　　　　(b) 조가 장치 높이 조정　　　　(c) 강체의 각도 조정

[그림 12.15] T형 강체 전차선의 지지 애자 및 조가 장치 설치도

(7) 강체 전차선로 부속 장치

1) 고정 장치(anchoring)

　고정 장치는 강체 전차선의 설치 구배, 팬터그래프의 습동, 온도 변화에 의한 신축 작용 등에 의해 강체 전차선이 종방향으로 이동하는 현상을 방지하기 위하여 일정 길이 구간의 중앙 지점에 설치한다. 고정 장치의 구조는 턴 버클과 애자로 구성된다.

　대표적인 고정 장치의 예는 다음의 [그림 12.16]과 같다.

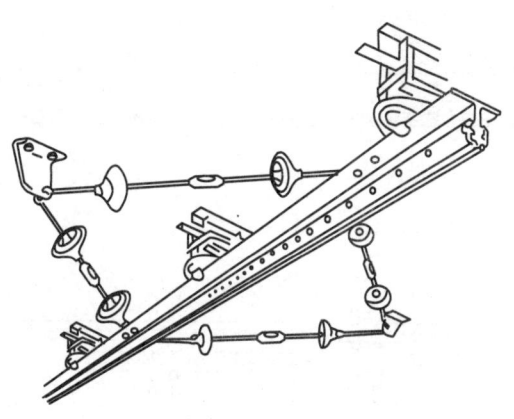

[그림 12.16] 고정 장치의 설치 구조(예)

2) 신축 장치(expansion joint/air joint)

신축 장치는 강체 전차선의 온도 변화에 의한 신축을 흡수하기 위한 장치이다. 신축 장치에서는 평행 설치되어 있는 2본의 강체 전차선의 선단에 램프(ramp)가 설치되어 팬터그래프가 원활하게 습동할 수 있도록 한다. 그리고 전기적으로 충분한 용량의 점퍼선(jump wire)으로 접속한다. 신축 장치의 설치 구조는 다음의 [그림 12.17]과 같다.

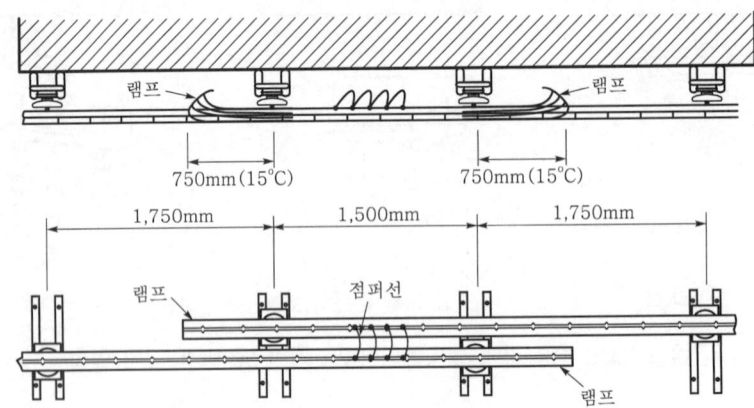

[그림 12.17] 신축 장치의 설치 구조

3) 구분 장치(air section)

강체 전차선에 사용되는 대표적인 구분 장치는 공기 절연의 에어 섹션이다. 에어 섹션은 급전 계통의 운용 및 보수를 위해 설치된다. 에어 섹션의 기본 구조는 신축 장치와 동일하지만 평행하는 2본의 강체 전차선이 전기적으로 접속되지는 않는다.

구분 장치(에어 섹션)의 설치 구조는 다음의 [그림 12.18]과 같다.

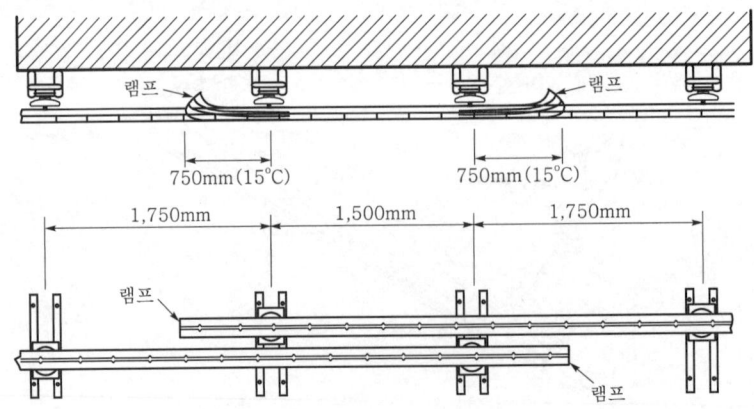

[그림 12.18] 구분 장치(에어 섹션)의 설치 구조

구분 장치에서 팬터그래프가 습동 이행하는 개소의 강체 상호간에 높이의 차이가 있으면 전기차가 통과하는 경우에 팬터그래프가 진동 또는 선단 램프부에서 도약 현상이 일어나게 되어 국부적인 마모가 발생한다. 그러므로 구분 장치의 평행 부분의 높이 조정은 마모 관리상 매우 중요하다.

 R형(R-bar) 강체 전차선

(1) 개요

R-bar 강체 전차선(rigid bar)은 전기 철도의 전기차에 전력을 급전하는 최신 강체 전차선로 시스템이다. R-bar는 탄성 핀치(elastic pinch) 내부에 트롤리선을 삽입하여 가선을 유지하는 알루미늄 단면체(aluminium profile)로 구성된다.

R-bar 강체 전차선의 단면 구조는 다음의 [그림 12.19]와 같다.

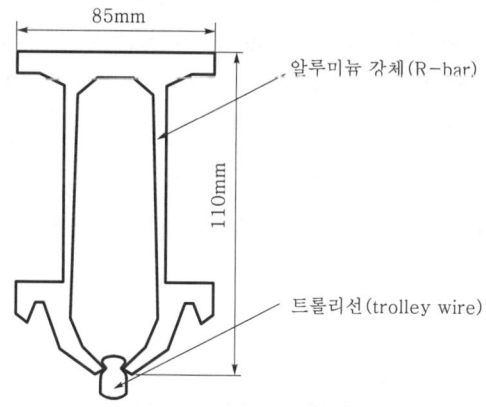

[그림 12.19] R형 강체 전차선의 단면 구조

R-bar 강체 전차선은 알루미늄 부리(beak)의 탄성 삽입부(elastic pinch)에 트롤리선을 삽입하여 가선하는 방식이다. 그러므로 트롤리선을 장착하는 별도의 볼트가 필요 없으며, 트롤리선의 설치 및 교체가 매우 용이하다.

이 R-bar 강체 전차선 방식은 주로 터널 및 차량 기지의 검수고 등에 적용된다. 이 시스템은 기존의 커티너리 시스템에서 특별히 곤란한 기술적 문제점을 다수 해결하는 특성을 가지고 있으며, 주요 내용은 다음과 같다.

1) 가선 높이의 경감

R−bar를 터널에 설치하는 경우에 협소한 공간(높이)만으로도 충분하다. 그러므로 기존의 커티너리 전차선을 설치할 수 없는 터널의 전철화가 가능하게 된다. 또한 신설 터널에서 상부의 가선 공간 치수(높이)가 경감되어 결과적으로 토목 공사비를 경감시킬 수 있다.

2) 도체 단면적의 증대

R−bar는 등가 동 도체 면적 $1,200\ mm^2$의 큰 알루미늄 단면적($2,214\ mm^2$)을 가진다. 그러므로 대량 수송망 특히, 대량 수송을 수행하는 저전압 전기 철도 시스템에서 급전선 없이 낮은 전압 강하로 조밀한 운전 시격(약 2분 시격)이 가능하다.

3) 기계적 무장력

R−bar에는 단지 자체 무게만이 작용하므로 다른 기계적 장력을 가할 필요가 없다. 이러한 강체와 트롤리선의 무장력으로 시스템의 신뢰도가 크게 향상된다. 따라서 트롤리선의 절단 위험이 없다. 일례로 프랑스 국철(RATP)의 파리 지하철(RER line C)에서 기존의 커티너리 전차선에 자주 발생하는 트롤리선의 절단때문에 R−bar를 설치하게 되었다. 일단 R−bar로 교체된 뒤에 더 이상 전차선의 절단에 의한 운행 중단은 없었다.

R−bar의 기계적 무장력은 또한, 검수고 등의 작업장의 전철화에 장점이 된다. 즉, 곡선이나 가선 장력을 지지하는 다수의 고정 장치(anchor) 또는 고정 암(arm)이 필요 없게 된 것이다. R−bar의 기계적 무장력은 또한, 작업장, 분기부 및 교량 등의 이동식 전차선과 같이 이동식 가공 전차선에 의한 전철화를 용이하게 한다.

결론적으로 R−bar의 기계적 무장력은 단면적 감소에 의한 전차선의 절단 위험이 없이 고신뢰도 수준으로 트롤리선의 가선 유지를 가능하게 한다. 즉, 트롤리선의 수명이 증가되고 노후화에 의한 교체 기간이 길어진다.

4) 고 신뢰도

알루미늄 강체의 형태는 열방산 효과(radiator effect)로 열 교환을 증대시킨다. 이 열방산 효과와 기계적 무장력은 강체 및 트롤리선의 용융을 방지한다. 일단 설치되면, R−bar는 단락 및 고빈도 수송에 대한 과열 우려가 없다. 이 시스템은 트롤리선의 절단 위험이 없고 극소의 보수 및 고 신뢰도로 용이하게 운용된다.

5) 보수의 단순화

기존의 커티너리 시스템에는 다수의 부품 자재가 필요하다. 그러나 R−bar에서는 기존 커티너리 시스템의 약 1/10로 부품 자재의 수량이 경감된다. 이것은 자재의 보유를 쉽게 하고 예비

품의 수량이 매우 적어진다. 이 보수 단순성에 의해 또한, 빠르고 용이한 설치가 가능하다. 상기와 같은 특성에 의거하여 R-bar 강체 전차선은 다음의 경우에 주로 적용된다.
- 터널의 전철화
- 고정/이동식 전차선에 의한 작업장(차량 기지 검수고 등)의 전철화

(2) 터널 구간의 R-bar 시스템

1) 터널 구간 R-bar의 적용

R-bar는 설치 소요 공간이 작으므로 터널 내 가선 방식으로 적용되고 있다. 실제로 강체 전차선(R-bar 및 트롤리선)의 높이는 단지 110 mm 정도이다. 그리고 저전압에서 지지물 및 전기적 이격을 고려하여 트롤리선의 집전 접촉면과 터널 상부 천장 사이의 소요 높이는 약 300 mm 정도이다. 이와 같이, 설치 소요 공간이 작으므로 신설 터널에서 건축 한계를 경감시킬 수 있으며 건설 비용을 대폭 경감할 수 있다.

일반적으로, 터널은 접근이 어렵고 터널 내부에서 유지 보수 작업의 수행은 상당한 어려움이 있다. 따라서 터널에 R-bar를 적용하면 고 신뢰도의 시스템으로 유지 보수 작업이 크게 경감되므로 매우 유리하다는 것은 자명하다. R-bar는 대량 수송의 전기 철도에 사용되며 열차 운행 속도는 70~140 km/h 정도가 가능하다.

일례로, R-bar가 설치되어 있는 스페인의 바르셀로나(Barcelona)와 마드리드(Madrid) 전철의 운행 속도는 70~80 km/h(최대 : 100 km/h)로 운용되고 있다. 그리고 스위스의 심플론 터널(Simplon tunnel)에 설치된 R-bar는 열차 운행 속도 140 km/h로 실제 운용되었으며 시험 운행 속도는 160 km/h까지 도달하였다.

2) R-bar 지지물

R-bar의 지지물은 터널 천장의 상부에 고정된다. 이 지지물은 알루미늄 바(aluminium bar)를 지지하는 행어 클램프(hanger clamp)로 구성되며 행어 클램프는 사용 전압에 적합한 애자에 볼트로 고정된다. 그리고 철제 구조물은 애자와 행어 클램프를 지지한다.

R-bar 지지물은 다음의 3가지 범위의 조정이 가능하여야 한다.
- 지그재그(zig-zag) 편위에 대한 횡방향 조정 : 지지물의 횡방향 조정은 −245 mm~+245 mm의 범위로 조정이 가능하여야 한다.
- 전차선 높이 조정 : 토목 시공의 공차를 보상하도록 지지물은 −30 mm~+30 mm의 높이 조정이 가능하여야 한다.
- 곡선로의 회전(roll) 조정 : 궤도의 캔트(cant)에 대응하여 R-bar의 회전 조정이 가능하여야 한다.

지지물은 R−bar를 수직 및 연직 방향으로 지지하도록 설계된다. 그리고 지지물은 선로 길이 방향으로 R−bar가 자유롭게 팽창 수축되도록 설치된다. 이를 위해서 다음의 2가지 방식의 지지물 설치 방법이 사용된다.

- 고정식 지지물(fixed support)   · 회전식 지지물(swiveling support)

① **고정식 지지물**(fixed support)

고정식 지지물에서 R−bar의 신축은 온도에 따라 자유로운 팽창 수축을 허용하는 슬라이딩 행어 클램프(sliding hanger clamp)를 통하여 수행된다. 즉, 테플론 베어링(teflon bearing)에 의해서 알루미늄 바의 이동이 용이하게 된다. 그리고 수직 방향 조정은 터널 천장에 매입된 나사 봉(threaded rod)을 이용하여 수행된다. 이 나사 봉(threaded rod)은 궤도 중심에 대한 지그재그 편위의 중립 위치에 매입된다. 지그재그 편위 조정은 강제 구조물에서 행어 클램프 및 애자의 조립체를 횡방향으로 이동시켜 수행한다.

고정식 지지물의 지그재그 편위 조정은 다음과 같이 수행된다.

- 앵글(ㄱ형강) 상의 클립 이동 방식
- 이면 대향 설치된 2개의 U형 강봉 사이의 나사 봉(threaded rod) 이동 방식
- 절연 배관의 행어 클램프 이동 방식

앵글(ㄱ형강) 상의 클립 이동 방식은 [그림 12.20], U형 강봉 사이의 나사 봉 이동 방식은 [그림 12.21], 절연 배관의 행어 클램프 이동 방식은 [그림 12.22]와 같다.

앵글(ㄱ형강) 상의 클립 이동 방식 지지물에서는 오염과 먼지를 방지하기 위하여 PVC 커버가 애자 상부에 설치된다.

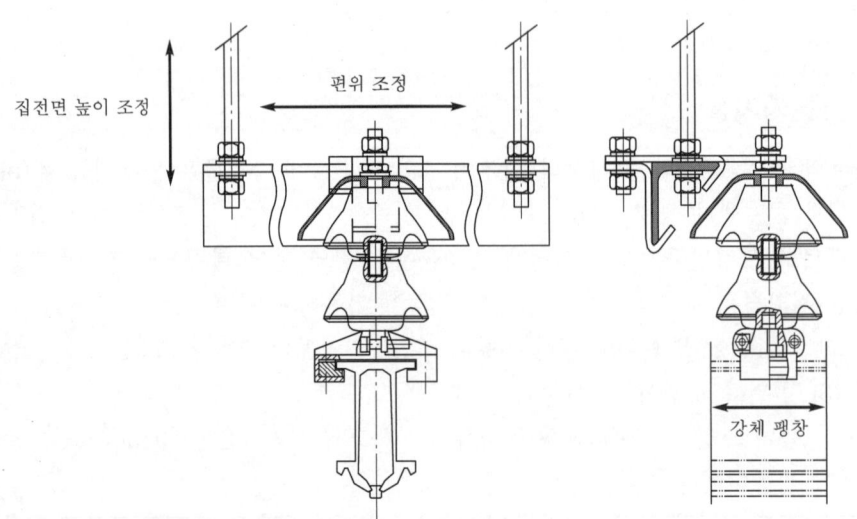

[그림 12.20] 앵글(ㄱ형강) 상의 클립 이동 방식

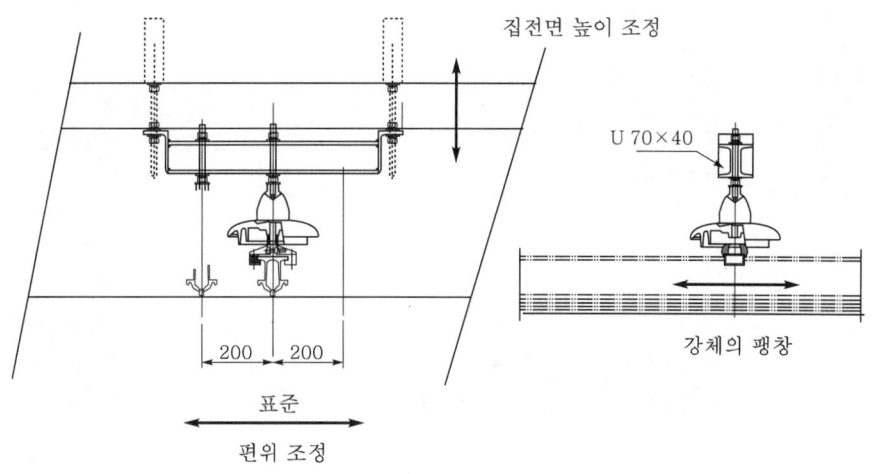

[그림 12.21] U형 강봉 사이의 나사 봉 이동 방식

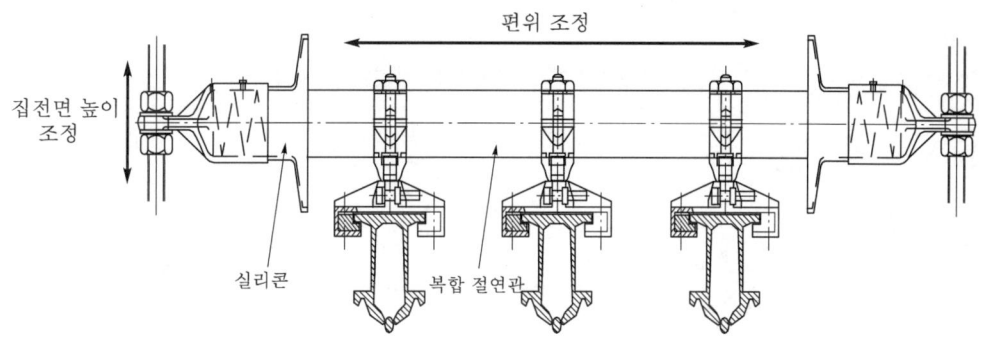

[그림 12.22] 절연 배관의 행어 클램프 이동 방식

② 회전식 지지물(swiveling support)

　이 방식의 지지물에서는 R−bar의 선로 종방향의 이동을 추종하도록 수직 회전축이 장착된다.

　브래킷형 회전식 지지물은 [그림 12.23], 현수형 회전식 지지물은 [그림 12.24]와 같다.

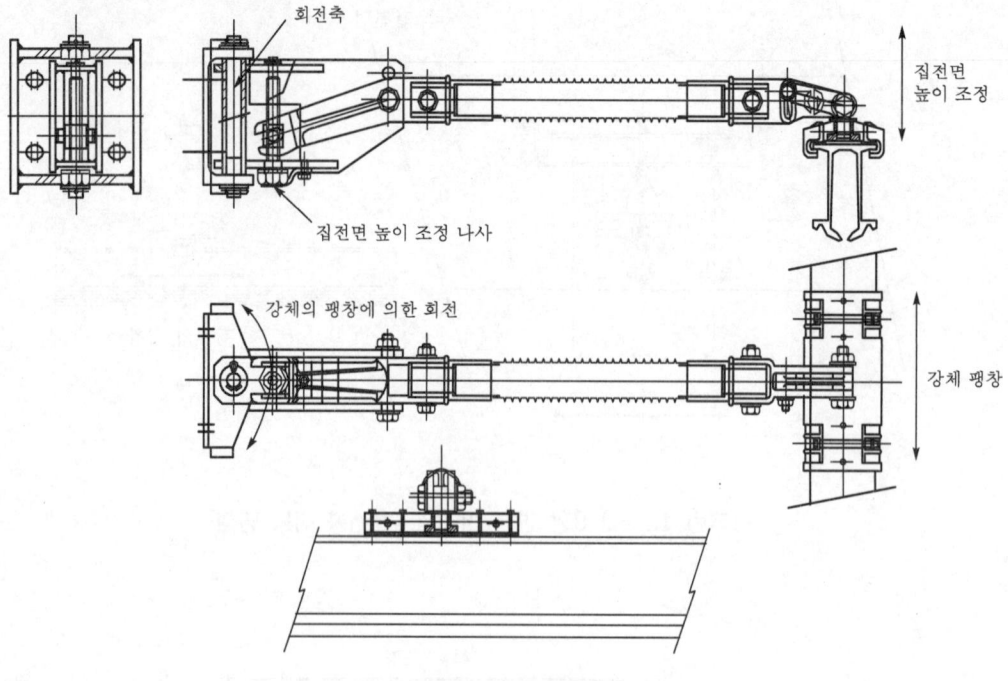

회전축

집전면
높이 조정

집전면 높이 조정 나사

강체의 팽창에 의한 회전

강체 팽창

[그림 12.23] 브래킷형 회전식 지지물

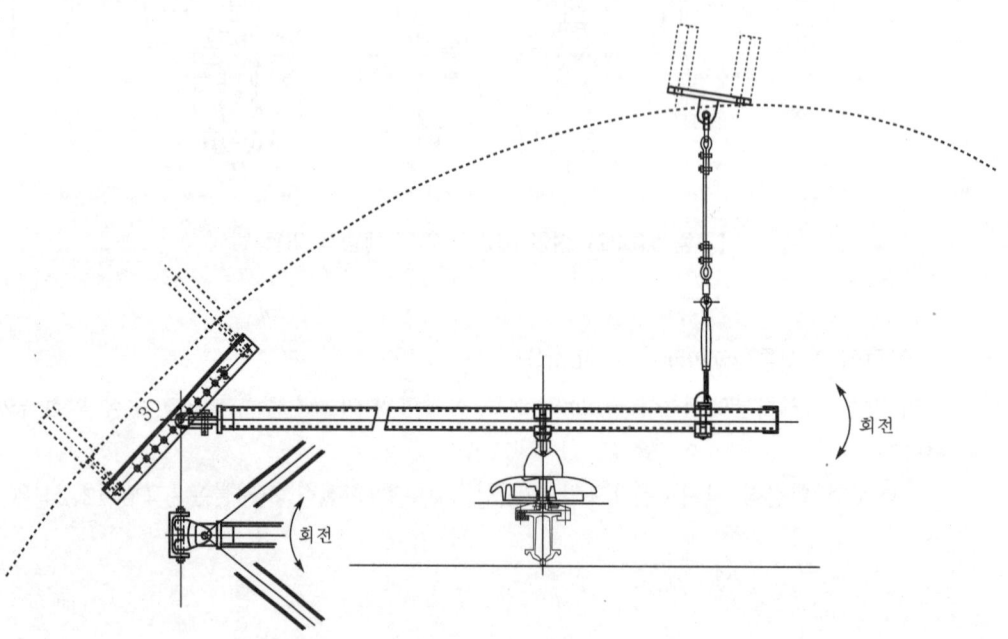

30

회전

회전

[그림 12.24] 현수형 회전식 지지물

③ 지지물의 설치 간격

　기계적 및 전기적 기능상, R-bar 시스템은 열차에의 급전을 중단 없이 수행하여야 하며 이는 팬터그래프가 트롤리선과의 접촉을 계속 유지하는 것을 의미한다. R-bar는 터널의 특성에 적합한 지지물에 의해 터널의 상부에 고정 설치되어야 한다. R-bar는 일정 간격으로 현수되어 설치되고 자중이 있으므로 트롤리선의 접촉면은 완전한 직선이 되지 않고 유사 사인(sine) 곡선 형태로 된다.

　이 사인 곡선의 진폭은 $f/2$가 된다. 여기서, f는 경간 중앙 지점에서의 처짐(sag)이며, L은 지지물간의 거리가 된다.

　지지물의 설치 간격은 [그림 12.25]와 같다.

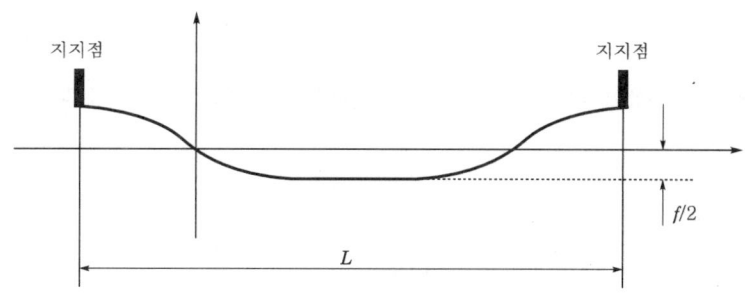

[그림 12.25] 지지물의 설치 간격

　트롤리선 상의 지점 M의 높이는 x축 상의 위치에 따라 결정되며 다음과 같이 표현된다.

$$y = (f/2) \sin (2\pi x/L)$$

　이 지점에는 다음 2종류의 힘이 작용한다.

　• 팬터그래프의 압상력 : $F[\text{N}]$
　• 트롤리선의 반력 : $R[\text{N}]$

　트롤리선의 작용력은 다음의 [그림 12.26]과 같다.

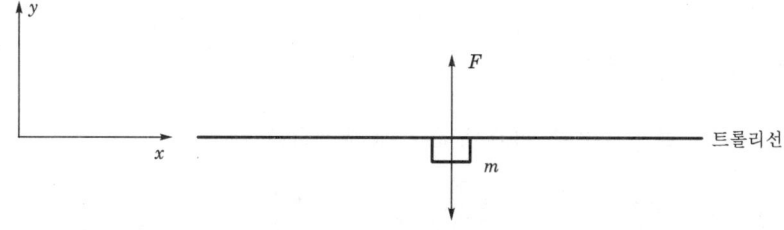

[그림 12.26] 트롤리선의 작용력

이 관계를 동력학 기본 방정식으로 표현하면 다음과 같다.

$$mA_y = F - R$$

여기서, m : 팬터그래프의 등가 중량

$\quad\quad A_y$: 높이 축방향의 팬터그래프 가속도

A_y는 시간에 대한 y의 2차 미분이며 d^2y/dx^2의 형태로 다음과 같이 표현된다.

$$A_y = d^2y/dt^2$$
$$A_y = d(dy/dt)/dt$$
$$A_y = d[(dy/dx)(dx/dt)]/dt$$

팬터그래프가 일정한 속도로 움직인다고 가정하면 $dx/dt = V$가 된다. 여기서, V는 열차 속도이다.

$$A_y = d[V(dy/dt)]/dt$$
$$A_y = V(d(dy/dx)/dx)(dx/dt)$$
$$A_y = V^2 d^2y/dx^2$$

전체 궤도를 통하여 원활한 집전을 위해서 팬터그래프는 전차선과의 접촉이 유지되어야 하며 접촉력은 가능한 한 일정하게 유지되어야 한다. 동력학에서 정적인 힘은 약 12%의 변화가 허용된다.

이는 다음 조건으로 표현된다.

$$R > 0.88F$$
$$F - mV^2(d^2y/dx^2) > 0.88F$$
$$mV^2(d^2y/dx^2) < 0.12F$$
$$y = (f/2)\sin(2\pi x/L)$$
$$dy/dx = (f/2)(2\pi/L)\cos(2\pi x/L)$$
$$d^2y/dx^2 = -(f/2)(2\pi/L)^2\sin(2\pi x/L)$$

그리고 양호한 집전 조건은 다음과 같이 표현된다.

$$mV^2(f/2)(2\pi/L)^2\sin(2\pi x/L) < 0.12F$$

이 식을 x의 값에 관계없이 표현하면 다음과 같다.

$$mV^2(f/2)(2\pi/L)^2 < 0.12F$$

경간 중앙 지점에서 가선의 처짐(sag)을 f로 두면 다음과 같이 표현된다.

$$f = PL^4/384EI$$

여기서, P : R−bar의 단위 길이당 무게(N/m)
$\quad\quad\quad L$: 지지물의 경간(m)
$\quad\quad\quad E$: 탄성 계수(N/m^2)
$\quad\quad\quad I$: 관성 계수(m^4)

그러면 집전 조건은 다음 식으로 표현된다.

$$[mV^2PL^4(2\pi/L)^2/768EI] < 0.12F$$
$$L^2 < [768(0.12F)EI/(4\pi^2pmV^2)]$$

여기서, 단위는 F[N], m[kg] 및 V[m/s]이다.

상기의 계산은 각 팬터그래프의 특성에 따라 다르게 된다.
운전 속도에 따른 지지물 간격의 일반적인 기준치는 다음의 [표 12.6]과 같다.

[표 12.6] 운전 속도별 지지물 간격의 기준치

속 도(km/h)	60	70	80	90	100	110	120
지지물 간격(m)	12	12	10	10	8	8	8

다음으로, 2개의 연속 지지물간의 구배는 다음과 같이 표현된다.

$$dy/dx = (f/2)(2\pi/L)\cos(2\pi x/L)$$

여기서, $d^2y/dx^2 = 0$인 경우에 dy/dx는 최대가 된다.

즉, $(f/2)(2\pi/L)^2\sin(2\pi x/L) = 0$
$x = 0$인 경우, 구배는 다음과 같다.

$$dy/dx = (f/2)(2\pi/L)$$
$$dy/dx = \pi f/L$$

운전 속도별 지지물의 간격, 처짐 및 최대 구배의 계산 값은 다음의 [표 12.7]과 같다.

[표 12.7] 운전 속도별 지지물의 간격, 처짐 및 최대 구배의 계산 값

속 도(km/h)	60	70	80	90	100	110	120
지지물 간격(m)	12	12	10	10	8	8	8
처 짐(mm)	16.13	16.13	7.777	7.777	3.186	3.186	3.186
최대 구배(%)	0.422	0.422	0.244	0.244	0.125	0.125	0.125
최대 구배(1기준)	236.9	236.9	409.3	409.3	799.4	799.4	799.4

그리고 트롤리선 접촉면의 설치 높이는 3 mm의 오차 이내로 되어야 한다.
또한 R-bar 지지물은 다음의 3가지 방식으로 조정이 가능하여야 한다.

① 지그재그 편위의 횡방향 조정

지지물은 트롤리선의 지그재그 편위 범위 −245 mm+245 mm의 횡방향 조정이 가능하여야 한다.

② 높이 조정

매우 협소한 건축 한계 터널 등의 특수한 경우를 제외하고 지지물은 충분한 높이 조정(+30 mm 또는 −30 mm 범위)이 가능하여야 한다.

③ 곡선로에서 R-bar의 회전 조정

지지물에 의해 궤도 캔트(cant)에 대한 R−bar의 회전 조정이 가능하여야 한다.

3) 지그재그 편위(zig-zag deviation)

커티너리 전차선로와 마찬가지로, R-bar도 궤도를 따라 지그재그 형태로 설치된다. 실제적으로 편위의 형태는 커티너리 가선의 부분적 직선 형태가 아닌 사인 곡선(sine curve)에 근접한다. 일반적으로, 지그재그 편위의 최대 폭은 200 mm이다.
지그재그 편위의 완전한 1주기(1 cycle)는 다음의 [표 12.8]과 같다.

[표 12.8] 지그재그 편위의 1주기

(지지물 간격 : 12 m)

길 이(m)	0	12	24	36	48	60	72	84	96	108	120	132	144
편 위(mm)	−200	−140	−70	0	70	140	200	140	70	0	−70	−140	−200

(지지물 간격 : 10 m)

길 이(m)	0	10	20	30	40	50	60	70	80	90	100	110	120
편 위(mm)	−200	−140	−70	0	70	140	200	140	70	0	−70	−140	−200

그리고 R-bar는 접속판(splice plate)에 의해 상호간 접속된다. 이 상호간의 접속은 기계적 및 전기적으로 연속성이 확실하도록 수행되어야 한다.

4) 강체의 신축(expansion)

R-bar는 팽창과 수축이 발생하므로 설치 섹션(section)의 길이가 제한된다. R-bar의 최대 설치 섹션의 길이는 주변 온도 범위 $\Delta T(℃) = T_{max} - T_{min}$에 의해 결정된다.

주변 온도차에 따른 설치 섹션의 최대 길이는 다음과 같다.

[표 12.9] 온도차에 따른 R-bar 설치 섹션의 최대 길이

온도차 (ΔT)	40	50	60	70	80
섹션 길이 (m)	250	200	170	150	130

40℃ 미만의 온도차 범위에서 최대 설치 섹션의 길이는 250 m로 제한된다. 설치 섹션의 양 단에서는 강체의 팽창이 허용되도록 설치되어야 한다. 그리고 설치 섹션의 중앙 지점에 설치되는 행어 클램프의 주위에 앵커(anchor)를 설치하여 고정점을 설정하여야 한다.

5) 신축 장치(expansion joint)

① 신축 장치(expansion joint)

R-bar의 섹션간은 신축 장치(expansion joint)에 의해 이행된다. 열차 속도 100 km/h 를 초과하는 구간에는 일체형(monobloc type)의 신축 장치가 사용되고, 운행 속도 100 km/h 이하의 구간에는 2개의 램프(ramp) 평행 구간(parallel section)으로 구성되는 신축 장치가 설치된다. R-bar 신축 장치의 설치 사진은 다음의 [사진 12.1]과 같다.

[사진 12.1] R-bar 신축 장치의 설치 사진

신축 장치는 기계적인 연속성과 더불어, 2개의 인접한 섹션간에 전기적인 연속성(electric continuity)이 보장되어야 한다. 이를 위해, 양측 램프에 케이블 접속판이 설치되고 초 가연성(ultra flexible) 케이블로 접속된다.

이 케이블은 강체의 팽창 시에 발생하는 응력을 견딜 수 있도록 충분한 길이를 가져야 한다(일반적으로, 소요 길이보다 최소 15 cm 이상). 그리고 이 케이블이 팬터그래프의 습동 통과를 간섭하지 않도록 특별한 주의가 필요하다.

램프 평행 구간 신축 장치의 구성도는 다음의 [그림 12.27]과 같다.

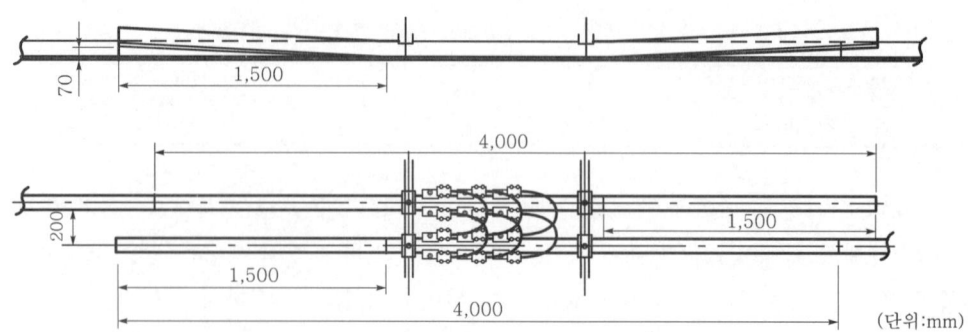

[그림 12.27] 램프 평행 구간 신축 장치의 구성도

램프 상호간은 약 200 mm 이격 간격으로 설치되고 2개의 행어 클램프로 지지된다. 한 섹션에서 다른 섹션으로 팬터그래프의 이행은 2개의 행어 클램프간의 평행 구간에 의해 수행된다. 이 평행 구간에서는 실제적으로 팬터그래프의 접촉면이 평면으로 된다. 그리고 램프의 경사 부분은 전차선 높이가 서로 다르게 조정되는 경우에 안전 구간으로 이용된다.

평행으로 설치되는 2개 램프간의 이격 거리는 약 200 mm이다. R-bar의 100 mm 지그재그 편위를 설정할 수 있도록 신축 장치는 궤도 중심선 상에 설치되도록 특별히 주의하여야 한다.

② 일체형 신축 장치(mono-bloc type expansion joint)

일체형 신축 장치는 열차 운행 속도가 100 km/h를 초과하는 구간에 사용된다. 이 일체형 신축 장치는 인접한 2개 강체(R-bar) 섹션 사이의 온도 변화에 의한 강체의 변위(팽창 길이)를 흡수하는 기능을 수행한다.

이 일체형 신축 장치는 강체 섹션(R-bar section)의 온도 팽창을 보상하며 기계적 및 전기적으로 연속성이 보장된다.

㉠ 일체형 신축 장치(6-bar sliding type)

일체형 신축 장치(6-bar sliding type)의 구조도는 다음의 [그림 12.28]과 같다.

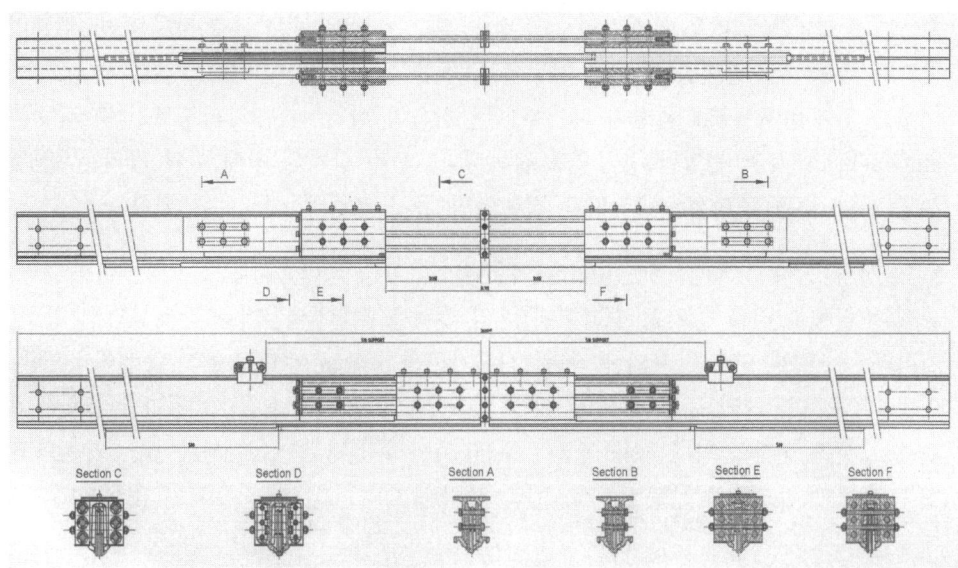

[그림 12.28] 일체형 신축 장치(6-bar type)의 구조도

일체형 신축 장치(6-bar type)에서는 황동 재질의 접촉날(blade)의 교번 설치에 의해 기계적 연속성을 유지한다. 2개의 황동 접촉날은 신축 장치의 첫 번째 부분에 설치된다. 황동 재질의 독립된 3 접촉날은 신축 장치의 두 번째 부분에 설치된다. 플라스틱 재질의 사용으로 마찰력이 감소되고 팬터그래프의 통과 시에 2개의 연속 접촉날이 밀착되는 현상을 피할 수 있다. 비늘 형태의 접촉날이 습동 빗살 형태로 배치되어 신축 장치의 개폐 및 팬터그래프의 원활한 습동 통과가 가능하다. 더욱, 습동 선단의 접촉을 세로 방향으로 유지하여 아크 발생이 방지된다. 팬터그래프에 대해 일정한 높이를 유지하도록 트롤리선에 일치하여 접촉날의 조정이 수행된다.

트롤리선은 공장에서 이행 위치에 삽입되고 접촉날은 평편한 접촉면을 가지도록 가공된다. 이렇게 하여, 일체형 신축 장치에는 팬터그래프 습도의 불연속 구간이 없게 된다. 이 일체형 신축 장치 시스템에서는 160 km/h의 고속 열차 운행이 가능하다. (1988년 스위스 Simplon 터널에서 시험되었음.)

이 신축 장치의 종단면에는 전기적인 연속성을 위해서 6개의 구리 핀(copper pin)이 설치된다. 6개의 구리 핀 중 3개는 신축 장치의 전반부에 설치되고 나머지 3개는 신축 장치의 후반부에 설치된다. 길이 변화에 상관없이 접속을 유지하도록 R-bar에 클램프로 고정되어 있는 접속 플럭에 의해 자유단이 이동 가능하도록 되어 있다. 이 플럭은 가이드 링(guide ring) 2개와 가이드 링에서 구리 핀으로 흐르는 대전류 통로를 유지하는 접촉 박판 2조로 구성된다. 각각의 핀에는 350A의 전류가 흐를 수 있다. 즉, 6개의 핀이 있으므로 신축 장치에는 총 2,100A의 전류가 흐를 수 있다. 이 접촉 전류 핀 시스템은 케이블 및 전력 공급 접속 장치(power feed block) 없이 작은 단면적으로 대전류를 흐르게 할

수 있다. 그러므로 더욱 안정적인 시스템이 된다. 더욱, 핀은 신축 장치의 반 부분의 배치 구조를 유지하는 완벽한 가이드 기능을 수행한다.

신축 장치는 R-bar 섹션의 기저부에 일치하여 설치된다. 그러므로 신축 장치는 R-bar의 다른 부분과 동일한 방법으로 접속된다. 신축 장치의 최대 이격 거리는 300 mm이고 높이와 수평 조정은 전류 핀과 접촉날의 동시 조정에 의해 수행된다.

ⓛ 일체형 신축 장치(2-bar sliding type)

기존 일체형 신축 장치의 슬라이딩 바의 수량을 6개에서 2개로 감소시킨 신형 신축 장치이다. 이 신형 신축 장치의 동작 원리는 기존의 6-bar 신축 장치와 동일하다. 단, 슬라이딩 바(도전성 슬리브 및 소켓)는 개당 2,500A의 전류가 흐를 수 있다. 따라서 이 신형 2-bar 신축 장치의 최대 허용 전류는 5,000A, 정격 전류는 3,000A이다. 기존의 6-bar 신축 장치와 비교하여 신형 2-bar 신축 장치는 슬라이딩 바의 수량이 감소되므로 조정이 매우 용이하다.

신형 2-bar 신축 장치의 구조도는 다음의 [그림 12.29]와 같다.

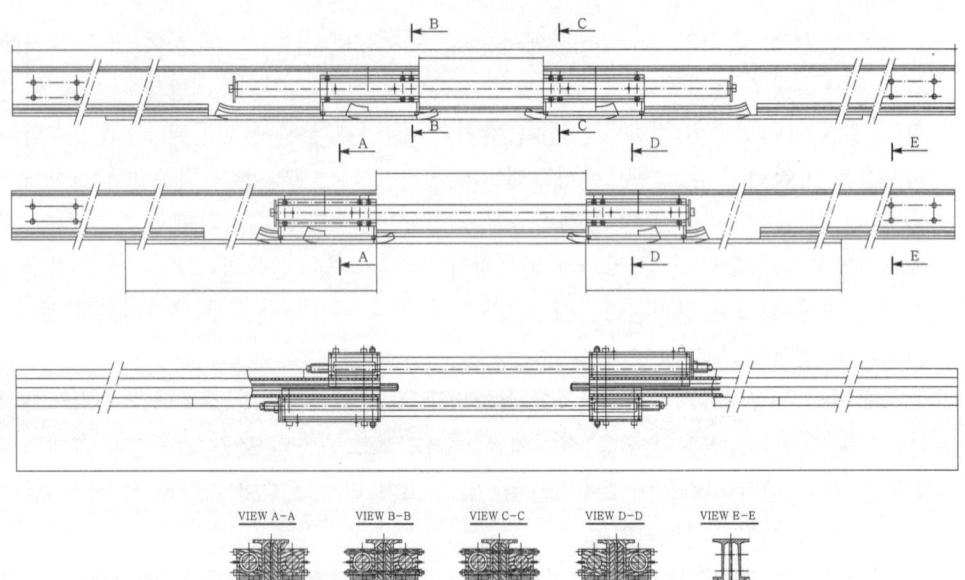

[그림 12.29] 일체형 신축 장치(2-bar type)의 구조도

6) 구분 장치(sectioning device)

R-bar에는 다음과 같은 2종류의 구분 장치가 적용된다.
- 공기 절연의 에어 섹션(air section)
- 절연 구간의 절연 섹션(neutral section)

에어 섹션은 신축 장치(expansion joint)로 접속되는 연속 2개 구간의 사이에 설치된다. 그리고 절연 섹션은 팬터그래프의 통과 시에 2개 구간 사이에 평행 가압 구간이 없이 2개 구간을 완전 절연시키는 구분 장치이다.

7) 섹션 인슐레이터(section insulator)

섹션 인슐레이터는 건늠선, 분기선 등에 설치된다. 일반적으로, 지상 커터너리 구간의 섹션 인슐레이터에서는 트롤리선에 2조의 FRP 절연봉을 설치하고 조가선에 1조의 FRP 절연봉을 설치하는 구조로 적용된다. 그러나 강체 전차선로에서는 조가선이 없으므로 완전한 안정 구조로 하기 위하여 3조의 절연봉을 삼각 정치 구조로 하여 적용한다. 즉, 강체 전차선(R-bar)을 3조의 FRP 절연봉으로 절연하는 구조가 된다. 팬터그래프는 양측의 러너(runner)를 습동하여 원활하게 집전 통과한다. 강체 전차선(R-bar)에 사용되는 최신 섹션 인슐레이터의 구조는 다음의 [그림 12.30]과 같다.

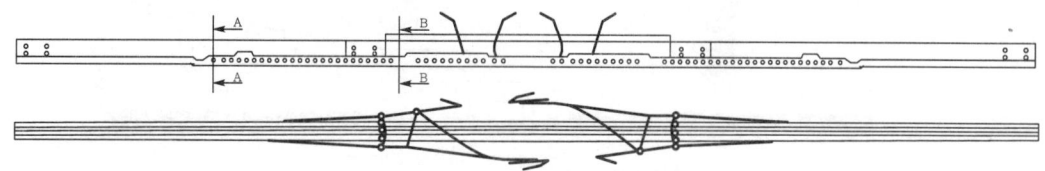

[그림 12.30] 섹션 인슐레이터(3-FRP)의 구조

이 신형 FRP 섹션 인슐레이터(25 kV용)의 주요 특성은 다음의 [표 12.10]과 같다.

[표 12.10] FRP 섹션 인슐레이터의 주요 특성(예)

항 목	내 용
길 이	1,340 mm
최대 작용 장력 하중	25 kN
파괴 하중에 대한 안전율	4
연면 누설 거리	1,100 mm
일반 장력 하중(10초)	50 kN
상용 주파 주수 내전압	>140 kV/50 Hz
뇌 임펄스 내전압	>325 kV(peak) 1.2/50 μs

8) 곡선(curve) 구간

R-bar에서 80 m를 초과하는 곡선 반경은 현장에서 기계적 장력으로 자연스럽게 굽힐 수 있다. 곡선 반경 80 m 이하(30~80 m 사이)에 대해서 R-bar는 제조 공장에서 가공되어야 한

다. 굽힘이 수행된 R−bar는 부리(beak) 내부 간격이 5 mm에 근접하는지 검사되어야 한다.

9) 이행 구간(transition section)

커티너리 전차선로와 R−bar의 이행 구간에서는 트롤리선 접촉면의 전기적 및 기계적 연속성이 확보되어야 한다. 커티너리와 R−bar는 서로 다른 관성력을 가지며 이행 구간에서 경점이 발생되지 않도록 전용 이행 장치를 사용하여야 한다. 이 이행 장치는 장력 트롤리선에 유사한 가연성에 최대한 도달할 수 있도록 관성력을 점차적으로 경감시키는 방식을 적용하며 기계적으로 가공된 R−bar 단면 형태로 구성된다. 이 경우, 동 트롤리선이 이행 장치의 부리(beak) 내에서 미끄러지지 않도록 하기 위하여 트롤리선을 클램프로 고정시키고 이 클램프는 알루미늄 강체 외부로 돌출된다. 이행 장치와 클램프의 조합 장치는 커티너리 전차선로에서 발생하는 트롤리선의 기계적 장력을 견딜 수 있도록 고장력 앵커(heavy duty anchor)로 지지되어야 한다. 이행 구간의 이행 장치 구성도는 다음의 [그림 12.31]과 같다.

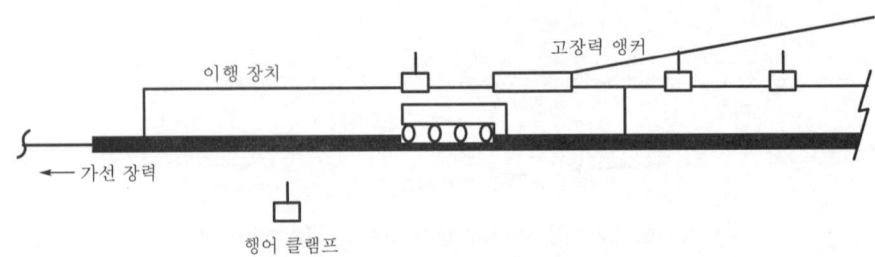

[그림 12.31] 이행 구간의 이행 장치 구성도

이행 구간의 이행 장치 설치 사진은 다음의 [사진 12.2]와 같다.

[사진 12.2] 이행 구간의 이행 장치 설치 사진

이행 구간에 접속되는 첫 번째 강체 섹션에 신축 장치를 설치할 수 있도록 이행 장치의 직후에 램프가 설치된다.

이 이행 구간 구성도는 다음의 [그림 12.32]와 같다.

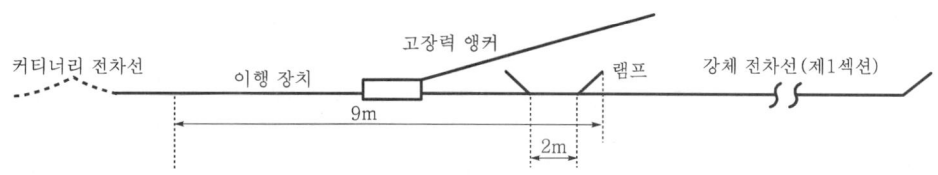

[그림 12.32] 이행 구간 구성도

이행 장치에는 알루미늄 강체 내부에 수분 또는 먼지의 축적을 방지하도록 보호 커버를 설치하여야 한다.

이행 구간의 설치 사진은 다음의 [사진 12.3]과 같다.

[사진 12.3] 이행 구간의 설치 사진

10) 분기선 및 건널선

분기선은 램프로 구성되며 직선 궤도는 직선 R-bar에 의해 급전된다. 분기 궤도는 전철기 위치에서 시작되는 다른 전차선로 섹션에 의해 급전된다. 직선 섹션에서 분기 섹션으로 이행이 가능하도록 램프는 분기 섹션의 종단점에 설치된다.

에어 섹션 또는 신축 장치 섹션과 동일하게 직선 섹션에서 분기 섹션으로의 이행은 램프의 직선 수평 구간에서 수행된다. 그리고 램프의 경사 부분은 2개 전차선의 상대적 높이가 서로 다르게 조정된 경우에 안전 구간으로 이용된다.

분기기에서의 R−bar 구성도는 다음의 [그림 12.33]과 같다.

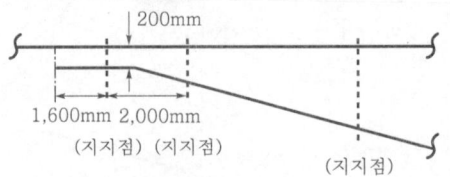

[그림 12.33] 분기기에서의 R−bar 구성도

분기기에서 분기 궤도의 R−bar는 직선 궤도 전차선로보다 약간 높게 설치되는 것이 좋다. 그러면 직선 궤도를 주행하는 팬터그래프와의 접촉을 피할 수 있다.

분기기에서의 R−bar의 설치 사진은 다음의 [사진 12.4]와 같다.

[사진 12.4] 분기기에서의 R−bar의 설치 사진

11) R-bar의 설치

R−bar의 설치 공사에서는 먼저 지지물을 설치한다. 지지물의 고정재 설치 방법에는 다음의 케미컬 앵커 고정 설치(chemical fastening) 또는 기계적 고정 설치(mechanical fastening) 방법이 사용된다.

① 케미컬 앵커 고정 설치(chemical anchor fastening)

터널의 천장에 천공(drilling)이 가능한 경우에는 M16 나사 봉(threaded rod)을 사용하는 케미컬 고정 설치가 가능하다.

　R-bar 지지물은 천장 공간에 수직으로 매달린 2개의 M16 나사 봉으로 고정된다. 나사 봉에 의해서 전차선의 높이와 회전 조정이 수행된다.

② 기계적 구조 고정 설치(mechanical structure fastening)

　터널 상부에 천공을 할 수 없는 경우에는 콘크리트 빔이나 철 구조체에 형강을 삽입하는 기계적 고정 방법이 사용된다.

　먼저, 케미컬 고정용 구멍을 천공하기 전에 고정재 설치 위치를 정확하게 결정하여야 한다. 그리고 지지물은 궤도에 횡축 방향으로 설치되어야 한다. 일단 고정재 설치가 수행된 후에는 지지물을 설치하고 예비 높이 조정(5 mm 공차)이 수행되어야 한다. 상세 배치 도면의 지그재그 편위에 의거하여 횡방향 조정 또한 예비 수행된다.

　그리고 알루미늄 강체를 삽입할 수 있도록 모든 지지물의 행어 클램프를 개방한다. 강체는 섹션별로 순차적으로 설치한다.

　대부분의 경우, 해당 램프의 종단에서 시작한다. 신축 장치(expansion device)를 구성할 수 있도록 4 m의 램프를 2개의 행어 클램프로 고정한다. 일단 설치되면 2개의 행어 클램프를 볼트로 죄고 비경사 부분에 접속판(splice plate)을 설치한다. 각 접속판(splice plate)은 강체의 종단에 8개의 M10 볼트로 죄어서 접속한다. 이 단계에서 접속판의 볼트는 느슨하게 죄여져야 한다.

　다음은 12 m 길이의 강체 바(bar)를 준비한다. 전술한 작업이 종료된 접속판의 중간 지점에 강체 바(bar)의 종단을 위치시킨다. 지지물의 행어 클램프에 강체 바(bar)의 상단부를 삽입하고 2개의 스크루(screw)를 정확하게 죄어서 폐쇄시킨다. 그리고 지지물의 행어 클램프가 수직이며 연직 방향이나 횡방향으로의 경사가 없는지 육안 검사를 수행한다. 그리고 난 후, 행어 클램프가 정확하게 폐쇄되었는지를 검사한다.

　금속체면은 에어 갭이 없이 완벽하게 접촉되어야 한다. 강체는 행어 클램프 내에서 이동이 가능하여야 한다. 이것은 강체를 행어 클램프에 대하여 약간 들어올리거나 약간 이동시켜 검사가 가능하다.

　강체의 다른 종단에 다른 접속판(splice)을 볼트로 고정하고 동일한 방법으로 강체 바(bar)를 계속 설치한다. 한 강체 섹션이 완전하게 설치되면 접속판의 모든 M16 볼트를 20Nm의 정확한 값으로 죄어서 고정한다.

③ 트롤리선 가선

　트롤리선의 가선 장비 구성은 다음의 [그림 12.34]와 같다.

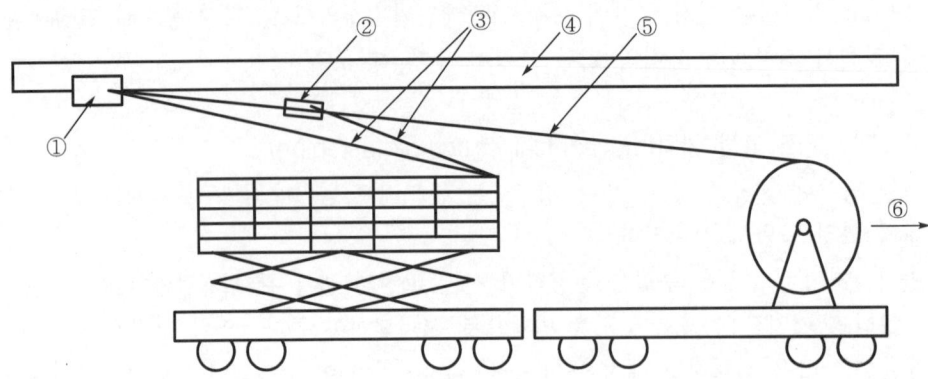

여기서, ① 가선 트롤리
② 그리스 주입 장치
③ 가선 안내 케이블
④ 알루미늄 강체
⑤ 트롤리선
⑥ 설치 방향

[그림 12.34] 트롤리선의 가선 장비 구성

트롤리선의 가선 공정은 다음과 같다.
• 강체 섹션의 종단에서 가선을 시작한다.
• 가선 트롤리를 장착한다.
• 그리스 주입 장치를 설치한다.
• 강체의 알루미늄 부리(beak) 내에 트롤리선이 정확하게 삽입되는지를 검사하면서 천천히 가선을 시작한다. 정확한 가선 방법으로 트롤리선의 설치 속도는 2 km/h로 수행된다.
• 강체 섹션의 종단 지점에서 램프 또는 이행 장치 직전에서 일시 가선을 정지한다. 이 장소에서는 가선 트롤리를 수동으로 눌러서 트롤리선을 삽입한다. 램프에서는 램프 길이보다 100 mm 길게 전차선을 절단하여 구부려 둔다. 이행 장치에서는 M10 볼트(7개)를 채운다.

그리고 접촉면의 편위와 높이를 검사하고 3 mm의 허용 오차를 확인한다. 신축 장치 또는 구분 장치 구간에서는 접촉면의 높이를 매우 정교하게 조정하여야 한다.

④ R-bar 시스템의 규격 및 적용

(1) 강체 섹션(R-bar section)

1) 강체 바(Rigid bar)의 개요

R-bar는 π(phi)형상으로 수직 구조재(leg)와 그 종단에 부리(beak)를 갖는 알루미늄 형강으로 구성된다. 이 형강은 탄성을 가지므로 부리(beak)를 일정 힘으로 확장한 후, 인가한 힘을 제거하면 원래 형태로 복원된다. 이러한 방법으로 알루미늄 형강의 탄성 한계를 초과하지 않고 전차선을 부리(beak) 사이에 삽입할 수 있다. 일단 전차선이 삽입되면 알루미늄 형강의 탄성에 의해서 전차선에 일정한 압력이 가해지게 된다. 이 압력에 의해서 트롤리선이 신축되는 경우에 알루미늄 형강 내에서 트롤리선이 미끄러지는 것이 방지된다.

상기와 같이 트롤리선의 가선 및 유지가 가능하므로 볼트 죔 등과 같은 다른 장치 없이 트롤리선의 가선 착탈이 가능하다. 트롤리선의 신축(팽창과 수축) 과정 중에 트롤리선이 알루미늄 형강 내에서 미끄러지지 않는 것을 증명하는 시험이 수행되었다.

알루미늄 강체(R-bar)는 12 m 길이로 공급된다. 그리고 강체 하부 부리(beak)의 공칭 개구부 간격은 5±0.3 mm이다. 강체(R-bar)의 접속을 위하여 각 종단에는 4개의 구멍(직경 12 mm)이 천공되어 있다. 강체(R-bar)는 강체 내부의 수분 응축으로 인한 물을 제거하기 위한 구멍을 하부에 구비하고 있다. 이 고형 불순물의 퇴적 및 수분을 제거하는 것은 강체 내에서 발생할 수 있는 부식을 방지하는 효과가 있다.

알루미늄-동(Al-Cu) 접촉부 산화물에 의한 부식을 방식하기 위하여 가선 시에 트롤리선의 양측 홈(groove)에 특수 그리스(grease)를 도포한다. 이 그리스는 동과 알루미늄의 직접적인 접촉을 방지하며 전도성이 높으므로 알루미늄과 동간에 우수한 도전성을 가진다. 다습 지역 또는 R-bar와 다른 주변 구조물간의 전기적 이격이 불충분한 경우에 R-bar의 전기적 이격을 향상시키도록 플라스틱 커버(plastic cover)를 설치한다.

2) 강체 바(Rigid bar)의 특성

강체 바(Rigid bar)의 주요 특성은 다음과 같다.
- 강체의 높이 : 110 mm
- 강체의 상부 폭 : 85 mm
- 수직 관성 모멘트(vertical inertia), J_x : 335 cm^4
- 수평 관성 모멘트(horizontal inertia), J_y : 110 cm^4

- 강체의 단면적 : $2,214\,mm^2(2,213.7\,mm^2)$
- 최대 전기 저항 : $15.5\times10^{-6}\,\Omega/m$
- 공칭 전류치 : $3,700A$
- 단위 중량 : $5.9\,kg/m$
- 선팽창 계수 : $2.34\times10^{-5}/℃$
- 탄성 계수 : $69,000\,Mpa$

3) 강체의 예측 수명

R-bar의 예측 수명은 약 50년이다. 그리고 직선 궤도에 설치된 트롤리선의 마모를 억제하는 여러 가지 대책이 사용되고 있다.

기존 선로의 R-bar 예측 수명(예)은 다음의 [표 12.11]과 같다.

[표 12.11] 기존 선로의 R-bar 예측 수명(예)

위 치	기 간 (년)	마 모 (mm)	집전 횟수 (Number of pantagraphs/year)	예측 수명 (년)
Opfikon	4	0.2	58,400	100
Simplon	2.5	0.2	73,000	62
Museumstrasse	2.5	0.3	80,000	41
Barcelona Line 2	1	0.1	195,000	70
Barcelona Line 5	1	0.1	174,000	70

커티너리 가선 방식에서는 트롤리선이 기계적인 장력을 받지만 R-bar에서 트롤리선의 마모 한계는 기계적 장력을 견딜 수 있는 잔존 동 단면적과 관계가 없다. 이것은 팬터그래프에 비례한다. 예로, 바로셀로나(Barcelona) 지하철은 마모 가능한 트롤리선의 높이를 7~8 mm 사이로 예측하고 있다.

구분 장치(sectioning device) 또는 신축 장치(expansion joint) 같은 특수 장소에서 트롤리선은 한 섹션에서 다른 섹션으로 이행하는 팬터그래프의 충격에 기인하는 강한 충격력을 받는다. 트롤리선의 마모율은 이러한 특정 장소에서 보다 크며 1년에 1 mm 이상이 되고 수명은 6~8년 사이로 된다. 이 수명 기간 이후, 트롤리선은 2~4 m 길이 단위로 부분 교체되어야 한다. R-bar에서는 이 작업이 중장비 없이 용이하게 수행될 수 있다.

4) 내 부식성

1984년 이후, 파리의 RER line A에 1.5 m 길이의 시편이 설치되었다. 건조하고 황산화물 오염 지역인 샤틀레(Chatelet) 역에서 수 주일 후, 동은 흑색으로 변했으나 R-bar는 부식의

흔적이 없었다. 데팡스(Defense)/에트왈(Etoile) 역간의 누수 지역에서 알루미늄은 황화 알루미늄 산화물로 변하고 표면은 흑색으로 변했다. 초기에 그리스가 도포된 부위는 신품으로 남아 있었다. 7년 후, R-bar의 기계적인 손상을 초래하는 심각한 부식은 없었다.

동/알루미늄 접촉부의 산화 영향을 방지하도록 특별히 유의하여야 한다. 전기 분해 작용은 전해질이 존재하는 경우에만 발생하므로 다음의 대책이 시행되면 이를 방지할 수 있다.

- R-bar의 트롤리선 부근의 바닥에 배수 구멍이 설치된다. 이를 통해 응축수가 배출된다.
- 트롤리선의 홈(groove)에 전용 그리스를 도포하여 부식을 방지하고 알루미늄/동간의 접촉 면에 효율적인 도전성을 유지하도록 한다.

15년 이상의 운전 결과, 상기 2가지 대책이 완벽하게 효율적임이 입증되었다.

(2) 접속판(splice plate)

R-bar 접속판(splice plate)의 구조는 다음의 [그림 12.35]와 같다.

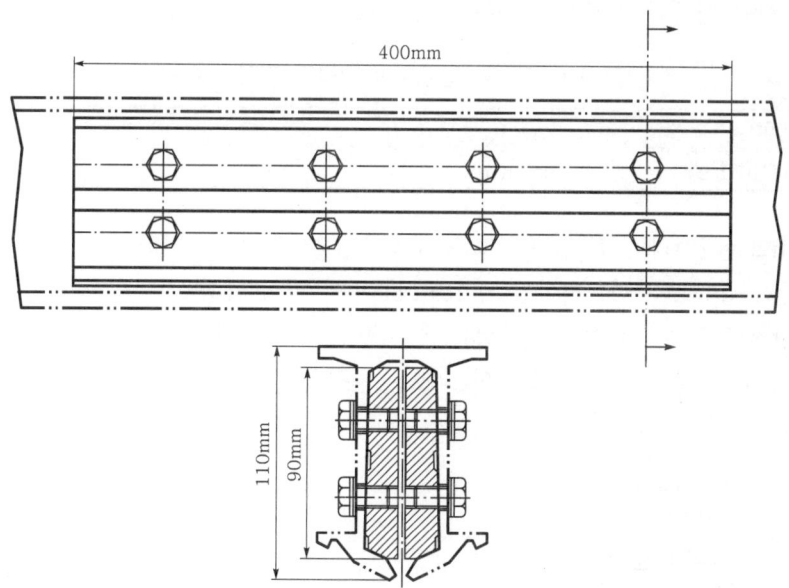

[그림 12.35] 접속판(splice plate)의 구조 및 설치도

접속판(splice plate)은 2개의 연속 R-bar의 단말부 접속에 사용된다. 접속판에 의한 접속부는 트롤리 장치(wire mounting trolley)가 통과할 수 있도록 구성된다. 동일한 물리적 특성(전기적 및 기계적)을 가지도록 접속판은 강체 재질과 동일한 알루미늄 합금으로 제조된다. 높은 위치의 표면은 일반적으로 완벽하게 접촉되지 않는 점을 고려하여 각 접속판에는 R-bar와 접촉되는 표면에 2개의 줄무늬가 설치된다. 이러한 줄무늬에 추가하여, 접속판은 2개의 연속

R-bar간의 완벽한 정렬 배치가 되어야 한다. 이를 위하여 각 접속판은 자체 중심 조정형 형상을 가진다. 각 접속판은 고정 볼트용으로 M10 나사의 8개 구멍이 있다. M10 스크루 머리가 정상 접촉과 와셔로 R-bar를 누르게 된다. 접속판의 알루미늄 단면적은 R-bar의 단면적 $1,150\,mm^2$에 근접하며, 길이는 $400\,mm$이다.

(3) 행어 클램프(hanger clamp)

행어 클램프는 강체의 알루미늄과 현저한 전기 분해쌍 현상을 발생하여서는 안 된다. 그러므로 알루미늄 또는 동 알루미늄 주물이 사용된다.

행어 클램프에 사용되는 합금 성분 내용은 다음의 [표 12.12]와 같다.

[표 12.12] 행어 클램프의 합금 성분 내용(%)

합금명	Al	Fe	Ni	Mn	Me	Zn	Si	Sn	Pb
Cu Al 10 Fe3	8.5~11	2.0~4.0	<1.5	<3	<0.8	<0.5	<0.2	<0.5	<0.05

동-알루미늄 합금의 기계적 성능은 다음의 [표 12.13]과 같다.

[표 12.13] 동-알루미늄 합금의 기계적 성능

합금명	인장력	횡압력	경 도
Cu Al 10 Fe3	> 650 Mpa	> 250 Mpa	160 HBS

행어 클램프는 2개의 CHC M8 볼트로 채워지는 2개의 반 클램프로 구성된다. 2개의 CHC M8 볼트는 8 Nm의 토크로 죄여진다. R-bar는 이 행어 클램프에 의해 현수된다. 알루미늄 강체를 간단하게 현수하는 이러한 방법은 특수 공구 없이 해체가 가능하고 이는 보수를 용이하게 한다. 동-알루미늄 행어 클램프의 구조는 다음의 [그림 12.36]과 같다.

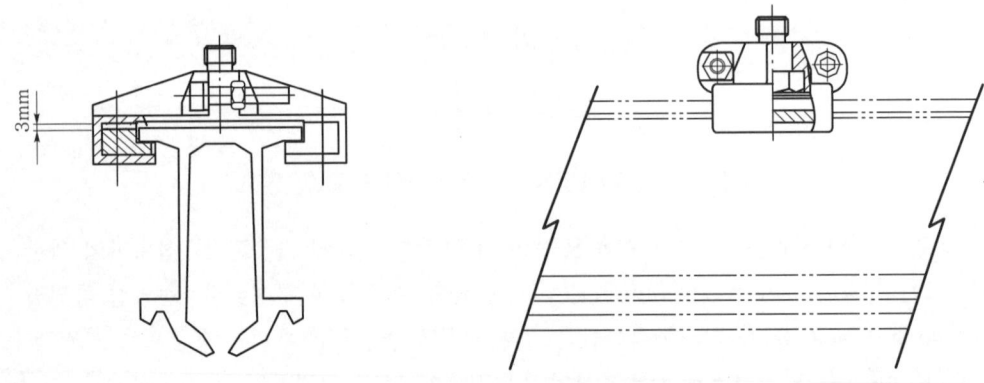

[그림 12.36] 동-알루미늄 행어 클램프의 구조

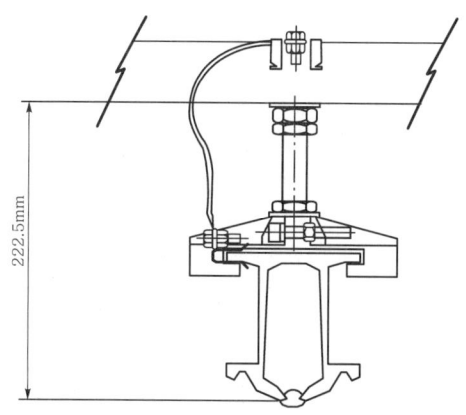
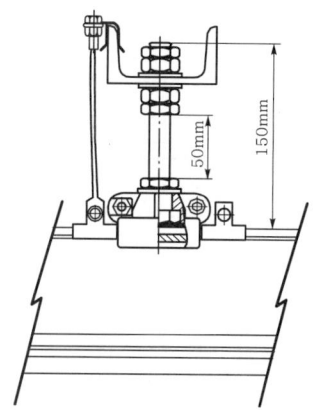

[그림 12.37] 행어 클램프의 접지

행어 클램프는 R-bar의 자중을 지지하는 기능을 가진다. 행어 클램프는 R-bar의 하중과 팬터그래프의 이동에 따른 동적 응력을 지지하는 충분한 강도를 가져야 하며 예상되는 사고 시에 강체의 탈락을 방지하여야 한다.

행어 클램프는 실패 없이 2,000 daN까지의 수직 하향력을 견디는 기계적 강도를 가져야 한다. 이 시험은 행어 클램프를 지지하는 상부 스크루와 R-bar와 동일 형상을 가지는 철제 구조체 사이에 수직 하향력을 인가하여 시행한다. 하중은 매초 규칙적으로 500 N씩 증가시킨다. 이 힘을 기계적 파손 발생 시까지 증가시킨다. 행어 클램프는 또한 1,200 daN까지 횡압력을 실패 없이 견딜 수 있어야 한다.

R-bar의 팽창 주기 동안 응력과 경점을 피하도록 행어 클램프는 R-bar의 이동을 가능하게 하여야 한다. 이를 위하여 R-bar의 상부는 50 mm의 테플론 베어링(teflon bearing)을 사용하여 행어 클램프에 고정한다.

행어 클램프에 의해 R-bar를 구속하면 안 된다. 즉, 유연하게 현수되어야 하며 경점을 피하도록 팬터그래프 통과 시, 상승이 허용되어야 한다. 이를 위해, R-bar 상부와 행어 클램프의 하부면 간에 3 mm의 공간이 설정된다.

R-bar 내부의 응력을 피하도록 R-bar는 지그재그 편위와 곡선에 따른 자체 조향 기능을 구비해야 한다. 이를 위하여 행어 클램프는 지지 구조체에 행어 클램프를 지지하는 상부의 특수 M10 볼트 주위로 자유로운 회전이 허용된다.

(4) 램프(ramp)

램프(ramp)의 구조는 다음의 [그림 12.38]과 같다.

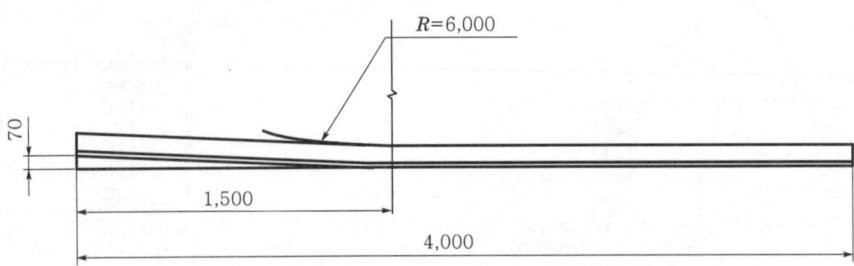

[그림 12.38] 램프(ramp)의 구조

램프는 한 측 종단에서 만곡되는 4 m 길이의 R-bar로 제작된다. 경사 부분의 길이는 1,500 mm이고, 최대 경사 1/20, 종단에서의 높이 70 mm로 점차적으로 높이가 증가한다. 만곡부의 반경은 6 m이다.

만곡부 굽힘 작업은 R-bar의 부리(beak)가 손상되지 않고 부리 간격이 4.7~5.3 mm로 유지되도록 수행된다. 램프에서 경사가 없는 다른 종단은 접속이 가능하도록 천공된다. 램프는 신축 장치(expansion joint), 구분 장치(sectioning device) 및 분기선 구성의 각 섹션의 종단에 설치된다.

램프의 경사부는 안전 목적으로 사용된다. 실제적으로 예를 들면, 신축 장치(expansion device)의 램프 조정에서는 팬터그래프가 한 측 램프에서 다른 측 램프의 곡선 부위가 아닌 직선부에서 이행되는 방식으로 수행된다.

(5) 이행 장치(transition device)

이행 장치의 구조는 다음의 [그림 12.39]와 같다.

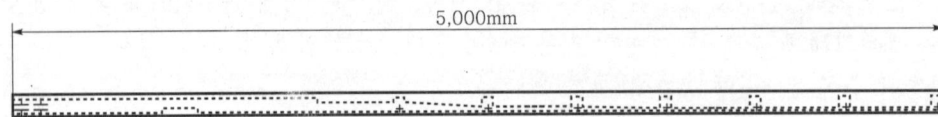

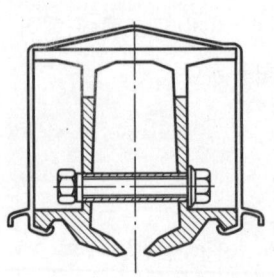

[그림 12.39] 이행 장치의 구조

일반적으로, 이행 장치의 길이는 5 m이다. 알루미늄 R-bar의 상부를 기계 가공하여 제작된다. 이 기계 가공에 의해서 이행 장치의 종단에서 관성을 감소되고 유연성이 증가된다. 이 방식에 의해서 경점과 팬터그래프의 접촉 불량 없이 원활하게 커티너리 전차선에서 R-bar로 원활하게 이행될 수 있다. 그러나 이러한 기계적 가공은 트롤리선을 지지하는 지압 탄성력을 감소시키게 된다.

이행 장치의 강체 바에는 480 mm 간격으로 7개의 구멍이 천공된다. 그리고 7개의 스테인리스 강제 M10 볼트가 15 Nm로 죄여진다. 이 볼트에 의해서 트롤리선에 대한 부리(beak)의 탄성 지압력이 충분하게 향상된다.

이행 장치의 하부에는 60 mm×200 mm의 홈(groove)이 설치되며 여기에 트롤리선이 고정(clamping)되어 커티너리 전차선에서 발생하는 트롤리선의 인장력에 의해 R-bar 내부에서 트롤리선이 미끄러지는 것을 방지한다.

(6) 고장력 앵커(heavy duty anchor)

이 장치는 커티너리 전차선에서 발생하는 인장력을 지지하기 위하여 사용된다. 이것은 R-bar의 상부에 고정되는 4개의 클램프를 가지는 강재(steel) 구조물이다. 2개의 M8 나사봉에 의해 지지되며 알루미늄 강체(R-bar)가 고장력 앵커 내에서 이동될 수 없도록 강력해야 한다.

M8 나사의 토크는 8 Nm이다. 14 mm 직경의 2개 핀은 2개의 계삭 케이블을 고정시켜 블록의 움직임을 방지하고, 커티너리 전차선에 의한 응력을 지지한다. 응력 하에서 2개의 축이 변형되지 않도록 중앙에 부재(brace)가 접속된다.

고장력 앵커의 구조는 다음의 [그림 12.40]과 같다.

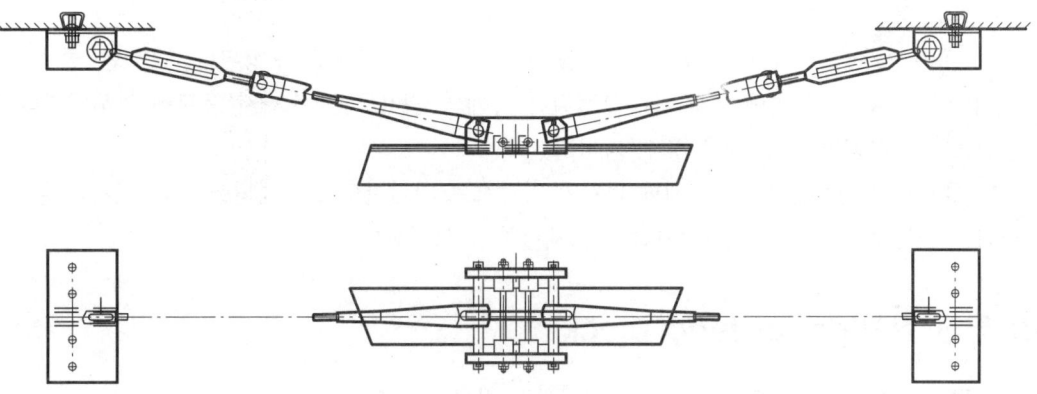

[그림 12.40] 고장력 앵커의 구조

응력은 9 mm 직경의 계삭 케이블에 의해서 지지되며 5,000 daN 이상의 장력을 견딘다. 고장력 앵커는 커티너리 전차선과 R—bar의 이행 구간에 특수하게 사용된다. 이 장치는 커티너리 전차선에서 이행 장치로 전달되는 장력에 대응한다.

(7) 앵커 클램프(anchor clamp)

앵커 클램프의 구조는 다음의 [그림 12.41]과 같다.

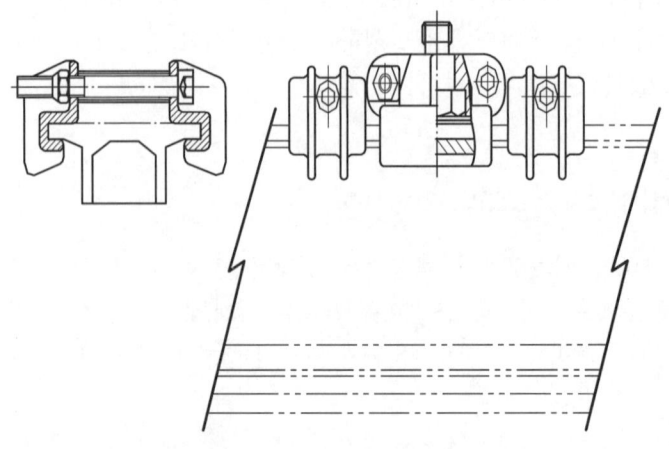

[그림 12.41] 앵커 클램프의 구조

앵커 클램프는 R—bar의 중앙점을 지지하는 데 사용된다. 이 장치는 열팽창이 발생하더라도 고정점이 동일한 위치를 유지 가능하게 한다. 이를 위하여 2개의 앵커 클램프가 행어 클램프를 중심으로 양측에 설치된다.

각 앵커 클램프는 2개의 동—알루미늄 합금의 반 클램프로 구성된다. 각 반 클램프는 R—bar의 상부 수평 벽에 대향으로 고정된다. 1개의 CHC M8 선나사 볼트에 의해 2개의 반 클램프가 연결되며 R—bar의 상부를 지지한다.

반 클램프의 형상은 볼트 죔 시에 너트가 자동으로 죄여지도록 설계되어 있다. 2개의 클램프 간의 부재(brace)는 R—bar의 지압력을 제한하고 억제한다.

(8) 급전 장치(power feed block)

급전 장치의 구조는 다음의 [그림 12.42]와 같다.

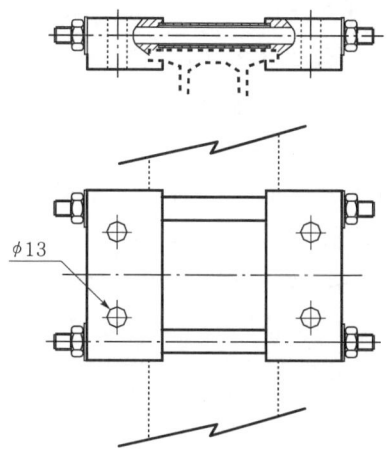

[그림 12.42] 급전 장치의 구조

이 장치에는 R−bar 급전용 전원 케이블이 접속되며 강체 섹션간의 전기적 접속에 사용된다. 각 접속 블록은 R−bar의 상부 평면에 대향으로 배치된 2개의 반 블록으로 구성된다. 2개의 반 블록은 2개의 M10 나사 봉으로 연결된다. 스테인리스 너트는 15 Nm의 힘으로 죄여진다. 2개의 반 클램프 간에 설치되는 2개의 부재(brace)는 R−bar의 지압력을 제한하고 억제한다. 각 블록에는 2개의 13 mm 구멍이 있으며 이는 케이블 플럭 설치용이다. 동 케이블을 사용하는 경우에는 급전 방치를 접촉 그리스로 도포하여야 한다. 각 반 블록의 길이는 100 mm이다. 그리고 R−bar와 접촉하는 면적은 1,000 mm^{2}이다. 급전 장치의 공칭 정격 전류는 1,200A이다. 이 보다 높은 전류에 대해서는 다수 개의 급전 장치가 설치될 수 있다.

(9) 접지 장치(earth connector)

접지 장치의 구조는 다음의 [그림 12.43]과 같다.

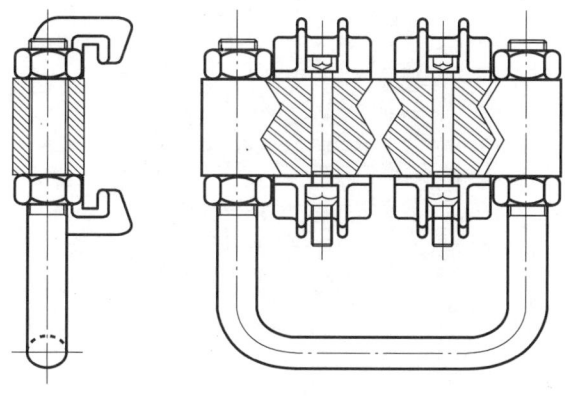

[그림 12.43] 접지 장치의 구조

유지 보수 작업 중에 작업자의 안전을 위해서 전용 접지걸이로 R−bar를 접지하여야 한다. 일반적으로, 이 접지걸이는 커티너리 전차선용으로 R−bar에서는 사용이 불가능하다. 접지 장치(earth connector)는 R−bar의 상부에 설치되고 접지걸이가 용이하게 접속되도록 16 mm 직경의 봉이 구비되어 있다.

접지 장치는 R−bar에 장치를 고정시키는 4개의 반 클램프가 구비된다. 반 클램프는 대향으로 설치되고 스테인리스 스틸 CHC M8 스크루와 너트로 연결되어 자체 쇄정된다. 이 장치들은 8 Nm의 토크로 쥐어진다. 4개의 반 클램프 사이에 설치되는 블록은 R−bar의 상면에 가해지는 응력을 억제한다. 접지 걸이가 접속되는 접지 접속봉은 부재에 볼트로 고정된다. 접지 장치는 일정 간격으로 궤도에 연하여 설치되어야 한다. 일반적으로, 50∼100 m 정도의 간격으로 설치한다.

(10) 트롤리선 가선 장치(wire mounting trolley)

이 장비는 효율적인 방법으로 R−bar의 부리(beak)에 트롤리선을 삽입하는 데 사용된다. 이 장비는 R−bar의 외부 수평면을 주행하는 4개의 바퀴 A와 R−bar 하부의 2개 홈(groove)을 주행하는 보다 큰 직경의 4개 바퀴 C로 구성된다. 모든 바퀴에는 볼 베어링(ball bearing)이 장착된다.

바퀴 C의 간격은 R−bar의 부리를 확대시키도록 증대시킬 수 있다. 바퀴 E는 트롤리선을 상부로 밀어 올려 강체 부리(beak) 사이의 적절한 높이에 위치시킨다.

트롤리선 가선 장치의 구조도 다음의 [그림 12.44]와 같다.

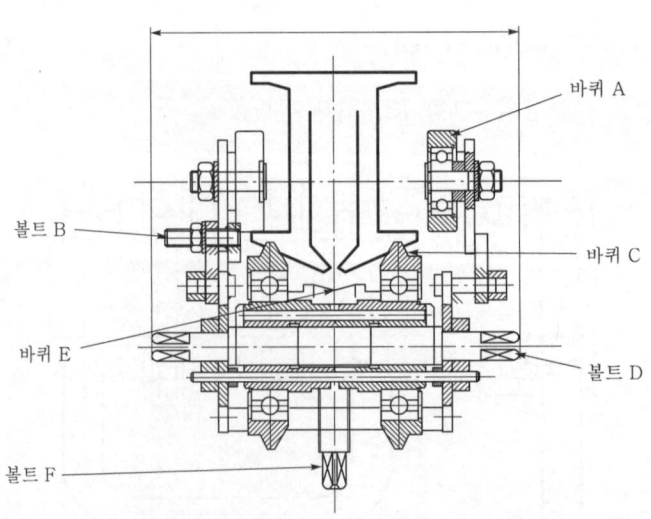

[그림 12.44] 트롤리선 가선 장치의 구조

트롤리선 가선 장치를 전차선에 장착하기 위해서는 우선 볼트 B를 풀어 바퀴 A가 위치하는 측면을 자유롭게 한다. 그 다음, 볼트 D로 바퀴 C를 2개의 홈(groove)간 거리가 되도록 벌린다. 그리고 가선 트롤리 장비가 정치되도록 볼트 B를 죄여서 바퀴 A를 양 측면에 밀착시키고 바퀴 A를 주행면에 위치하도록 한다.

가선 트롤리 장비가 정치되면(바퀴 C를 홈 속에 넣고 바퀴 A의 측면을 정확하게 밀착) 볼트 D를 조정하여 바퀴 C간의 간격을 증대시킨다. 바퀴 C의 간격은 트롤리선의 상부가 알루미늄 부리(beak) 사이에 삽입되기에 충분한 간격으로 한다.

(11) 그리스 주입 장치(greasing device)

그리스 주입 장치의 구조는 다음의 [그림 12.45]와 같다.

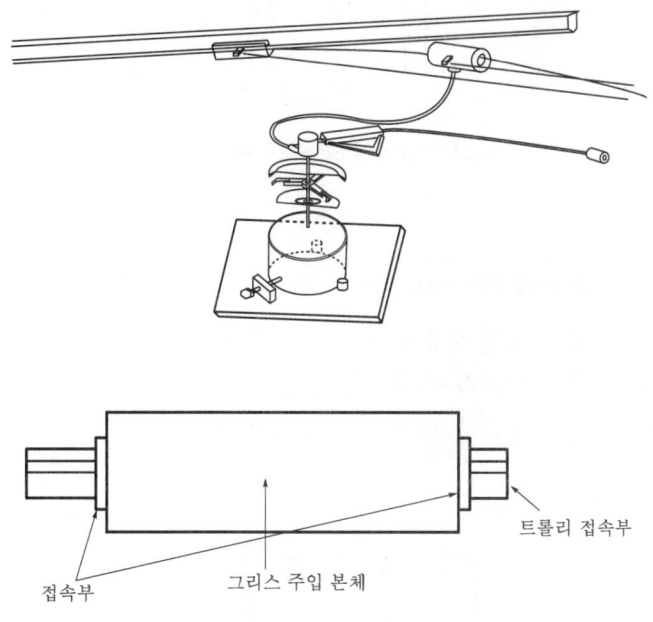

트롤리 접속부

접속부   그리스 주입 본체

[그림 12.45] 그리스 주입 장치의 구조

R-bar에 트롤리선을 가선 삽입하기 전에 그리스를 도포하여야 한다. 여기에는 그리스 주입 장치가 사용된다. 이 장치의 구성은 다음과 같다.
- 그리스 연결 통
- 펌프
- 그리스 통(15 liter)

(12) 보호 커버

1) 보호 커버(protective cover)

보호 커버는 누수가 우려되는 장소에서 사용되며 부식을 방지하는 효과가 있다. 이 보호 커버는 반투명 폴리카보네이트(polycarbonate) 재질로 되어 있다. 따라서 열 충격 및 자외선 차단 효과를 가진다.

보호 커버의 구조는 다음의 [그림 12.46]과 같다.

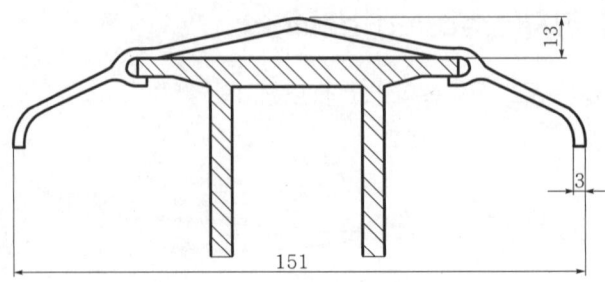

[그림 12.46] 보호 커버의 구조

2) 보호 슬리브(protective sleeve)

전차선 이행 구간에서 이행 장치의 확장 공에 물이 차는 것을 방지하도록 보호 슬리브를 설치하여야 한다. 이 보호 슬리브의 재질은 PVC로 된다.

보호 슬리브의 구조는 다음의 [그림 12.47]과 같다.

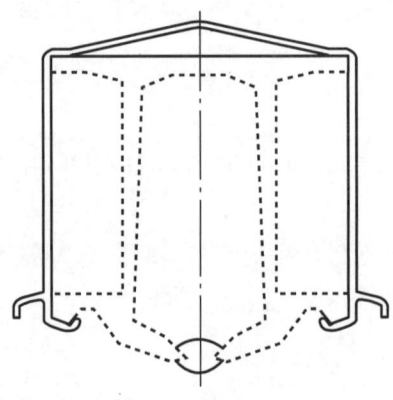

[그림 12.47] 보호 슬리브의 구조

⑤ 강체 전차선의 선정

(1) 강체 전차선의 특성 비교

강체 전차선 R–bar 및 T–bar의 주요 특성 비교는 다음의 [표 12.14]와 같다.

[표 12.14] R–bar 및 T–bar의 주요 특성 비교

항 목	R–bar	T–bar
단면 구조	85mm / 110mm / 85mm	120mm / 80mm / 11mm / 11mm
단면적	$2,100\,\text{mm}^2$	$2,100\,\text{mm}^2$
단위 중량	$5.9\,\text{kg/m}$	$5.6\,\text{kg/m}$
허용 응력	$16\,\text{kgf/mm}^2$	$11\,\text{kgf/mm}^2$
강체 지지 방식	강체(R–bar) 직접 지지	롱 이어(Long ear) 부착 지지
강체 지지 간격	10 m (100 km/h 기준)	5 m (100 km/h 기준)
강체 접속 방식	12 m 간격, 접속판 볼트 접속	10 m 간격, 아르곤(argon) 용접
신축 장치 설치 기준	평균 400 m (최대 500 m) 간격	평균 200 m (최대 250 m) 간격
트롤리선 가선 방식	자동 가선	수동 가선
트롤리선 가선 속도	15 km/day	5 km/day
강체 굽힘	일반 공구 사용(R=120 m까지)	특수 공구 사용
허용 속도	160 km/h	80 km/h
소요 비용 (초기 투자 비용)	88%	100%

상기의 주요 특성 비교를 기준으로 R–bar 및 T–bar의 기술적 특성을 종합적으로 분석하면 다음과 같다.

1) R-bar

알루미늄 강체의 탄성 핀치 내부에 트롤리선이 삽입 고정되므로 온도 또는 강체의 위치에 관계없이 일정한 핀치의 탄성 압력을 받으며, 트롤리선의 마모 교체 작업이 매우 용이하다.

2) T-bar

250 mm 간격으로 롱 이어로 고정되므로 강체와 트롤리선 선간의 불균등한 전류 분포에 의해 볼트 지점(롱 이어)에 더 큰 마모가 발생하는 트롤리선의 불균일 마모를 초래할 수 있으며, 트롤리선의 마모 교체 작업이 매우 복잡하다.

(2) 강체 전차선의 설치 사례

강체 전차선의 국내 및 해외 설치 사례는 다음의 [표 12.15] 및 [표 12.16]과 같다.

[표 12.15] 강체 전차선의 국내 설치 사례

구 분	노 선	전기 방식	강체 방식	비 고
서울지하철공사	1, 2, 3, 4호선	DC 1,500V	T-bar	
서울도시철도공사	5, 6, 7, 8호선	DC 1,500V	T-bar	
인천지하철공사	1호선	DC 1,500V	T-bar	
대구지하철공사	1호선	DC 1,500V	T-bar	
대전지하철	1호선	DC 1,500V	T-bar	
광주지하철	1호선	DC 1,500V	T-bar	
한국철도공사	분당선, 과천선	AC 25 kV	R-bar	1991년, 1992년
인천국제공항철도(주)	인천국제공항철도	AC 25 kV	R-bar	건설 중

[표 12.16] 강체 전차선의 해외 설치 사례

Country	Line	Length	Year	Voltage
France	Nanterre RATP-RER	400 m	1983	DC 1,500V
Switzerland	CFF Opfikon	320 m	1984	AC 15 kV
Switzerland	CFF Opfikon	320 m	1984	AC 15 kV
Switzerland	CFF Zurich	3.8 km	1988	AC 15 kV
Switzerland	CFF Simplon Tunnel	1.2 km	1988	AC 15 kV
Switzerland	CFF Wiligen Tunnel	280 m	1988	AC 15 kV
Switzerland	CFF Enge Tunnel	2 km	1989	AC 15 kV
Switzerland	CFF Umberg Tunnel	2 km	1990	AC 15 kV
Switzerland	SZU Zurich	4.2 km	1990	AC 15 kV

Country	Line	Length	Year	Voltage
Switzerland	FART Locarno	3.5 km	1990	DC 1,500V
Switzerland	TSOL Lausanne	560 m	1990	DC 750V
Sweden	SJ	200 m	1990	AC 15 kV
France	Paris Austerlitz SNCF-RER	500 m	1991	DC 1,500V
Belgium	SNCV Charleroi	700 m	1992	DC 750V
Spain	FMB Paralelo-Sagrada	9 km	1992	DC 1,500V
Spain	RENFE Sagra Workshop	370 m	1992	AC 25 kV
Italia	FART Domodosola	100 m	1992	DC 1,500V
Italia	ATM Milan	300 m	1992	DC 1,500V
France	Paris SNCF-RER Line C	18.1 km	1995	DC 1,500V
England/France	Euro-tunnel under Channel	600 m	1995	AC 25 kV
Italia	FS Milano Fiorenza	1.7 km	1995	AC 25 kV
France	Paris SNCF-RER Castor	2.2 km	1996	DC 1,500V
Spain	FMB Barcelone Metro Line 2	41 km	1996	DC 1,500V
Spain	FMB Triangulo Ferroviarro	4.5 km	1996	DC 1,500V
Spain	RENFE Tarragone	140 m	1996	DC 3,000V
Spain	Bilbao Ria 2000	2.4 km	1997	DC 3,000V
France	Paris SNCF-RER Orsay-St Michel	800 m	1997	DC 1,500V
Spain	FMB Barcelone Metro Line 5	35 km	1997	DC 1,500V
Belgium	STIB Bruxelles Workshop	770 m	1998	DC 750V
Spain	Madrid Metro Line 8	5.7 km	1998	DC 750V
Spain	Madrid Metro Line 11	5 km	1998	DC 750V
Italia	FS Workshop Intercantieri Vittadello	1 km	1998	DC 3,000V
Brasil	Bello Horizonte Workshop	220 m	1998	DC 3,000V
Spain	FMB Barcelone Metro Line 3	31 km	1999	DC 1,500V
Spain	Madrid Metro Line 4	3.4 km	1999	DC 750V
Spain	Madrid Metro Line 7	17 km	1999	DC 750V
Spain	Madrid Metro Line 1	5.7 km	1999	DC 750V
Spain	Madrid Metro Line 8	11 km	1999	DC 750V
Italia	FS Martesana Milano	1.5 km	1999	DC 3,000V
China	Guangzhou	200 m	1999	DC 1,500V
Spain	Madrid Metro Line 2	7 km	2000	DC 750V
France	TAN Nantes Workshop	200 m	2000	DC 750V
Spain	FMB Barcelone Metro Line 3(Extension)	3 km	2001	DC 1,500V
Spain	FMB Barcelone Metro Line 1	42 km	2001	DC 1,500V
Spain	Bilbao Line 2	10 km	2001	DC 1,500V

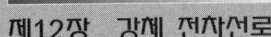
Country	Line	Length	Year	Voltage
Spain	Madrid Metro Line 10	28 km	2001	DC 1,500V
Spain	FMB Barcelone Metro Line 4	31 km	2002	DC 1,500V
Spain	FMB Barcelone-Connection Line 2 & Line 4	4 km	2002	DC 1,500V
Spain	Euroasce(AVE Zaragoza)	3.5 km	2002	AC 25 kV
Spain	Madrid Metro-Metrosur Line 12	80 km	2002	DC 750V
Spain	FMB Barcelone Metro Line 11	1.5 km	2003	DC 1,500V
Spain	Madrid Metro Line 2	5 km	2004	DC 750V
India	New Delhi Metro Railway	30 km	2004	AC 25 kV

(3) 강체 전차선의 선정

1) 기술성

R-bar와 T-bar의 단면적 및 허용 전류는 거의 동일하다. 속도 특성은 R-bar의 경우, 160 km/h로 우수하다. 그리고 강체의 허용 응력에서도 R-bar가 16 kgf/mm^{2}로 기계적 우수성을 가지고 있다. 또한 지지점 간격에서도 R-bar의 경우, 속도 100 km/h에서 10 m로 단연 유리하다. 강체의 접속에서 보면 T-bar는 아르곤 용접이 필요하지만 R-bar의 경우에는 접속판의 볼트 접속만으로 매우 단순하고 강체의 굽힘에서도 R-bar에서는 곡선 반경 120 m까지 일반 공구로 굽힙 가공이 가능하다.

2) 경제성

공사비(초기 투자비)에서 R-bar가 저렴하며, 특히 유지 보수 비용에서는 R-bar의 경우 단순하고 신속한 작업으로 그 비용이 상당히 경감된다.

3) 유지 보수성

전기 철도의 운영 특성상, 마모 트롤리선의 교체 시간은 극히 짧아야 하며 작업이 단순하여야 한다. 이러한 면에서 R-bar는 트롤리선을 탄성 핀치에 삽입되는 형태이므로 롱 이어 사용의 T-bar에 비해서 매우 유리하다.

4) 선정

기술적, 경제적 특성 및 유지 보수면 등을 검토한 결과를 보면 강체 전차선으로 R-bar가 유리함을 명확하게 알 수 있다. 그러므로 교류 또는 직류 방식 전기 철도 터널 구간의 강체 전차선으로 R-bar를 선정하는 것이 타당하다.

제13장

이동식 전차선 시스템
(Moveable Catenary System)

1. 이동식 전차선의 종류와 적용
2. 차량 기지의 이동식 전차선

1 이동식 전차선의 종류와 적용

(1) 이동식 전차선의 분류

1) 이동식 전차선의 정의

전기 철도에서 전차선로가 가선된 일정 구간에 필요시, 전차선을 안전하게 분리하여 이동시키는 설비를 이동식 전차선 시스템(Moveable Catenary System)이라 한다.

2) 이동식 전차선의 적용 대상

전기 철도의 차량 기지(지하철 차량 기지, 고속철도 차량 기지 등)의 검수고에서 차량 상부의 작업을 위한 이동식 전차선이 우선적으로 적용되고 있다.

국내를 포함하여 프랑스, 스페인, 독일, 일본 등에서는 급전 방식, 차량 형식 등의 다양한 요소를 고려한 독자적인 형식의 이동식 전차선 시스템을 개발하여 설치 운영하고 있다. 그리고 독일, 미국 등의 국가에서는 전기 철도의 전차선이 가선되는 가동 교량인 도개교, 선개교 등에도 교량의 동작을 위한 특수 이동식 전차선 시스템을 적용 설치하여 운용하고 있다.

3) 이동식 전차선의 분류

① 동작 방식에 의한 분류

㉠ 회전형(Slewing type)

회전형 이동식 전차선은 차량 기지 검수고 내에 적용 사례가 많은 시스템으로 철도 물류 기지 컨테이너 야드에 적용도 가능하다. 또한 일부 구간용(short track)과 전 구간용(long track)으로 다양하게 적용이 가능하다.

다음의 [그림 13.1]에 차량 기지의 검수고에 적용되는 회전형 이동식 전차선의 개념도를 보인다.

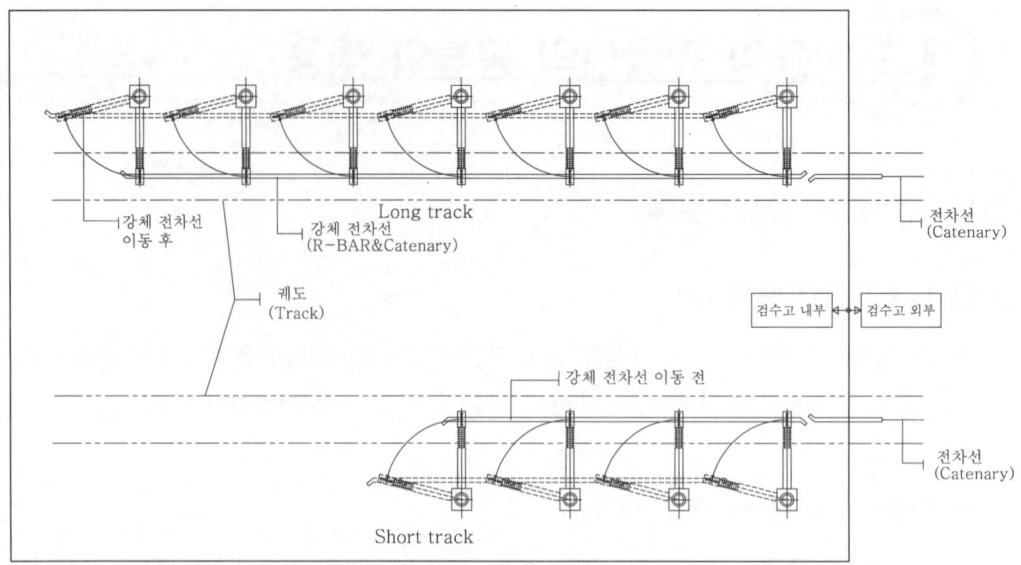

[그림 13.1] 회전형 이동식 전차선의 개념도(차량 기지 검수고)

ⓛ 슬라이딩형(sliding type)

• 횡행 슬라이딩형(traversing sliding type)

횡행 슬라이딩형 이동식 전차선은 철도 물류 기지의 컨테이너 야드에 적용이 용이한 시스템으로 국내 적용 사례는 아직 없어 충분한 기술 검토가 필요하다.

철도 물류 기지의 컨테이너 야드에 적용 가능한 횡행 슬라이딩형 이동식 전차선의 개념도를 다음의 [그림 13.2]에 보인다.

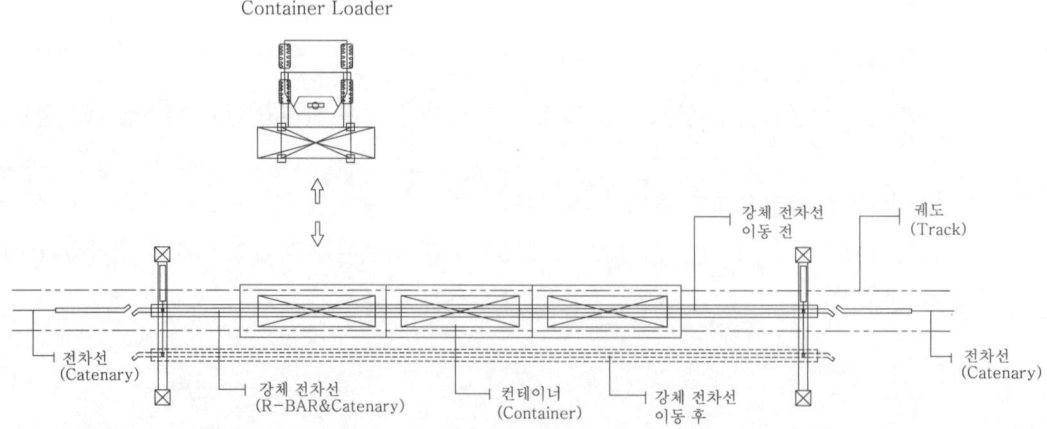

[그림 13.2] 횡행 슬라이딩형 이동식 전차선 개념도(철도 물류 기지 컨테이너 야드)

• 주행 슬라이딩형(travelling sliding type)

주행 슬라이딩형 이동식 전차선은 전기 철도 교량, 특수 건널목 등에 적용이 용이

하다. 해외의 경우, 전기 철도 가동 교량에 적용된 사례가 있으며 국내에는 대불역 구내 건널목에 최초로 설치되어 운용되고 있다.

다음의 [사진 13.1]에 미국 코네티컷강의 전철 가동 교량에 설치 운용되고 있는 주행 슬라이딩형 이동식 전차선을 보인다.

그리고 다음의 [그림 13.3]에 특수 건널목에 적용 가능한 주행 슬라이딩형 이 동식 전차선 개념도를 보인다.

[사진 13.1] 주행 슬라이딩형 이동식 전차선(코네티컷강 전철 가동 교량, 미국)

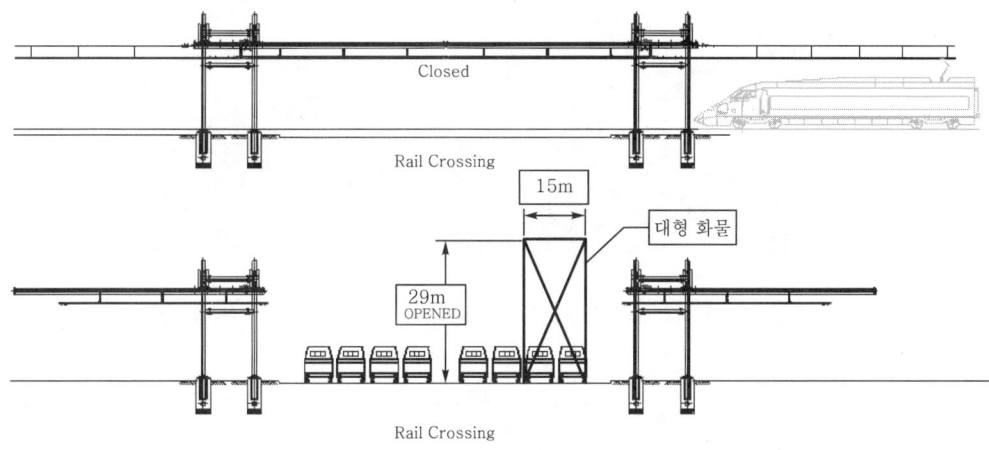

[그림 13.3] 주행 슬라이딩형 이동식 전차선의 개념도(특수 건널목)

• 오픈(리프팅)형(open/lifting type)

　오픈(리프팅)형 이동식 전차선의 국내 적용 사례는 아직 없으며 해외에서는 미국 암트랙(Amtrack)에서 해상 도개교(bascule bridge)에 적용한 사례가 있다.

　다음의 [사진 13.2]에 도개교(Bascule bridge)의 오픈(리프팅)형 이동식 전차선(미국 Amtrack Lines), [사진 13.3]에 도개교(Bascule bridge)의 이동식 전차선 이행 장치를 보인다.

[사진 13.2] 도개교(Bascule bridge)의 오픈(리프팅)형 이동식 전차선(미국 Amtrack Lines)

[사진 13.3] 도개교(Bascule bridge)의 이동식 전차선 이행 장치

　다음의 [그림 13.4]는 특수 건널목에 적용 가능한 오픈(리프팅)형 이동식 전차선의 개념도를 보인다.

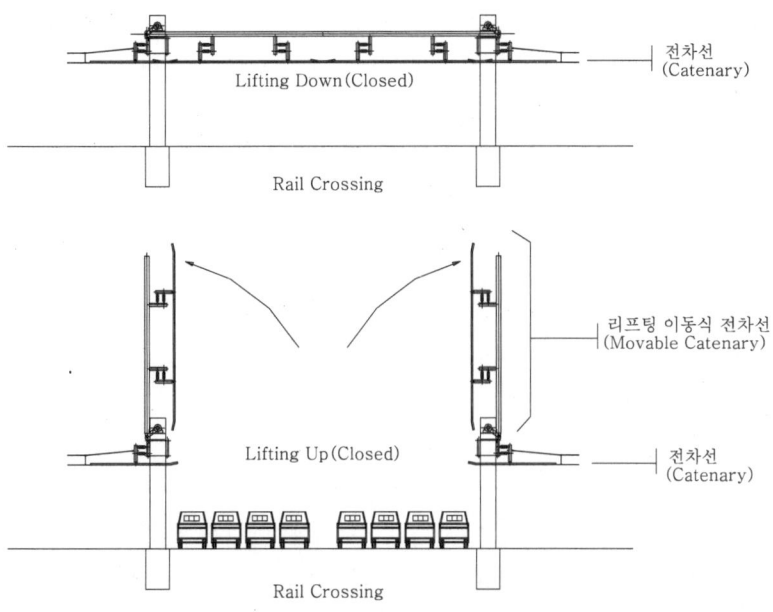

[그림 13.4] 오픈(리프팅)형 이동식 전차선의 개념도(특수 건널목)

② 적용 장소에 의한 분류

㉠ 적용 장소에 의한 분류

• 차량 기지(car depot) 검수고(inspection shop)의 이동식 전차선

　차량 기지 검수고의 검수 작업 시에 작업자의 안전을 확보하기 위하여 검수고 내 전차선의 전 구간 또는 부분 구간을 이동식 전차선으로 설치한다.

　해외에서는 고속전철의 차량 기지 검수고 및 도시철도의 차량 기지 검수고 등에 적용 사례가 다수 있으며 국내는 고속전철 차량 기지 및 지하철 차량 기지에 설치되어 운용되고 있다.

　국내에서는 고속철도의 서울 차량 기지, 부산 차량 기지, 중부 차량 기지와 지하철 광주역 구내 검수고에 설치되어 운용되고 있다.

• 철도 물류 기지 컨테이너 야드(container yard)의 이동식 전차선

　국내에서 철도 물류 기지의 컨테이너 야드에는 아직 전철화 구간이 없으나 컨테이너 야드의 전철화 시에는 컨테이너 상하역 작업을 안전하게 수행하기 위해 작업 구간의 이동식 전차선 설치는 필수적이다. 컨테이너 야드에 적용되는 이동식 전차선 시스템은 기존의 이동식 전차선 시스템을 응용하여 적용 가능하며 단선 및 복선 컨테이너 야드에 제한적으로 적용 가능하다.

　국내에서는 호남선 임곡역 구내 컨테이너선(단선), 송정리역 구내 컨테이너선(단선) 등에 특수 이동식 전차선의 적용이 가능하다.

• 특수 건널목(special railroad crossing)의 이동식 전차선

전기 철도의 특수 건널목은 전차선로가 가공으로 가선되고 통과 제한 높이, $4.5\,\mathrm{m}$ 이상의 특장 차량의 통과가 필요한 건널목을 말한다.

이 경우, 특장 차량의 건널목 통과 시에 건널목 상부의 전체 전차선을 건널목 외부로 완전하게 이동시키는 특수 이동식 전차선이 설치되어야 한다.

국내에서는 경부선 수원 세류정거장 비행장 건널목, 대불산업단지 인입선 건널목 등에 이 특수 이동식 전차선의 적용이 가능하다.

ⓛ 특수 적용 장소

• 철도 물류 기지 컨테이너 야드

철도 물류 기지의 전철화 시에 특수 이동식 전차선 설치는 필수적이다. 일반적으로 컨테이너 야드의 컨테이너 상하역 작업은 레일 트랜스퍼 크레인(rail transfer crane) 및 리치 스태커(reach stacker) 등의 장비에 의해서 수행되고 있다.

전철화로 전차선이 가선되면 이러한 장비에 의한 작업이 불가능하게 되므로 특수 이동식 전차선의 적용이 해결 방안이 된다. 이 경우에 적용될 수 있는 이동식 전차선으로 회전식(slewing type), 횡행 슬라이딩식(traversing sliding type) 등이 있다.

컨테이너 야드의 이동식 전차선 시스템은 리치 스태커(reach stacker) 등 전용 장비가 궤도의 외부에서 접근 시에 전차선과의 간섭이 발생하지 않도록 전차선을 궤도 반대편으로 이동시키는 이동식 전차선 시스템이다.

그러므로 컨테이너 야드에는 회전식(Slewing type), 횡행 슬라이딩식 이동식 전차선 시스템의 적용이 가능하다.

다음의 [그림 13.5]에 철도 물류 기지 컨테이너 야드의 회전식 이동식 전차선의 개념도, [그림 13.6]에 횡행 슬라이딩식 이동식 전차선의 개념도를 보인다.

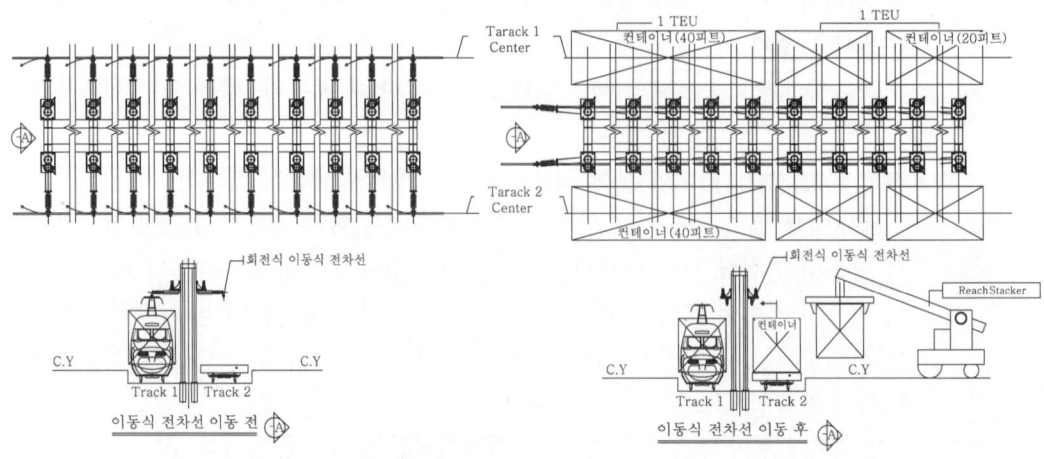

[그림 13.5] 철도 물류 기지 컨테이너 야드의 회전식 이동식 전차선의 개념도

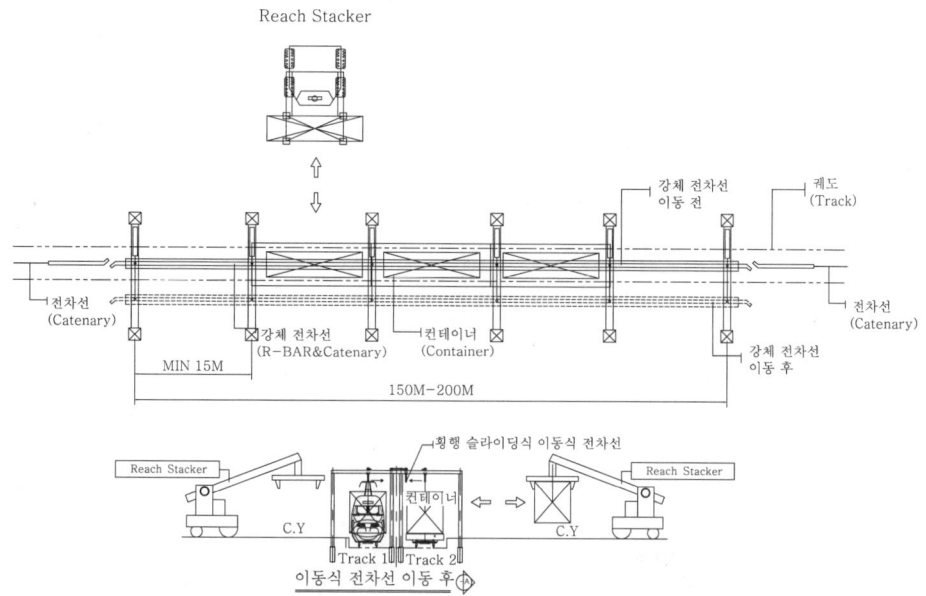

[그림 13.6] 횡행 슬라이딩식(traversing sliding type) 이동식 전차선의 개념도

• 특수 건널목

전기 철도 건널목에 가공 전차선이 설치되면 전차선의 높이, 레일면상 $5.2\,\mathrm{m}$에 대하여 일반 건널목은 통행 제한 높이가 $4.5\,\mathrm{m}$로 제한되어 차량 통행 공간이 확보된다. 그러나 특수 건널목에서는 이 통과 제한 높이를 초과하는 특장 차량 또는 특수 차량이 통과하므로 이러한 차량의 통과 시에 가공 전차선의 완전한 개방이 필요하다. 이 경우, 건널목의 가공 전차선 개방을 안전하게 수행하기 위해 특수 건널목 이동식 전차선 설치가 해결 방안이 된다.

특수 건널목의 이동식 전차선으로는 주행 슬라이딩식 이동식 전차선 시스템이 적용 가능하다. 특수 건널목 이동식 전차선은 산업단지 인입선 건널목, 비행장 진입 건널목 등에 적용된다.

－산업단지 인입선 건널목 : 산업단지 인입선 건널목은 산업단지에서 생산되는 대형 구성품, 대형 구조물을 특수 차량이 건널목을 통과하여 운송하게 된다. 특수 차량이 건널목의 가공 전차선을 간섭하게 되면 차량의 통과가 전면 통제된다. 이에 대한 방안으로 특수 건널목 이동식 전차선의 적용이 필요하다.

－비행장 진입 건널목 : 비행장 진입 건널목은 유사시에 항공기의 통과가 가능하도록 되어야 한다. 그러나 대형 항공기(수송기 등)의 통과 시에 건널목의 가공 전차선 높이(레일면 상 $5.2\,\mathrm{m}$)에 의한 통과 제한 높이에 간섭이 된다. 이에 대한 방안으로 주행 슬라이딩식 이동식 전차선의 설치가 필요하다.

(2) 이동식 전차선의 선정

1) 이동식 전차선의 종류

① 회전형

회전형 이동식 전차선의 개념도를 다음의 [그림 13.7]에 보인다.

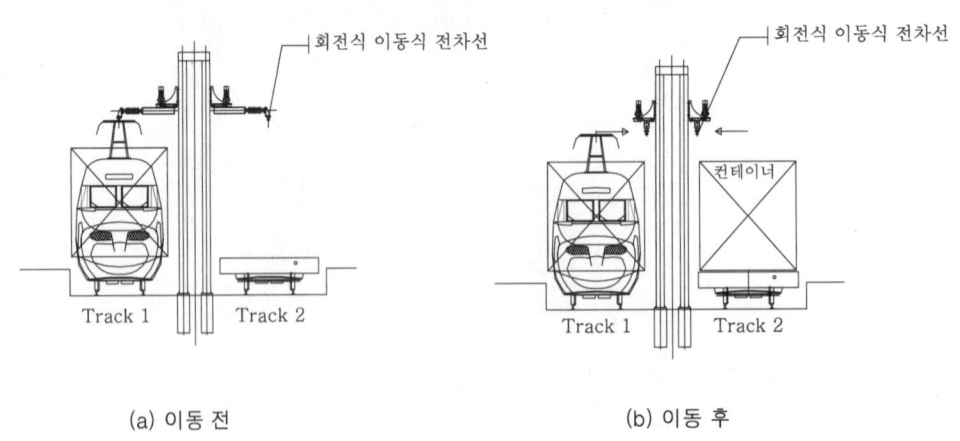

(a) 이동 전   (b) 이동 후

[그림 13.7] 회전형 이동식 전차선의 개념도

② 슬라이딩형(횡행)

슬라이딩형(횡행) 이동식 전차선의 개념도를 다음의 [그림 13.8]에 보인다.

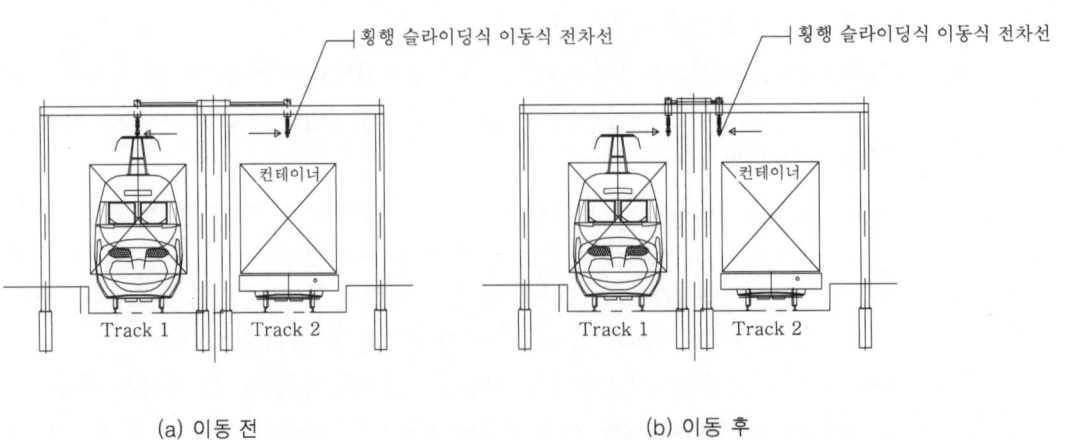

(a) 이동 전   (b) 이동 후

[그림 13.8] 슬라이딩형(횡행) 이동식 전차선의 개념도

③ 슬라이딩형(주행)

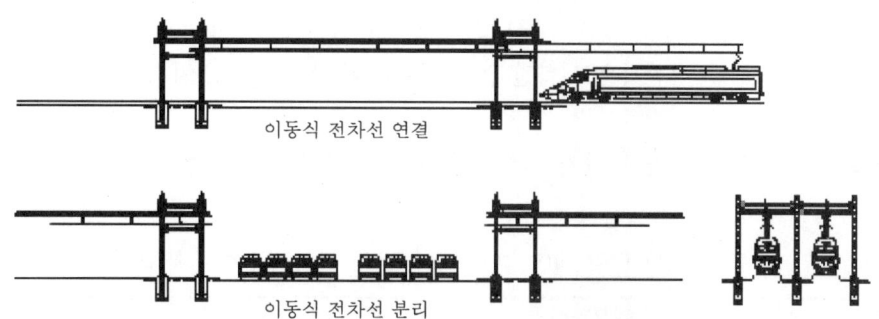

이동식 전차선 연결

이동식 전차선 분리

[그림 13.9] 슬라이딩형(주행) 이동식 전차선의 개념도

④ 오픈형(Lifting)

오픈형(리프팅) 이동식 전차선의 개념도를 다음의 [그림 13.10]에 보인다.

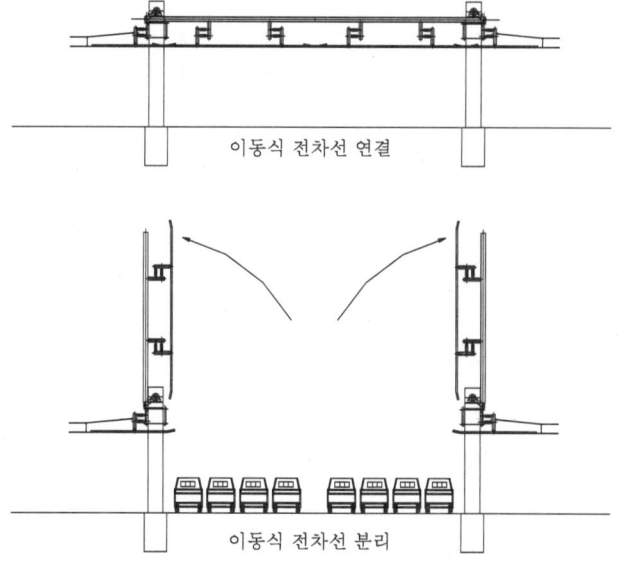

이동식 전차선 연결

이동식 전차선 분리

[그림 13.10] 오픈형(리프팅) 이동식 전차선의 개념도

2) 이동식 전차선의 선정

① 차량 기지 검수고의 이동식 전차선

차량 기지의 이동식 전차선은 천정 크레인의 운전, 차량의 상부 작업, 기타 검수 작업 등

의 안전을 위하여 설치된다.

회전형 이동식 전차선은 전동차 차량 기지 및 고속철도 차량 기지에서 30~390 m 이상의 이동식 전차선 적용 사례가 있다. 국내외에서 적용된 기존의 이동식 전차선은 구동 장치에 다소 차이가 있을 뿐 전반적으로 회전식(slewing type) 이동식 전차선이 적용되어 운용되고 있다.

다음의 [표 13.1]에 차량 기지 검수고의 이동식 전차선의 특성 비교를 보인다.

[표 13.1] 차량 기지 검수고의 이동식 전차선의 특성 비교

순 번	형 식	주요 특성
1	회전형	• 설치 구조 간편 • 설치 사례 많음
2	슬라이딩형(횡행)	• 경간 지지 구조물 필요 • 크레인 운전 지장 • 설치 사례 없음
3	슬라이딩형(주행)	• 설치 구조 비대 • 긴 경간에 불리한 구조 • 설치 사례 없음
4	오픈(lifting)형	• 설치 공간 제약 • 크레인 운전 지장 • 설치 사례 없음

② 철도 물류 기지 컨테이너 야드의 이동식 전차선

컨테이너 야드의 컨테이너 차량 15량 기준으로 하는 경우, 이동식 전차선의 길이가 약 200 m 필요하다. 그리고 상하역 차량의 작업 시, 지지 구조물 등에 의한 지장이 없어야 하므로 회전형 이동식의 적용이 가장 적합하다.

다음의 [표 13.2]에 컨테이너 야드의 이동식 전차선의 특성 비교를 보인다.

[표 13.2] 컨테이너 야드의 이동식 전차선의 특성 비교

순 번	형 식	주요 특성
1	회전형	• 설치 구조 간편 • 장 경간 설치 사례 있음
2	슬라이딩형(횡행)	• 설치 사례 없음
3	슬라이딩형(주행)	• 설치 사례 없음
4	오픈(lifting)형	• 설치 사례 없음

③ 특수 건널목의 이동식 전차선 시스템

특수 건널목의 이동식 전차선은 지지 구조물의 설치 조건, 설치 현장의 환경, 건널목의 기능, 차량 통행량, 설치 사례 등 제반 여건을 감안하여 최적의 시스템을 선정하여야 한다.

슬라이딩형(retracable type)과 오픈(lifting type)형은 전철 교량에 적용되었던 사례가 있다. 오픈형은 건널목의 특성상 대형 구조물을 설치할 수 있는 공간의 제약이 따르므로 적용이 부적합하다.

슬라이딩형(주행)은 빔(H-beam)이 강체 전차선을 지지하는 구조로 보다 소형의 구조로 되며 공간적인 조건에서도 적합하다.

다음의 [표 13.3]에 특수 건널목의 이동식 전차선의 특성 비교를 보인다.

[표 13.3] 특수 건널목의 이동식 전차선의 특성 비교

순 번	형 식	주요 특성
1	회전형	• 설치 사례 없음
2	슬라이딩형(횡행)	• 설치 사례 없음
3	슬라이딩형(주행)	• 전철 교량 설치 사례 있음 • 지지 구조물 간단함
4	오픈(lifting)형	• 전철 교량 설치 사례 있음 • 지지 구조물 복잡함

(3) 특수 건널목의 이동식 전차선

1) 개요

대형 화물(전차선 가선 높이 이상의 크기)을 적재한 특수 차량이 빈번하게 통과하는 특수 건널목에 가공 전차선이 가선되면 이 화물의 통과 운송이 불가능하다. 이에 대한 해결 방안으로 이러한 건널목에 특수 이동식 전차선을 시설하여 운용하고 있다.

2) 건널목 이동식 전차선의 구성

적용 이동식 전차선으로 슬라이딩형(주행)이 강체 전차선을 지지하는 소형 구조가 되고 공간적인 조건에 적합하므로 이 방식이 적용된다.

슬라이딩형에서는 강체 전차선을 분리 및 연결할 수 있도록 강체 전차선이 설치된 이동식 붐(boom)과 구동 장치가 설치된다.

그리고 구동 장치 및 붐(Boom)을 지지할 수 있는 지지 구조물과 콘크리트 기초가 설치되었다. 또한 건널목 중앙 부분 양측 붐의 말단에는 강체 전차선에 의한 일종의 에어 섹션(air section) 형태를 구성하고 건널목 양측의 전차선을 급전 케이블로 접속하여 급전되도록 구성하였다.

커터너리 전차선과 강체 전차선의 연결은 이행 장치에 접촉자(plug/socket) 장치에 의해 강체 전차선과 분리 및 접속을 수행하도록 구성된다.

3) 건널목 이동식 전차선의 동작

① 건널목 이동식 전차선 동작

건널목 이동식 전차선은 상시 접속(normal closed) 방식과 상시 분리(normal open) 방식의 2종류의 조건으로 운용이 가능하다.

그리고 각각 다음과 같은 특성이 있다.

- 상시 연결 방식은 열차 운행을 우선 조건으로 할 경우에 적용이 타당하고, 상시 분리 방식은 건널목 통과 차량 운행을 우선 조건으로 할 경우에 적용이 타당하다.
- 상시 접속 방식과 상시 분리 방식에 따라 건널목의 시스템 구성이 다소 차이가 있게 된다. 상시 접속 방식에서는 건널목 차단기 전단에 높이 제한대(4.5 m)를 필히 설치하여야 하며, 상시 분리 방식에서는 이의 설치가 불필요하다.

㉠ 분리 조건
- 단로기 개로(off) 정보(무가압 상태)
- 인접역 열차 정지 확인 정보 수신
- 건널목 차단 정보
- 기타 안전 정보

㉡ 접속 조건
- 단로기 개로(off) 정보(무가압 상태)
- 인접역 열차 출발 확인 정보 수신
- 건널목 차단 정보
- 기타 안전 정보

㉢ 이동식 전차선의 동작 원리도(flow chart)
건널목 이동식 전차선의 동작 원리도를 다음의 [그림 13.11]에 보인다.

상시 연결(Normal closed)

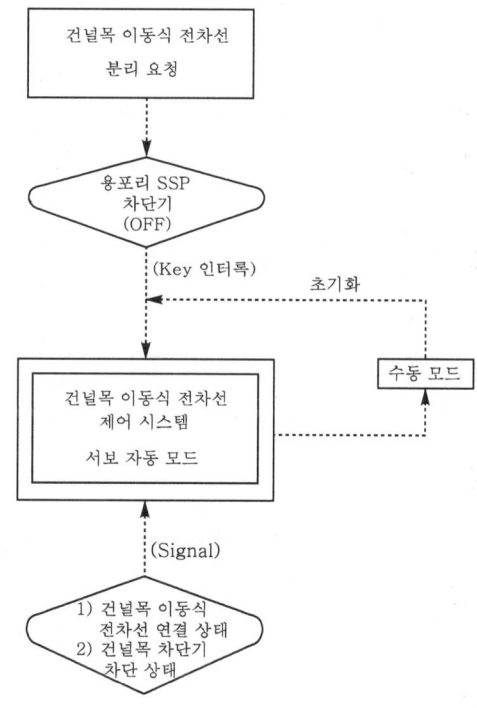

[그림 13.11] 건널목 이동식 전차선의 동작 원리도

② 이동식 전차선의 제어 시스템

건널목 이동식 전차선의 제어 시스템 구성도를 다음의 [그림 13.12]에 보인다.

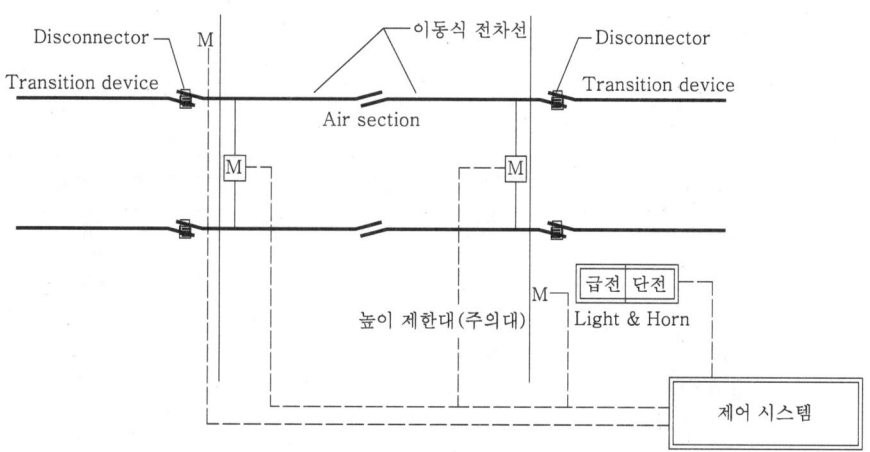

[그림 13.12] 건널목 이동식 전차선의 제어 시스템 구성도

③ 이동식 전차선의 동작 메커니즘(mechanism)

㉠ 동작 메커니즘(mechanism)

- 작동 조건 연동(interlocking)이 전기적으로 확인되면 이동식 전차선 제어반의 분리 버튼을 누른다.
- 분리 버튼을 누르면 제어반과 전기적으로 연결된 구동부(driving parts ; 감속 모터 & 마이터 기어 박스)가 동작하여 아우터 붐(outer boom) 내부의 이동식 전차선 장착 이너 붐(inner boom)을 슬라이딩 작동시킨다.

건널목 이동식 전차선의 동작 개념도는 다음의 [그림 13.13]과 같다.

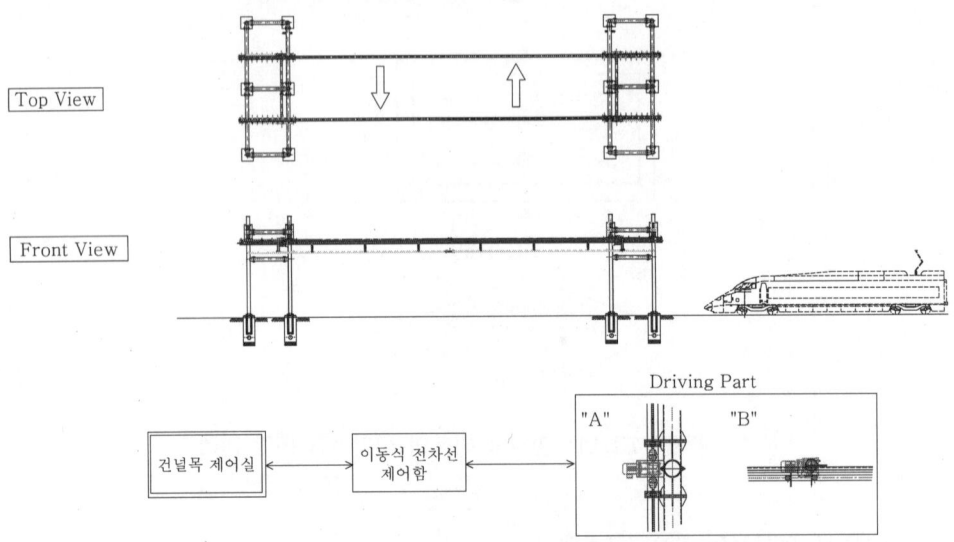

[그림 13.13] 건널목 이동식 전차선의 동작 개념도

다음의 [그림 13.14]에 건널목 이동식 전차선의 구동부를 보인다.

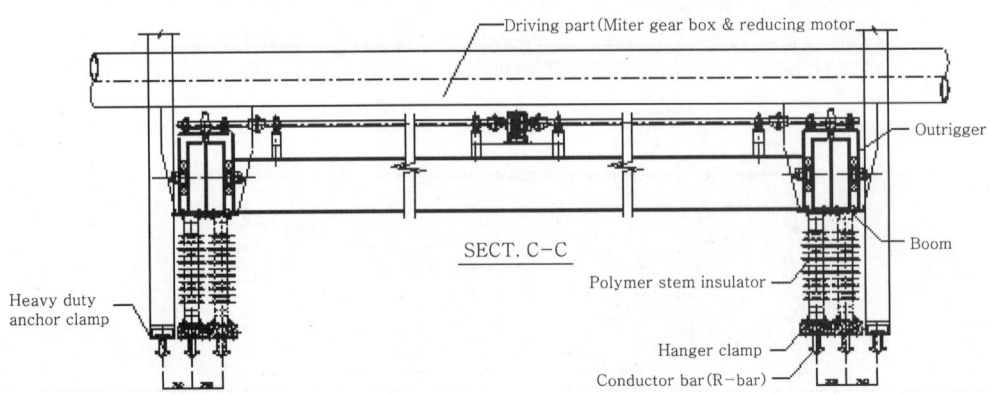

[그림 13.14] 건널목 이동식 전차선의 구동부

- 이동식 전차선 붐(boom)은 상부에 설치된 랙 기어(rack gear)와 맞물린 피니언 기어 (pinion gear)의 회전력으로 직선 슬라이딩 운동을 하며 아우터 붐(outer boom)에 설치된 베어링(cam follower bearing)의 구름 운동으로 부드럽게 동작한다.

  최근, 국내 최초로 설치되어 운용되고 있는 특수 건널목(대불 건널목)의 주행형 이동식 전차선의 사진을 다음의 [사진 13.4] 및 [사진 13.5]에 보인다.
- 특수 건널목의 이동식 전차선(retractable/sliding type Moveable catenary system)

[사진 13.4] 주행형 이동식 전차선의 접속 상태(대불 건널목)

[사진 13.5] 주행형 이동식 전차선의 분리 상태(대불 건널목)

② 차량 기지의 이동식 전차선

(1) 이동식 전차선의 개요

차량 기지의 이동식 전차선(moveable catenary system at car depot)은 차량 기지의 작업장(검수고 등) 내에 설치하여 급전하는 전차선로이다. 열차가 일정 위치에 정지하면 이 전차선로는 작업대 상부에서 이격·이동되어 차량 상부의 공간을 자유로운 작업 공간으로 만들어 주는 것이다. 따라서 이 공간에서는 전차선의 간섭을 받지 않고 차량 상부에서의 유지 보수 작업 및 취급이 가능하게 된다.

이동식 전차선의 이동에 의한 작업 공간 개념도는 다음의 [그림 13.15]와 같다.

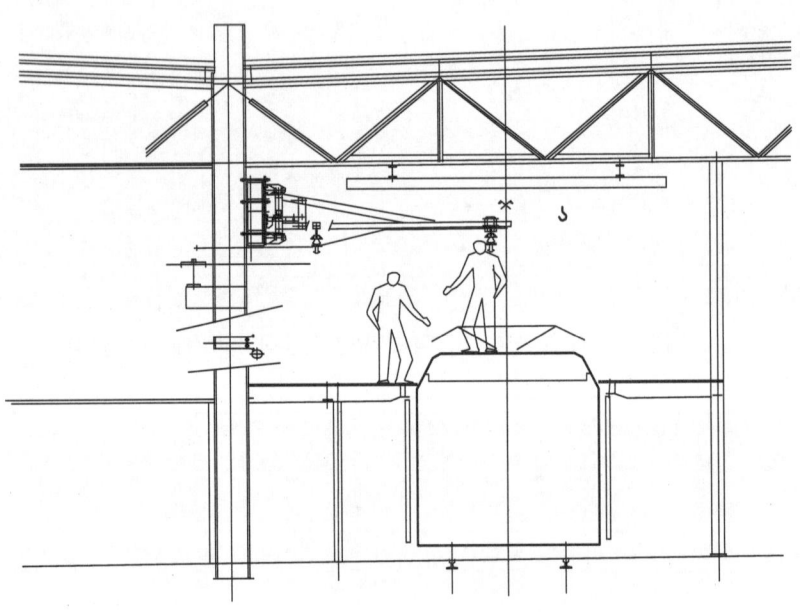

[그림 13.15] 이동식 전차선의 작업 공간 개념도

회전식 전차선로 지지물이 작업장(검수고 등)의 철제 구조물에 고정 설치된다. 즉, 천장과 바닥을 연결하는 수직 빔 또는 천장에 매달린 철제 구조물에 고정 설치되는 것이다. 이 지지물은 회전축을 가지므로 궤도 축에 대하여 평행 또는 횡축 방향 이동이 가능하다. 전차선은 이 지지물의 종단에 고정된다.

이 지지물에는 회전이 가능한 2개의 자체 윤활 축이 설치된다. 이 지지물의 자중을 견디도록 볼 쇄정 장치(ball lock)가 하부 축 아래에 설치된다.

회전 동작 중에 지지물과 R-bar는 평행사변형의 형태를 그리면서 이동하고 R-bar는 궤도에 평행 상태를 유지하며 궤도 중심에서 작업대 상부 횡방향으로 이동한다. 지지물 간의 최대 간격은 12 m이다. 이동식 전차선의 동작 개념도는 다음의 [그림 13.16]과 같다.

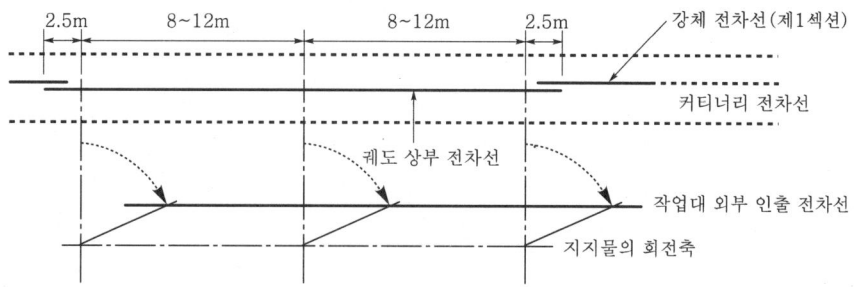

[그림 13.16] 이동식 전차선의 동작 개념도

(2) 고정식/이동식 전차선의 이행 구간(transition section)

이동식 전차선로 섹션의 전·후단에는 일정 길이의 고정식 전차선로를 설치하여 커티너리 전차선에서 R-bar로의 이행 및 고정식 전차선로에서 이동식 전차선로의 이행을 수행하도록 하여야 한다.

고정식과 이동식 전차선 간의 이행 구간 구성은 다음의 [그림 13.17]과 같다.

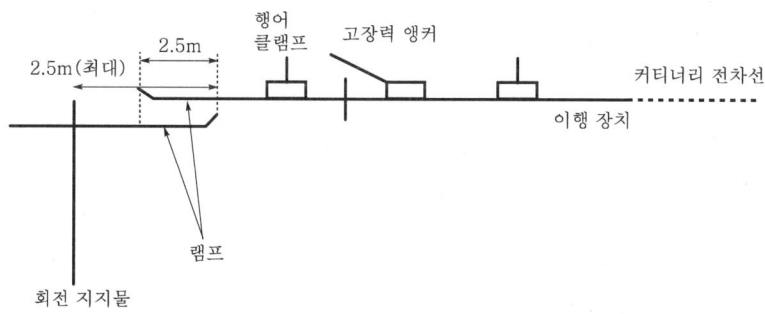

[그림 13.17] 고정식과 이동식 전차선 간의 이행 구간 구성

고정식 전차선과 이동식 전차선의 이행 구간에 설치되는 2개의 램프 평행 구간의 길이는 최소 1.2 m가 필요하다. 램프의 경사 종단은 400 mm 길이까지 짧게 할 수 있다. 이동 섹션의 종단에서 돌출할 수 있는 R-bar의 최대 길이는 2.5 m이다. 행어 클램프는 축 회전이 가능해야 하며 그렇지 못한 경우에는 이 시스템의 첫 번째 동작에서 사고가 발생할 수도 있다. 절연 행어 클램프의 고정부는 고정 섹션과 이동 섹션간의 이행 구간에 설치된 램프를 충분한 범위로 조정할 수 있어야 한다.

(3) 이동식 전차선의 자동화 설비

회전 지지물의 약 절반은 전동화가 된다. 회전 지지물의 암(arm)은 전동 잭(jack)을 사용하여 동작된다. 이러한 잭(jack)은 단상 또는 3상 전원으로 동작된다. 서로 다른 잭이 정확하게 일치하여 동작되어야 하며 특별한 주의가 필요하다. 잭의 동작 속도는 낮아야 하며(10 mm/sec 이하) 동력력은 시스템을 동작시키기에 충분하여야 한다.

제어반에서는 이동식 전차선의 전원 공급 제어와 이동식 전차선의 제어 및 지령을 수행한다. 이 시스템의 운전은 간단하다. 즉, 한 버튼(button)으로 전차선을 궤도 상에 위치시키고 다른 버튼(button)으로 전차선을 작업대 외부로 이동시킨다. 이동식 전차선의 동작 변위 종단점에서의 정확한 정지 위치는 센서에 의해서 감지된다(궤도 상부 정지 위치 또는 작업대 외부 이동 정지 위치).

이동식 전차선의 위치(궤도 상부 또는 작업대 외부 위치)는 제어반의 전구에 의해 표시되며 각 잭(jack)의 온도 스위치(thermal switch)에 의해 고장을 감지한다. 고장이 감지되면 전차선은 어떤 위치이든 즉시 정지된다. 그리고 시스템을 재가동하기 전에 반드시 온도 스위치(thermal switch)를 재조정하여야 한다.

(4) 이동식 전차선의 안전 설비

이 시스템에서는 전용 안전 장치에 의해서 작업자와 시스템의 안전이 보장되어야 한다. 즉, 이동식 전차선을 작업대 위치에서 이동하기 전에 전차선 전원이 개방되고 전차선이 접지되어야 한다.

이동식 전차선은 대부분의 경우, 궤도 상부에 크레인이 운전되는 곳에 설치된다. 이동식 전차선을 작업대 위치 외부로 이동시키는 경우에 전차선의 간섭을 받지 않고 크레인이 운전될 수 있도록 충분한 공간이 있어야 한다.

이 두 시스템의 원만한 협조가 수행되도록 다음의 규칙이 지켜져야 한다.
- 이동식 전차선을 작업대 외부측으로 이동하는 것은 다음 두 가지 조건이 만족될 때에만 가능하다.
  - 급전 회로(단로기)가 개방되고 전차선이 접지되어야 함.
  - 크레인이 휴지 위치에 있어야 함. 즉, 작업대 외부 위치로 이동식 전차선을 이동시키는 경우에 어떠한 간섭도 없어야 함.
- 크레인의 사용은 다음 조건이 만족될 경우에만 허용된다.
  - 급전 회로(단로기)가 개방되고 전차선은 접지되어야 함.
  - 이동식 전차선의 위치가 크레인의 운전에 간섭되지 않는 위치이어야 함. 즉, 작업대 외부에 전차선이 위치해야 함.

이러한 조건에 의한 협조는 다음의 여러 가지 방식으로 수행될 수 있다.

1) 전기 계전 정보 연계

크레인에 장착된 위치 센서에 의해 크레인의 휴지 위치 여부가 표시된다. 크레인이 휴지 위치인 경우에 이동식 전차선 제어반의 크레인 휴지 위치 계전기 접점에 의해서 이동식 전차선의 운전이 허용된다.

이동식 전차선에 장착된 위치 센서는 이동식 전차선의 작업대 외부 위치 여부를 표시한다. 이동식 전차선이 작업대 외부의 위치이면 크레인 제어반에 이 정보가 전송되고 크레인 운전이 허용된다.

급전 회로 차단기(단로기 포함)의 상태 연계 계전 정보에 의해 이동식 전차선과 크레인의 운전이 금지되거나 허용된다. 이 정보 연계 계전기들은 여러 가지 조건에 대해서 AND 논리 조건이 요구되는 경우에는 직렬로 접속될 수 있다.

상기의 전기 정보 연계 운용 개념도는 다음의 [그림 13.18]과 같다.

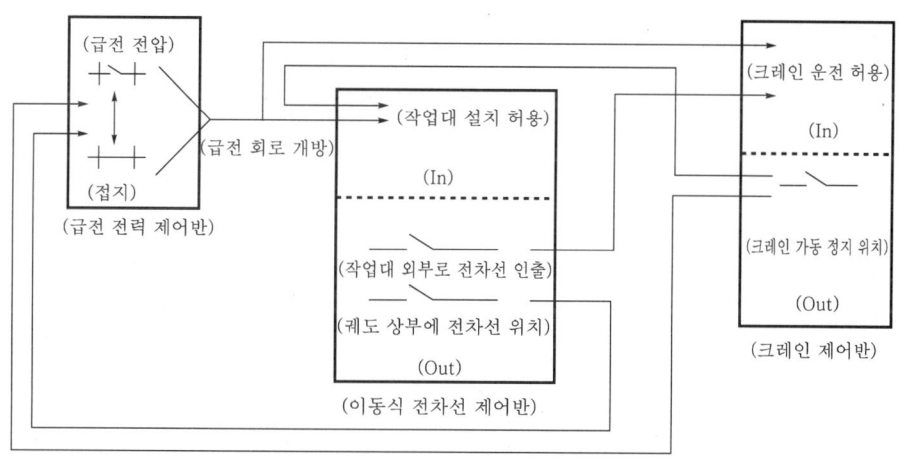

[그림 13.18] 전기 정보 연계 운용 개념도

2) 전기 기계식 안전 키

이 키에 의해서 다른 제어반 간에 배선 연결 없이 정보 상태를 물리적으로 확인할 수 있다. 이 키 시스템은 전자석에 연계된 실린더와 실린더의 위치를 지정하는 스위치로 구성된다. 전자석이 무여자(무전압)인 경우에 실린더는 쇄정되며 키에 의해 실린더의 위치를 변경할 수 없다. 전자석이 가압되면 실린더는 자유롭게 동작 가능하고 키에 의해 실린더의 위치를 변경할 수 있다.

3) 크레인 운전 절차

크레인 운전 시에는 다음의 순서로 운전이 수행되어야 한다.
- 전차선 급전 제어반에서 급전 회로 개방
- 이동식 전차선 사용을 허용하는 급전 제어반의 키 인출
- 인출된 키 A를 이동식 전차선 제어반에 삽입 설정
- 이동식 전차선을 작업대 외부 위치로 이동, 이 경우 키 A는 이동식 전차선 제어반에 쇄정 구속됨.
- "이동식 전차선 작업대 외부 위치" 정보를 센서로부터 이동식 전차선 제어반에서 수신
- 이동식 전차선 제어반에서 key B를 인출, 이 경우 Key A는 이동식 전차선 제어반에 쇄정 구속되어 있음.
- Key B를 크레인 제어반에 삽입 설정
- 크레인 사용. 이 경우 key B는 크레인이 휴지 위치로 복귀할 때까지 크레인 제어반에 쇄정 구속됨.

4) 이동식 전차선 급전 절차

이동식 전차선 급전 시에는 다음의 순서로 수행되어야 한다.
- 크레인이 휴지 위치에 있어야 함.
- Key B를 인출
- Key B를 크레인 제어반에서 이동식 전차선 제어반으로 이동
- 이동식 전차선을 작업대 위치에서 궤도 중심으로 이동
- "이동식 전차선 궤도 상부 위치" 정보를 센서로부터 이동식 전차선 제어반에서 수신
- Key A를 인출. 이 경우 Key B는 이동식 전차선 제어반에 쇄정 구속됨. Key B를 인출할 수 없으므로 크레인 운전 불가능
- Key A를 전차선 급전 제어반에 삽입 설정, 전차선 급전, Key A는 전차선 급전 제어반에 쇄정 구속됨.

이동식 전차선의 급전과 접지를 위하여 다른 시스템을 사용하는 것도 가능하다. 전차선 급전은 집전 장치(collector)를 이용하여 고정식 R-bar에서 수행된다.

이동식 전차선이 작업대 외부 위치로 이동하는 경우에 집전 장치(collector)에 의해 자동적으로 접지가 수행된다.

궤도 상부 및 작업대 외부 이동 위치에서의 접지 개념은 다음의 [그림 13.19] 및 [그림 13.20]과 같다.

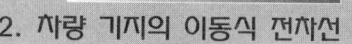

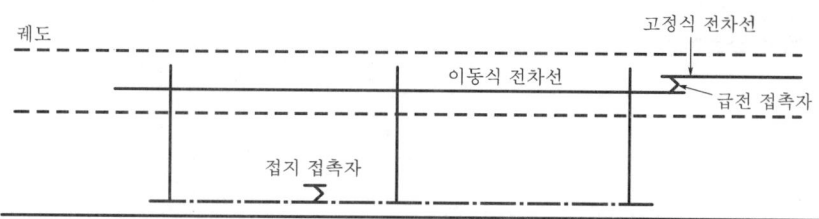

[그림 13.19] 궤도 상부 위치 이동식 전차선의 경우

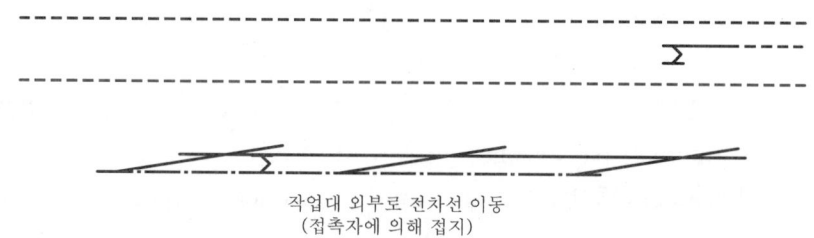

[그림 13.20] 작업대 외부 위치 이동식 전차선의 경우

이 시스템에서는 이동식 전차선이 동작하자마자 급전 회로가 용이하게 개방되고 이동식 전차선이 작업대 외부 위치(휴지 위치)로 이동하면 전차선은 확실하게 접지된다. 그러나 가압중인 고정 R-bar 부근에서 전차선 작업자가 있을 수 있다.

그러므로 안전상 이유로 이동식 전차선의 동작이 허용되기 전에 급전 회로가 반드시 개방되어야 한다.

참고 문헌

1. 「전차선로」, 日本中央鉄道学園
2. 「전기 철도」, 日本鉄道電化協会
3. 「전기개론/전차선로」, 日本鉄道電気技術協会
4. 「최신 전기 철도 개론」, 강인권, 의제
5. 「전기 철도 시스템 공학」, 강인권, 성안당
6. 「전기 철도 구조물의 응용역학과 강도」, 강인권, 성안당
7. Technical Data for Overhead Contact System/Rigid Catenary System (Railteh International, France)
8. IEC Publication 815-1986 : Guide for the selection of insulators in respect of polluted conditions

최근 5개년 과년도 전기기사

전기기사연구회 編/4·6배판/488p/정가 25,000원/별책 부록 포함

- 최근 5년간 출제된 문제를 연도별로 수록함으로써 쉽게 자격증 취득의 문을 열 수 있도록 하였습니다.
- 최근 5년간 출제된 문제로만 엮어 최근의 출제 경향을 파악하기 쉽게 하였습니다.
- 각 문제마다 상세한 해설을 하였으므로 혼자 공부하기에 어려움이 없도록 하였습니다.
- 단기에 자격 검정에 합격해야 하는 수험생이나 마지막 정리가 필요한 수험생들에게 최적의 지침서가 될 것입니다.

최근 5개년 과년도 전기산업기사

전기기사연구회 編/4·6배판/472p/정가 25,000원/별책 부록 포함

- 최근 5년간 출제된 문제를 연도별로 수록함으로써 쉽게 자격증 취득의 문을 열 수 있도록 하였습니다.
- 최근 5년간 출제된 문제로만 엮어 최근의 출제 경향을 파악하기 쉽게 하였습니다.
- 각 문제마다 상세한 해설을 하였으므로 혼자 공부하기에 어려움이 없도록 하였습니다.
- 단기에 자격 검정에 합격해야 하는 수험생이나 마지막 정리가 필요한 수험생들에게 최적의 지침서가 될 것입니다.

최근 5개년 과년도 전기공사기사

전기공사검정연구회 編/4·6배판/466p/정가 25,000원/별책 부록 포함

- 최근 5년간 출제된 문제를 연도별로 수록함으로써 쉽게 자격증 취득의 문을 열 수 있도록 하였습니다.
- 최근 5년간 출제된 문제로만 엮어 최근의 출제 경향을 파악하기 쉽게 하였습니다.
- 각 문제마다 상세한 해설을 하였으므로 혼자 공부하기에 어려움이 없도록 하였습니다.
- 단기에 자격 검정에 합격해야 하는 수험생이나 마지막 정리가 필요한 수험생들에게 최적의 지침서가 될 것입니다.

최근 5개년 과년도 전기공사산업기사

전기공사검정연구회 編/4·6배판/457p/정가 25,000원/별책 부록 포함

- 최근 5년간 출제된 문제를 연도별로 수록함으로써 쉽게 자격증 취득의 문을 열 수 있도록 하였습니다.
- 최근 5년간 출제된 문제로만 엮어 최근의 출제 경향을 파악하기 쉽게 하였습니다.
- 각 문제마다 상세한 해설을 하였으므로 혼자 공부하기에 어려움이 없도록 하였습니다.
- 단기에 자격 검정에 합격해야 하는 수험생이나 마지막 정리가 필요한 수험생들에게 최적의 지침서가 될 것입니다.

제어 계측 공학

홍선학 著/4·6배판/392p/정가 15,000원

본서는 우리가 취급하는 아날로그 현상을 계측하여 신호 변환 과정을 거쳐 컴퓨터 응용 분야에서 필요한 디지털 데이터로 변환하는 일련의 과정에 대한 설명으로 시작하고 있다. 실험을 통해서 제작하고 측정한 결과로 다루어졌으며, 전체적인 내용은 기본적인 사항을 수록하였다. 따라서 대학 및 산업체 현장에서 전자 공학 및 제어 계측 분야를 처음 공부하는 사람들에게는 다소 어려울 수 있는 내용도 포함되었지만, 많은 복습문제와 연습문제를 함께 수록함으로써 학습의 흥미와 효과를 높일 수 있도록 하였다.

조명 디자인 실무

小泉實 著/윤혜림 譯/4·6배판/192p/정가 15,000원

본서는 조명 디자인에 대한 기초적이고 간단한 내용을 그림과 함께 설명하여 누구나 알기 쉽게 이해할 수 있도록 정리하였다. 그리고 내용을 접하게 되면 조명의 쓰임새와 다양함에 새로움을 충분히 느낄 수 있고, 관심을 가지고 있었던 독자라면 많은 도움을 받을 수 있으리라 생각된다. 조명 디자인에 대한 관심이 높아지고 중요하게 부각되는 현대 사회에 기본적인 이론을 정리한 안내서로서의 역할을 할 수 있으리라 본다.

PLC 제어기술 이론과 실습

김원회·공인배·이기호 共著/4·6배판/412p/정가 15,000원

이 책은 이론과 실습을 분리하여 실습편에서는 요구사항, 실습목표, 구성기기, 관련 이론, 실습 회로, 회로 설계 원리 및 동작설명 등으로 전개하여 능률적인 실습이 가능하도록 배려하였습니다. 더욱이 모든 실험실습이 어느 장소에서나 신속히 이루어질 수 있도록 PLC 교육용 전문 실험실습장치인 DYES-2101 콤팩트형 PLC-공압 트레이너로 요소모델 번호를 병기하였습니다. 그리고 메커트로닉스, 생산자동화의 산업기사는 물론 기능사 국가 기술자격 시험에 대비할 수 있도록 관련문제를 집중적으로 수록하였습니다.

전기철도 시스템 공학

강인권 編著/4·6배판/400p/정가 15,000원

고속전철의 건설, 기존 간선철도의 전철화, 도시철도 및 지하철의 건설 등이 계속 진행되고 있으며, 전기철도의 사명과 기능이 매우 중대하게 부각되고 있어 고속화, 고효율화를 지향하는 신기술과 신방식이 적극적으로 도입되고 있다. 본서는 전기철도의 중추인 급전 시스템을 포함하는 분야별 시스템 전반에 걸쳐서 기초사항 및 최신 경향에 관련된 내용을 반영하여 체계적으로 상세히 기술하였다.

 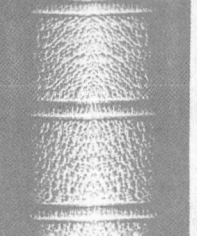 

경기도 파주시 교하읍 문발리 출판문화정보산업단지 536-3 TEL:031)955-0511 FAX:031)955-0510

과년도 전기 시리즈 1 회로이론

전기기사 자격시험연구회 編/4 · 6배판/544p/정가 15,000원

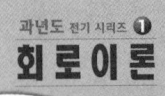

이 책은 75년부터 현재까지의 전기 분야 기사 · 산업기사 기출 문제를 총망라하여 출제 기준에 따라 항목별로 분류하였습니다. 또한 난이도별, 학습별로 배열하였으며, 최근 출제된 문제는 부록으로 실어 가장 짧은 시간 내에 가장 능률적으로 자격 검정에 대비할 수 있도록 하였습니다.

과년도 전기 시리즈 2 전기자기학

전기기사 자격시험연구회 編/4 · 6배판/624p/정가 18,000원

이 책은 75년부터 현재까지의 전기 분야 기사 · 산업기사 기출 문제를 총망라하여 출제 기준에 따라 항목별로 분류하였습니다. 또한 난이도별, 학습별로 배열하였으며, 최근 출제된 문제는 부록으로 실어 가장 짧은 시간 내에 가장 능률적으로 자격 검정에 대비할 수 있도록 하였습니다.

과년도 전기 시리즈 3 전기기기

전기기사 자격시험연구회 編/4 · 6배판/624p/정가 18,000원

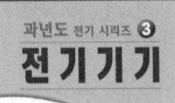

이 책은 75년부터 현재까지의 전기 분야 기사 · 산업기사 기출 문제를 총망라하여 출제 기준에 따라 항목별로 분류하였습니다. 또한 난이도별, 학습별로 배열하였으며, 최근 출제된 문제는 부록으로 실어 가장 짧은 시간 내에 가장 능률적으로 자격 검정에 대비할 수 있도록 하였습니다.

과년도 전기 시리즈 4 전력공학

전기기사 자격시험연구회 編/4 · 6배판/520p/정가 15,000원

이 책은 75년부터 현재까지의 전기 분야 기사 · 산업기사 기출 문제를 총망라하여 출제 기준에 따라 항목별로 분류하였습니다. 또한 난이도별, 학습별로 배열하였으며, 최근 출제된 문제는 부록으로 실어 가장 짧은 시간 내에 가장 능률적으로 자격 검정에 대비할 수 있도록 하였습니다.

과년도 전기 시리즈 5 제어공학

전기기사 자격시험연구회 編/4 · 6배판/432p/정가 13,000원

이 책은 75년부터 현재까지의 전기 분야 기사 · 산업기사 기출 문제를 총망라하여 출제 기준에 따라 항목별로 분류하였습니다. 또한 난이도별, 학습별로 배열하였으며, 최근 출제된 문제는 부록으로 실어 가장 짧은 시간 내에 가장 능률적으로 자격 검정에 대비할 수 있도록 하였습니다.

과년도 전기 시리즈 6 전기응용 및 공사재료

전기기사 자격시험연구회 編/4 · 6배판/496p/정가 15,000원

이 책은 75년부터 현재까지의 전기 분야 기사 · 산업기사 기출 문제를 총망라하여 출제 기준에 따라 항목별로 분류하였습니다. 또한 난이도별, 학습별로 배열하였으며, 최근 출제된 문제는 부록으로 실어 가장 짧은 시간 내에 가장 능률적으로 자격 검정에 대비할 수 있도록 하였습니다.

과년도 전기 시리즈 7 전기설비 기술기준

전기기사 자격시험연구회 編/4 · 6배판/512p/정가 14,000원

이 책은 75년부터 현재까지의 전기 분야 기사 · 산업기사 기출 문제를 총망라하여 출제 기준에 따라 항목별로 분류하였습니다. 또한 난이도별, 학습별로 배열하였으며, 최근 출제된 문제는 부록으로 실어 가장 짧은 시간 내에 가장 능률적으로 자격 검정에 대비할 수 있도록 하였습니다.

그림으로 해설한 新시퀀스제어(입문편)

大浜庄司 著/월간 전기기술 편집부 譯/신국판/272p/정가 12,000원

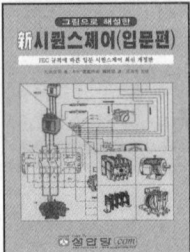

이 책은 실제의 제어기기 조작과 관련하여 그 동작 순서를 그림으로 설명하는 새로운 해설방법으로 시퀀스 제어의 기초를 보다 알기 쉽게 설명한 그림 해설판 시퀀스 제어 입문서입니다.

경기도 파주시 교하읍 문발리 출판문화정보산업단지 536-3 TEL:031)955-0511 FAX:031)955-0510

조명설비 및 설계

최흥규 외 7인 共著/4 · 6배판/547p/정가 25,000원

조명설비 설계를 공부하는 대학생 및 설계 · 시공 분야 실무자, 기사, 기술사 시험을 준비하는 분에게 필요한 지식을 쉽게 전달하고자 조명에 대한 개요, 광원의 종류, 조명기구, 조명계산 등의 체계적이고 실무적인 측면을 새로운 문헌과 등기구 제조업체의 자료를 참고하여 집필하였다.

적중 전기기사

전기기사연구회 編/4 · 6배판/1,264p/정가 35,000원/부록 CD 1매 포함

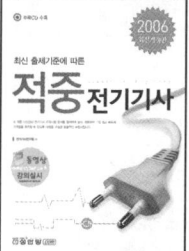

지난 26년 간에 걸쳐 출제된 전기기사 자격시험 문제를 철저하게 검토, 분석하여 합격에 필요한 지식을 전달하기 위해 노력했습니다. 개정된 출제기준의 항목별로 개념이 필요하거나, 매년 중점적으로 출제되고 있는 빈도 높은 문제 및 이후에도 계속 출제 가능성이 높은 문제를 최단기간 내에 학습할 수 있도록 하였습니다. 또한 수험 직전 총정리용으로 활용할 수 있도록 엮었습니다.

전기기사 · 전기산업기사 실기

오철균 著/4 · 6배판/1,456p/정가 32,000원

이 책은 실무에 해당하는 요점정리로 쉽게 이론을 습득할 수 있도록 하였고, 다양한 문제를 취급하여 문제풀이의 적응력을 기르도록 함으로써 전기기사 · 전기산업기사 시험에 완벽하게 대비하도록 하였다. 자격시험의 흐름과 출제문제를 파악할 수 있도록 과년도 문제를 수록하였으며, 각 현장에서 사용하는 실무도를 완벽하게 이해할 수 있도록 흐름도를 수록하였다.

적중 전기공사 산업기사

전기공사검정연구회 編/4 · 6배판/1,075p/정가 30,000원/부록 CD 1매 포함

출제기준에 요구하는 필수적인 내용(이론 및 공식)을 요점정리하여 가장 빠른 시간 내에 그 내용을 파악, 숙지할 수 있도록 하였다. 기출문제의 레벨, 범위, 경향을 파악한 후 문제를 정선하여 체계적으로 정리하였으며, 출제빈도가 높은 문제를 쉽게 파악하고, 중복 또는 유사문제에 대한 응용과 실전력을 단기간 내에 배양할 수 있도록 하는 한편, 합격을 위해 필요한 최소한의 문제를 중점적으로 반복 학습할 수 있게 하였다.

전기 · 전자공학 개론

김진사 · 왕종배 · 홍선표 共著/4 · 6배판/420p/정가 18,000원

전기 · 전자공학을 위한 교과서로 집필되었으며, 전기 · 전자공학의 광범위한 내용을 다루되 내용에 있어 충실한 것을 다루고자 했다. 11장에 걸친 알찬 내용과 더불어 연습문제와 그 풀이, 부록으로 '라플라스 변환표의 일례', 'MIL 기호 · KS 기호 대조표'를 다루었다. 또한 찾아보기를 담고 있어 단지 교과서로서 뿐만 아니라 졸업 후에도 좋은 기술적 동반자로서 오랫동안 활용이 가능한 서적이다.

적중 전기산업기사

전기기사연구회 編/4 · 6배판/1,096p/정가 30,000원/부록 CD 1매 포함

본서는 출제기준에서 요구하는 필수적인 내용(이론 및 공식)을 요점정리하여 가장 빠른 시간 내에 내용을 파악, 숙지할 수 있도록 하였다. 기출문제의 레벨, 범위, 경향을 파악한 후 문제를 정선하여 체계적으로 정리하였으며 출제빈도가 높은 문제를 쉽게 파악하고, 중복 또는 유사문제에 대한 응용과 실전력을 단기간 내에 배양할 수 있도록 하였다. 최근 출제된 전기산업기사 문제를 부록으로 수록하여 최근 경향을 파악할 수 있게 하였다.

전기공사기사 · 전기공사산업기사 실기

오철균 著/4 · 6배판/1,368p/정가 32,000원

실무와 관련된 요점정리와 체계적인 서술로 쉽게 이해할 수 있도록 하였으며, 다양한 문제유형의 취급으로 시험대비에 완벽을 기할 수 있도록 하였다. 다년간 출제된 과년도 문제를 수록하여 출제 유형과 수준 등을 스스로 파악함으로써 효율적인 시험대비를 할 수 있도록 하였고, 현장 실무도를 쉽게 이해할 수 있도록 흐름도에 대한 해설을 수록하였다.

그림해설 접지시스템입문

Takehiko Takahaahi 著/이형수 譯/4 · 6배판/184p/정가 14,000원

지금까지 우리나라의 접지기술은 주로 일본의 것을 기술적인 검토 없이 단편적으로 도입하여 적용하여 온 실정이며, 관련 기술자들은 접지기술을 체계적으로 습득할 기회가 많지 않았습니다. 이 책은 이런 현실을 반영하여 접지기술의 새로운 세계적 기술 동향과 일본의 기술적 대응에 관해 다루고 있습니다. 관련 기술자들에게 접지기술을 시스템적으로 이해하고 앞으로 적용해야 할 기술적 과제에 대한 이해를 돕는데 매우 유익한 도서가 될 것입니다.

최신 전차선로

정가 : 15,000원

지은이 : 강 인 권
펴낸이 : 이 종 춘

펴낸곳 : 성안당 .com

주 소 : 경기도 파주시 교하읍 문발리
　　　　 출판문화정보산업단지 536-3
전 화 : (031)955-0511
팩 스 : (031)955-0510
등 록 : 1973.2.1 제13-12호

2006. 8. 4   초판1쇄인쇄
2006. 8. 11   초판1쇄발행

© 2006 강인권

ISBN 89-315-2263-0

독자 상담 서비스 : 080-544-0511　　　　　　　홈페이지 : www.cyber.co.kr

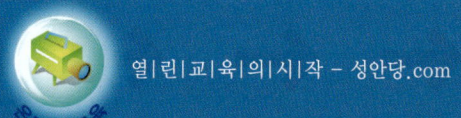
열|린|교|육|의|시|작 - 성안당.com

www.cyber.co.kr

철저한 수강자 중심 교육

@인터넷 동영상 강의

온라인 교육은 **성안당**이 함께합니다.

✔ 입증된 저자 직강   ✔ 고화질 · 고음질 등 최상의 온라인 서비스   ✔ 1:1 원격 교육방식을 통한 철저한 회원 관리

속독 · 기억 / 한자분야	소방분야	환경분야	컴퓨터분야
IT분야	통신분야	건축분야	인문 / 실용분야
사회복지사 분야	안전분야	전기분야	공무원분야

성안당과 함께 하는 **인터넷 동영상 강의** 여러분의 실력을 **쑥쑥!!**

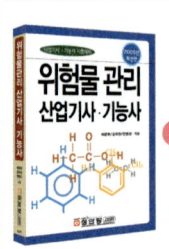

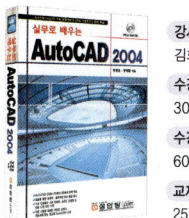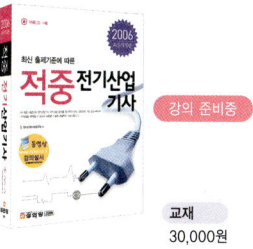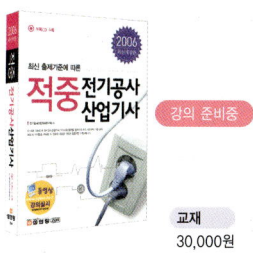

열|린|교|육|의|시|작 – 성안당.com

www.cyber.co.kr

성안당 인터넷 동영상 강의

소방 분야

➡ 소방설비 기사 실기(전기분야)
- 강   사 : 공하성 선생
- 수강기간 : 100일
- 수 강 료 : 150,000원

➡ 소방설비 산업기사 실기(전기분야)
- 강   사 : 공하성 선생
- 수강기간 : 100일
- 수 강 료 : 150,000원

이 책은 학원 강의를 듣듯 정말 자세하게 설명해 놓았습니다. 책을 한장 한장 넘길 때마다 확연하게 느낄 것입니다. 또한, 기존 시중에 있는 다른 책들의 잘못 설명된 부분에 대해 지적해 놓음으로써 여러 권의 책을 가지고 공부하는 독자들에게 혼동의 소지가 없도록 하였다.

소방설비기사의 기출문제를 분석해보면 문제은행식으로 과년도 문제가 매년 거듭 출제되고 있습니다. 그러므로 과년도 문제만 풀어보아도 충분히 합격할 수 있다는 점에 중점을 두어 국내 최다의 과년도 문제를 실었고, 각 문제마다 중요도를 표시하여 구분을 확실히 하였다.

공하성 저 / 1,032쪽 / 33,000원(요점노트, 모의고사, 해설가리개 포함)

➡ 소방설비 기사 실기(기계분야)
- 강   사 : 공하성 선생
- 수강기간 : 100일
- 수 강 료 : 150,000원

➡ 소방설비 산업기사 실기(기계분야)
- 강   사 : 공하성 선생
- 수강기간 : 100일
- 수 강 료 : 150,000원

이 책은 학원 강의를 듣듯 정말 자세하게 설명해 놓았습니다. 책을 한장 한장 넘길 때마다 확연하게 느낄 것입니다. 또한, 기존 시중에 있는 다른 책들의 잘못 설명된 부분에 대해 지적해 놓음으로써 여러 권의 책을 가지고 공부하는 독자들에게 혼동의 소지가 없도록 하였다.

소방설비기사의 기출문제를 분석해보면 문제은행식으로 과년도 문제가 매년 거듭 출제되고 있습니다. 그러므로 과년도 문제만 풀어보아도 충분히 합격할 수 있다는 점에 중점을 두어 국내 최다의 과년도 문제를 실었고, 각 문제마다 중요도를 표시하여 구분을 확실히 하였다.

공하성 저 / 1,072쪽 / 33,000원(요점노트, 모의고사, 해설가리개 포함)

➡ 소방설비 기사(전기분야)
- 강   사 : 공하성 선생
- 수강기간 : 100일
- 수 강 료 : ~~200,000원~~ (할인 수강료 : 120,000원)

➡ 소방설비 산업기사(전기분야)
- 강   사 : 공하성 선생
- 수강기간 : 100일
- 수 강 료 : ~~200,000원~~ (할인 수강료 : 120,000원)

이 책은 학원 강의를 듣듯 정말 자세하게 설명해 놓았습니다. 시험의 기출문제를 분석해 보면 문제은행식으로 과년도 문제가 매년 거듭 출제되고 있음을 알 수 있습니다. 그러므로, 과년도 문제만 충실히 풀어보아도 쉽게 합격할 수 있을 것입니다.

그런데, 2004년 5월 29일부터 소방관련법령이 전면 개정됨으로써 "소방관계법규"는 2005년부터 신법에 맞게 새로운 문제들이 출제됩니다. 본 서는 여기에 중점을 두어 신법에 맞는 출제가능한 문제들을 최대한 많이 수록하였고, 해답의 근거를 표기하여 신뢰성을 높였다.

공하성 저 / 1,064쪽 / 32,000원(요점노트, 모의고사, 해설가리개 포함)

➡ 소방설비 기사(기계분야)
[강의 준비중]

➡ 소방설비 산업기사(기계분야)
[강의 준비중]

이 책은 학원 강의를 듣듯 정말 자세하게 설명해 놓았습니다. 시험의 기출문제를 분석해 보면 문제은행식으로 과년도 문제가 매년 거듭 출제되고 있음을 알 수 있습니다. 그러므로, 과년도 문제만 충실히 풀어보아도 쉽게 합격할 수 있을 것입니다.

그런데, 2004년 5월 29일부터 소방관련법령이 전면 개정됨으로써 "소방관계법규"는 2005년부터 신법에 맞게 새로운 문제들이 출제됩니다. 본 서는 여기에 중점을 두어 신법에 맞는 출제가능한 문제들을 최대한 많이 수록하였고, 해답의 근거를 표기하여 신뢰성을 높였다.

공하성 저 / 1,032쪽 / 32,000원(요점노트, 모의고사, 해설가리개 포함)

➡ 소방시설 관리사
- 강   사 : 공하성 선생
- 수강기간 : 100일
- 수 강 료 : ~~350,000원~~ (할인 수강료 : 200,000원)

이 책은 전문 Engineer가 되기 위한 많은 수험생들과 소방공무원, 현장실무자들을 위한 수험서이다.

소방안전관리이론 및 화재역학, 소방수리학, 약제화학 및 소방 전기를 비롯하여 위험물의 성상 및 시설기준, 소방시설의 구조 및 원리를 100% 상세히 설명하였고 소방시설관리사의 출제경향을 완전 분석하여 출제 가능한 문제들로만 최대한 많이 수록하였다.

공하성 저 / 1,088쪽 / 50,000원(요점노트, 모의고사, 해설가리개 포함)

성안당.com
www.cyber.co.kr & www.sungandang.com

동영상 강의·통신판매·각종수험정보·도서정보

Tel : (031)955-0888   김혜숙

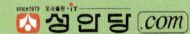 

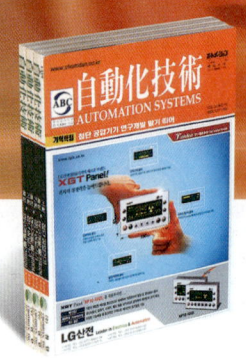

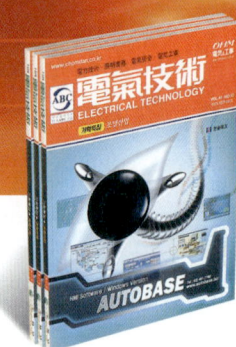
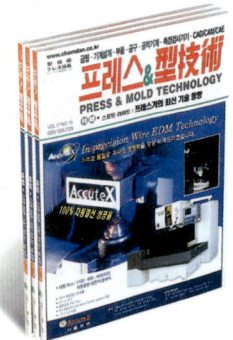
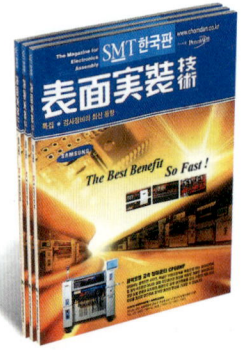
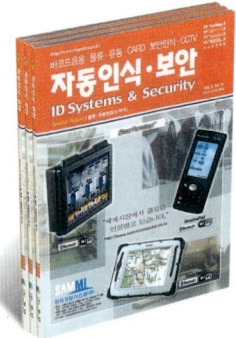
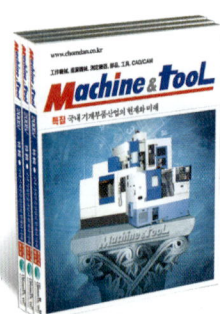